科氏流量计信号处理算法及应用

陈鹏　沈廷鳌　陈钦　苏欣　李明　著

中国石化出版社

内　容　提　要

本书旨在总结科氏流量计数字信号处理领域的研究成果，跟踪国内外最新研究进展，系统论述科氏流量计信号在时域和频域处理的基本理论、算法和技术，并结合科氏流量计实验平台进行应用验证。全书共5章，包括科氏流量计信号处理算法的概述、平稳信号处理算法、时变信号处理算法、衰减信号处理算法，以及所提算法在科氏流量计中的应用。

本书可用作高等院校信号处理专业高年级本科生、研究生和教师的参考用书，也可作为科氏流量计工程师设计指导用书。

图书在版编目(CIP)数据

科氏流量计信号处理算法及应用 / 陈鹏等著．—北京：中国石化出版社，2023.7
ISBN 978-7-5114-7154-3

Ⅰ.①科…　Ⅱ.①陈…　Ⅲ.①质量流量计-数字信号处理-研究　Ⅳ.①TH814

中国国家版本馆 CIP 数据核字(2023)第 123675 号

中国石化出版社出版发行
地址：北京市东城区安定门外大街58号
邮编：100011　电话：(010)57512500
发行部电话：(010)57512575
http://www.sinopec-press.com
E-mail:press@sinopec.com
北京艾普海德印刷有限公司印刷
全国各地新华书店经销
*
710×1000毫米16开本11印张187千字
2023年8月第1版　2023年8月第1次印刷
定价：45.00元

前言

科氏流量计的测量原理是，利用流量管两端振动信号相位差与流量管中介质质量流量呈正比例、流量管振动频率与管中介质密度呈反比例的关系，通过实时跟踪振动信号相位差和频率，测得介质瞬时流量、累计流量和密度。对科氏流量计信号的处理，关键在于准确求出信号的频率和相位差。现有信号处理算法能初步满足实际应用要求，但计算量较大、实时性较差，且在特殊环境下的参数处理精度受限，已不能满足复杂环境下的高精度流量实时测量的需求。

为实现科氏流量计信号参数的高精度实时估计，本书比较系统、全面和准确地论述了科氏流量计信号处理算法相关理论和技术。在分析现有信号处理算法的基础上，针对平稳信号，给出3种算法：时域过零检测算法、频域频谱插值算法和时频结合算法，针对时变信号，给出2种算法：时域陷波器法和时频结合的相频匹配法，针对衰减信号，给出2种算法：频域算法和时频结合法。对于每种算法，都详细介绍其思想、给出具体实现流程，并进行性能分析和计算验证。最后，给出科氏流量计二次仪表(变送器)设计和实现方案，并对所提算法开展应用验证，检验所提算法的实际应用效果。实验结果表明，所研究的信号处理算法具有更高的参数估计精度，且计算量更小、实时性更强。

全书宗旨是力求实现学术性、参考性和实用性的有效结合。在内容上，力求反映当前科氏流量计信号处理算法的理论发展，着重系统地阐述基础理论和各种处理算法，重视实际工程应用。在叙述上，注重理论推导、仿真分析与工程实际相结合，力求思路清晰，深入浅出；

理论推导严谨而不烦琐，尽量以图文结合形式呈现出来，让读者易于接受和理解。同时，根据产品功能，设计并实现了变送器的硬件和软件。因此，作者推荐将所提算法、变送器的设计和实现方案应用于科氏流量计工程实际，供相关研究人员和工程技术人员在工程实践中参考，有助于促进科氏流量计产品的国产化及应用推广，具有重要的理论和现实意义。

感谢所有在本书编写过程中给予帮助和支持的人们。感谢沈艳林、刘翔宇参与本书资料的收集工作，以及部分章节的撰写、整理、检查、排版和校正等工作。同时，本书也得到了173项目（2021JCJQJJ1329）和重庆市教育委员会科学技术研究项目（KJQN202112902）的支持，在此一并表示感谢。

限于作者水平，书中难免有疏漏和不足之处，恳请读者和专家批评指正。

目录

1 绪论

1.1 科氏流量计

科氏流量计是20世纪70年代末由美国Micro Motion公司首先研制成功的一种新型质量流量计。随着技术性能指标与智能化水平的不断提高，科氏流量计不仅用于测量各种常规流体，也广泛用于测量液化气体、压缩天然气、浆液等各种非常规流体，在石油、化工、制药、造纸、电力、食品、航天等行业均得到了广泛的应用。

相比其他类型的流量计，科氏流量计具有许多无法比拟的优点[1]：

1）实现了高精度直接质量流量测量，且不受被测介质的物理参数影响；

2）可实现多参数测量，在测量质量的同时，可获得密度、体积流量、温度的测量值；

3）测量的流体介质范围广，测量范围大，同时可跟踪脉动流；

4）测量管内无阻碍件，便于维护和保养；

5）对流速分布不敏感，不受管内流态的影响。

因此，科氏流量计已成为当前研究较多、发展较为迅速、较具代表性的质量流量计之一，具有广阔的应用前景。

科氏流量计利用科里奥利效应，通过测量传感器输出的两路同频正弦信号之间的相位差来计算流体质量流量。对科氏流量计的信号进行处理，关键在于准确求出信号的频率和相位差。传统的科氏流量计信号处理方法(基于模拟电路的信号处理方式)存在电路复杂、可靠性不高、对小相位的处理较为困难、测量精度易受噪声干扰等诸多问题，已不能满足各种实际应用的需要。近年来，国内外的相关研究机构积极研究科氏流量计数字信号处理方法，以克服传统信号处理方法存在的缺点，满足各种实际应用对科氏流量计性能越来越高的要求[2-5]。

1.1.1 硬件结构

科氏流量计通常由一次仪表和二次仪表组成，实物如图1.1所示[6,7]。

图 1.1　科氏流量计实物

一次仪表包括：流量管(包括测量管和平衡管)，用于通过待测液体；激振器，用于驱动流量管振动；传感器(信号检测器)，用于检测流量管的振动信号，如图 1.2 所示。

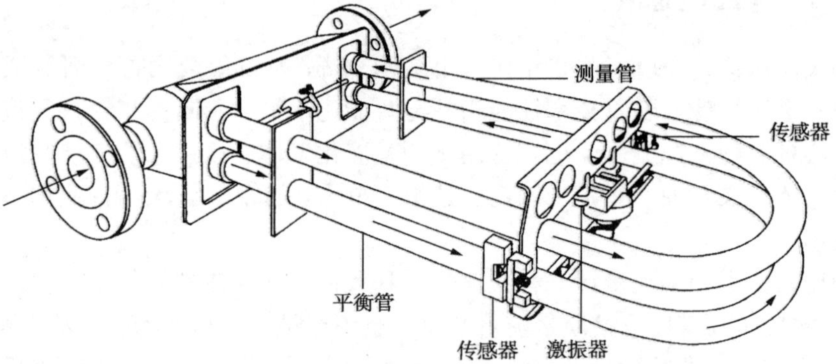

图 1.2　科氏流量计一次仪表结构

二次仪表主要包括信号检测与处理单元，对检测到的流量管振动信号进行处理，计算出液体的质量流量、密度等参数；激振信号发生与控制单元，用于产生驱动流量管稳幅振动的驱动信号；通讯与显示单元，用于传输并显示处理单元计算的结果。

1.1.2　测量原理

科氏流量计的种类繁多，按数量可分为单管型、双管型和多管型；按形状又可分为直管型和弯管型。常见的测量管形状有直管、U 形管、螺旋形管、Ω 形管、双梯形管、S 形管、Δ 形管等。用户可以根据测量目的、清洗方式、安装环境条件等方面，综合考虑选取不同类型的流量计。

不管选用什么类型的科氏流量计，其原理基本相同：均是利用流体流经测量管所产生的科里奥利力导致测量管扭曲，从而使得两个输出信号之间存在一定的相位差，通过计算出信号的频率和相位差，即可最终求得流体的质量流量。

以图 1.3 所示的 U 形管科氏流量计为例[8]，在外力的作用下，U 形管绕 OO 轴以自然角频率 ω 振动，形成一个匀速旋转的参考系统。当流体以匀流速 V 通过 U 形管时，由于惯性，在 U 形管向上运动时，入口一侧的流体将管子向下压，产生一向下的科氏力 F_1 作用在管壁上；而出口一侧的流体则将管子向上推，产生

一向上的科氏力 F_2 作用在管壁上。F_1 和 F_2 方向相反，但大小相等，即有：

$$F_1=F_2=F_c=2mV\omega \tag{1.1}$$

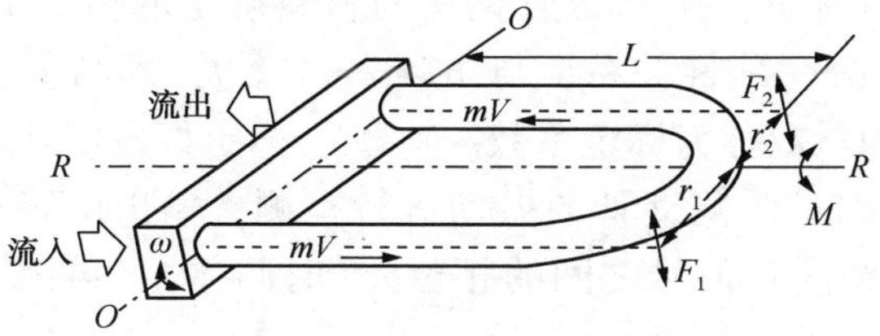

图 1.3　U 形管受力图

当 U 形管沿 OO 轴转动时，科氏力绕 RR 轴产生力矩 M，设转动力臂为 $r(r=r_1=r_2)$，于是有：

$$M=F_1r_1+F_2r_2=2F_cr=4mV\omega r \tag{1.2}$$

流体的质量流量 $q_m=m/t$，其中 q_m 取决于单位时间内流过给定点的流体质量 m。设 U 形管的直管段长度为 L，则有 $V=L/t$，于是有：

$$M=4q_mL\omega r \tag{1.3}$$

力矩 M 导致测量管扭曲，如图 1.4 所示。设扭转角为 θ，则扭矩 $T=K_s\theta$，式中 K_s 为管子的扭转弹性模量。又因 $T=M$，所以 q_m 与 θ 之间存在如下关系：

$$q_m=\frac{K_s\theta}{4\omega rL} \tag{1.4}$$

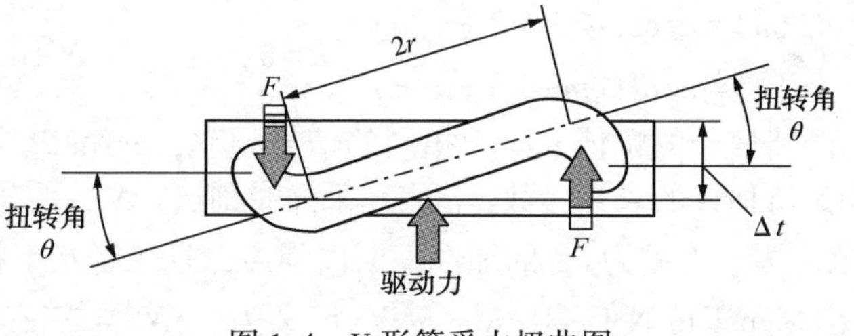

图 1.4　U 形管受力扭曲图

扭转角 θ 是两侧支管向上和向下越过中心线的时间差 Δt(即 U 形管转过偏角 2θ 所需要的时间)的函数。设 V_t 是测量管在振动方向的线速度，即有 $V_t=\omega L$，于是有：

$$\sin\theta=\frac{V_t}{2r}\Delta t \tag{1.5}$$

由于 θ 角很小，可近似认为 $\sin\theta\approx\theta$，则有

$$\theta=\frac{\omega L}{2r}\Delta t \tag{1.6}$$

将式(1.6)代入式(1.4)，得

$$q_m=\frac{K_s\omega L}{8\omega r^2 L}\Delta t=\frac{K_s}{8r^2}\Delta t \tag{1.7}$$

由式(1.7)可以看出，在U形管结构与材料确定的情况下，质量流量 q_m 与两路信号的时间差 Δt 呈线性关系，与角频率 ω 无关(即与U形管的振动频率无关)。时间差前面的系数称为标定系数。对于已标定好的科氏流量计，首先通过两个磁电传感器分别对两侧支管的振动进行检测，输出两路相同频率的正弦信号，其次计算出两路同频信号之间的相位差(时间差)，再乘上标定系数就可求出流体的质量流量[9]。

1.2 信号模型

随着电路设计方案的日益完善，硬件滤波器的性能得到了极大提升。因此，科氏流量计的采样信号中几乎不含有倍频等谐波成分，或者信号中谐波成分的能量很小，不会对信号参数估计产生实质性影响，故设讨论的采样信号为单频信号。根据对科氏流量计不同参量的处理方式，涉及三种信号模型，即平稳信号、时变信号和衰减信号。

1.2.1 平稳信号模型

科氏流量计正常工作时，流量管上下游将产生两路相同频率不同初相位的正弦信号，如式(1.8)所示[10,11]。

$$\begin{cases}x(n)=a\cos(\omega n+\theta_1)+z_1(n)\\ y(n)=a\cos(\omega n+\theta_2)+z_2(n)\end{cases}\quad n=0,1,\cdots,N-1 \tag{1.8}$$

式中，$a>0$ 表示两路信号的幅值，ω 为相同的信号频率，θ_1 和 θ_2 分别表示两路信号的初相位，均是待估计的未知参数；n 表示采样时刻点，N 为信号长度；$z_1(n)$ 和 $z_2(n)$ 分别是均值为零、方差为 σ^2 的加性高斯白噪声，且二者互不相关。此外，采样信号的信噪比(Signal to Noise Ratio，SNR)定义为：$SNR=10\lg(a^2/2\sigma^2)$，单位为dB。

或者，由 $\omega=2\pi f/f_s$，也可以将式(1.8)进行改写，得到的第一路信号 $x_1(n)$ 和第二路信号 $x_2(n)$ 如式(1.9)所示。

$$\begin{cases}x_1(n)=a\cos(2\pi\frac{f}{f_s}n+\theta_1)+z(n)\\ x_2(n)=a\cos(2\pi\frac{f}{f_s}n+\theta_2)+z(n)\end{cases}\quad n=0,1,\cdots,N_1-1 \tag{1.9}$$

式中，f、a 分别表示未知的振动信号频率、幅值，f_s 为采样频率，索引 $n=0$，1，…，N_1-1 为采样时刻点，N_1 为信号长度。

通过对平稳振动信号分析，可得到流量管上下游的振动幅值、频率和初相位，从而得到两路信号相位差。

$$\Delta\theta=\theta_2-\theta_1 \tag{1.10}$$

可根据信号幅值调整驱动信号电压，利用频率计算出管中的液体密度，通过相位差换算出管中液体瞬时流量和累积流量。

1.2.2 时变信号模型

实际的科氏流量计信号由于受流体流速、密度、流体脉动和流场等因素的影响，使其传感器输出信号的特征参数(频率、幅值和相位)会随之发生随机的、不可预测的变化。此时，以特征参数不随时间变化的时不变模型已不能真实反映流体的实际情况。当流体流量相对平稳时，基于时不变模型所研究的信号处理方法可以基本满足测量要求；但当流体流量不平稳时，基于时不变模型所研究的信号处理方法就可能失效。根据现有文献可查，科氏流量计振动信号建模为时变信号时，有两种主流模型。

(1) 模型一

为了更加真实地描述实际科氏流量计的信号特性，文献[12，13]介绍了以幅值、频率和相位均按照随机游动模型(Random Walk Model)变化的信号用于模拟实际的科氏流量计信号，即：

$$y(n)=A(n)\sin[\omega(n)+\phi(n)]+\sigma_e\cdot e(n) \tag{1.11}$$

式中，$e(n)$为零均值、方差为1的白噪声。幅值$A(n)$、频率$\omega(n)$、相位$\phi(n)$均按随机游动模型变化，每一时刻的值均是在前一时刻值的基础上再加上一个随机数，即：

$$\begin{cases}A(n)=A(n-1)+\sigma_A\cdot e_A(n)\\ \omega(n)=\omega(n-1)+\sigma_\omega\cdot e_\omega(n)\\ \phi(n)=\phi(n-1)+\sigma_\phi\cdot e_\phi(n)\end{cases} \tag{1.12}$$

式中，$e_A(n)$、$e_\omega(n)$和$e_\phi(n)$均为零均值、方差为1的白噪声，且$e(n)$、$e_A(n)$、$e_\omega(n)$和$e_\phi(n)$彼此互不相关。参数σ_e、σ_A、σ_ω和σ_ϕ分别控制对应参数变化的幅度，可根据具体所选用科氏流量计的型号和应用环境决定。需要说明的是，由于频率、幅值和相位是随时间随机缓慢变化的，因此σ_A、σ_ω和σ_ϕ的取值与采样频率f_s有关系，在计算机仿真中，若f_s越大，则σ_A、σ_ω和σ_ϕ越需相应地取小些，反之亦然。

(2) 模型二

针对实际的科氏流量计信号，文献[14]在观察Micro Motion公司生产的型号为CNG050微弯形科氏流量计的实际工作过程中发现：

当流体流量相对平稳时，两路传感器输出信号的相位会随时间发生缓慢而微小的变化，这种变化是随机、没有规律的，但变化的幅度并不像上述所建立的时变信号模型那样大，一般不超过给定相位的百分之一，在小流量测量过程中，要提高小流量测量精度，这种波动是不可忽略的；当流体密度确定后，传感器输出信号的频率会发生变化，但变化的幅度比相位更小，最大不超过测量管振动频率的万分之一。

我们通过观察 RHEONIK(罗尼克)科氏流量计的实际工作中也发现，在流量测量为 0.4~25kg/min 的范围内，不同区间内相位差的变化情况不同。随着流体流量的不断增大，相位差的波动范围逐渐变小。当流体流量较小时，相位差的波动范围较大，一般在 30%左右；当流体流量较大时，相位差的波动范围较小，一般在 1%左右。

针对上述情况，现有时变信号模型已不能很好地反映实际科氏流量计的信号特点，为更加真实地模拟实际科氏流量计信号，便于为科氏流量计信号处理方法的研究提供准确的研究对象，本文对现有时变信号模型进行了改进，如式(1.13)~式(1.15)所示。

$$\begin{cases}\omega(n)=\omega(n-1)+\Delta\omega(n)\\ \phi(n)=\phi(n-1)+\Delta\phi(n)\end{cases} \tag{1.13}$$

$$\begin{cases}\Delta\omega(n-1)=\lambda_1\cdot\omega(n-1)\cdot\sigma_\omega\cdot e_\omega(n)\\ \Delta\phi(n-1)=\lambda_2\cdot\phi(n-1)\cdot\sigma_\phi\cdot e_\phi(n)\end{cases} \tag{1.14}$$

$$y(n)=A(n)\sin[\omega(n)+\phi(n)]+\sigma_e\cdot e(n) \tag{1.15}$$

其中，式(1.13)表示信号的频率、相位都在变化，每一时刻的值均是在前一时刻的值的基础上再加一个随机数，其中 $e_\omega(n)$ 和 $e_\phi(n)$ 均为零均值、方差为 1 且互不相关的白噪声，σ_ω 和 σ_ϕ 分别控制 $e_\omega(n)$ 和 $e_\phi(n)$ 的变化幅度，λ_1 和 λ_2 分别控制 $\omega(n)$ 和 $\phi(n)$ 的变化幅度，频率变化的幅度和相位变化的幅度根据实际情况可以灵活设定。当信号缓慢变化时，两者减小，当信号突变时，两者增大。

1.2.3　衰减信号模型

利用科氏流量计正常工作时的信号，无法直接得到流量管的固有频率。拟通过停振，使流量管处于自然衰减状态，检测流量管的固有频率，采样信号如式(1.16)所示[15]。

$$x(n)=ae^{-\eta n}\cos(\omega n+\theta)+z(n)\quad n=0,\ 1,\ \cdots,\ N-1 \tag{1.16}$$

式中，$a>0$、$\omega\in(0,\ \pi)$、$\theta\in(-\pi,\ \pi)$ 和 $\eta\geqslant 0$ 为未知参数，分别表示采样信号的初幅值、圆周频率(以下简称频率)、初相位和衰减因子；n 表示采样时刻点，N 为信号长度；$z(n)$ 是均值为零、方差为 σ^2 的加性高斯白噪声。

通过对衰减信号进行分析，可得到流量管的固有频率。利用固有频率驱动流量管振动，将使科氏流量计处于最佳的工作状态。

1.3 信号处理算法

根据对信号的不同处理方式，现有参数估计算法主要可分为两大类：时域法和频域法[16]。顾名思义：时域法是对信号进行时域变换得到信号参数的算法；频域法是对信号进行频谱分析，从而获取信号参数的算法。在各待估计参数中，频率是最重要的参数，衰减因子、初幅值和初相位均可根据频率估计值推算得到。因此，在设计算法时，主要对频率展开研究，其余参数做简单介绍。本章针对幅值恒定信号和衰减信号的频率估计算法，分别从时域和频域两个角度进行阐述。

1.3.1 平稳信号参数估计算法

(1) 时域法

针对平稳信号的频率估计，时域法主要有线性预测法（Linear Prediction，LP）[17]、自相关法（Autocorrelation）[18]，以及计算量较为复杂的多重信号分类法（Multiple Signal Classification，MUSIC）[19]、旋转不变估计法（Estimating Signal Parameter via Rotational Invariance Techniques，ESPRIT）[20]等。

1）线性预测法（LP）：根据正弦信号的线性预测性质，对于无噪信号 $x(n)$，当前时刻的信号值可由前两个时刻的信号值预测得到[21,22]。

$$x(n)=a_1x(n-1)-a_2x(n-2) \tag{1.17}$$

式中，$a_1=2\cos(\omega)$，$a_2=1$，$a_i(i=1,\ 2)$表示线性预测系数。

利用该性质，对于采样点数为 N 的信号，可得到如式（1.21）所示的用预测矩阵表示的方程。

$$\begin{bmatrix} x_2 \\ x_3 \\ \vdots \\ x_N \end{bmatrix}=\begin{bmatrix} x_1 & x_0 \\ x_2 & x_1 \\ \vdots & \vdots \\ x_{N-1} & x_{N-2} \end{bmatrix}\begin{bmatrix} a_1 \\ -a_2 \end{bmatrix}+\begin{bmatrix} e_2 \\ e_2 \\ \vdots \\ e_N \end{bmatrix} \tag{1.18}$$

并采用最小二乘法求解预测矩阵，得到预测系数 a_1 的估计值，根据其定义即可得到信号频率的估计值。

$$\hat{\omega}^{\mathrm{LP}}=\cos^{-1}(a_1/2) \tag{1.19}$$

式中，$\hat{t}$ 表示参数 t 的估计值。

LP 法的思路简单，且容易理解，但忽略了预测误差的影响，导致该算法在低信噪比时的频率估计精度不高。为减少噪声的影响，修正协方差法（Modified Covariance，MC）根据正弦信号的线性预测性质构造了误差函数 $e(n)$[23]。

$$e(n)=x(n)-a_1x(n+1)+a_2x(n+2) \tag{1.20}$$

通过最小化误差函数，可得频率估计值。

$$\hat{\omega}^{\mathrm{MC}}=\cos^{-1}\left(\frac{\sum_{n=1}^{N-2}x(n+1)[x(n)+x(n+2)]}{2\sum_{n=1}^{N-2}x^2(n+1)}\right) \tag{1.21}$$

该算法提高了频率估计精度，但在低信噪比条件下，自相关项 $\sum_{n=1}^{N-2}x^2(n+1)$ 受噪声的影响较大，降低了 MC 法的抗噪性。

2）自相关法（Autocorrelation）：自相关法是时域中研究最多的算法，通过对信号进行自相关计算得到信号频率，典型算法主要有 Pisarenko 谐波分解法（Pisarenko Harmonic Decomposition，PHD）、扩展自相关法（Expanded Autocorrelation，EA）、两步自相关法（Two-Stage Autocorrelation，TSA）、相频匹配法（Phase & Frequency Matching，PFM）等[24-27]。

PHD 法首先对采样信号进行自相关计算，得到自相关信号[28,29]。

$$\begin{aligned}r_k&=\frac{1}{N-k}\sum_{n=1}^{N-k}x(n)x(n+k)\\&=0.5a^2\cos(k\omega)+\frac{1}{N-k}\sum_{n=1}^{N-k}[0.5a^2\cos(2n\omega+k\omega+2\theta)]\quad k=0,1,\cdots,N-1\end{aligned} \tag{1.22}$$

其次，利用低序号（$k=1$，2）自相关信号的近似关系得到信号的频率估计值。

$$\hat{\omega}^{\mathrm{PHD}}=\cos^{-1}\left(\frac{r_2+\sqrt{r_2^2+8r_1^2}}{4r_1}\right) \tag{1.23}$$

由式（1.22）可知，自相关信号 r_k 除同频项 $0.5a^2\cos(k\omega)$ 外，还包括误差项 $\varepsilon(k)=\frac{1}{N-k}\sum_{n=1}^{N-k}[0.5a^2\cos(2n\omega+k\omega+2\theta)]$，只有信号为整周期采样时，该误差项才等于零。PHD 法忽略了 $\varepsilon(k)$ 的影响，使得频率估计精度受信号非整周期采样影响。

为抑制信号非整周期采样的影响，H. C. SO 等人给出了改进的 PHD 法，如 MPHD（Modified Pisarenko Harmonic Decomposition）法[30]、RPHD（Reformulation of Pisarenko Harmonic Decomposition）法[31] 和 IVPHD（Improved Variant of Pisarenko Harmonic Decomposition）法[32] 等多种算法。相比 PHD 法，改进的 PHD 法的频率估计精度有所提高，但仍受非整周期采样的影响，且抗噪性较差。

为提高低信噪比条件下的频率估计精度，改善算法的抗噪性，EA 法[33,34] 忽略误差项的影响，充分利用高、低序号自相关信号估计信号频率，并根据 r_k 的相位特点构造了误差函数 $J(b,\delta)$，通过最小化误差函数 $J(b,\delta)$ 获得信号频率。

$$J(b,\ \delta)=\sum_{k=p}^{q}\left[br_k-\cos(k\omega_1)+\delta k\sin(k\omega_1)\right]^2 \tag{1.24}$$

相比于 PHD 法和改进的 PHD 法，EA 法改善了算法的抗噪性，提高了中低信噪比条件下频率估计精度。但忽略了误差项的影响，频率估计精度仍受信号非整周期采样的影响[35]。

为提高信号非整周期采样条件下的频率估计精度，TSA 法首先根据正弦信号的线性预测性质重新定义了自相关函数 $r_{k,M}$[36]。

$$r_{k,M}=\sum_{n=M+k+1}^{N-M+k}x(n-k)\left[x(n)+x(n-2k)\right] \tag{1.25}$$

其次对自相关信号 $r_{k,M}$进行自相关计算，获得信号 $\Lambda_{1,M}$和 $\Lambda_{2,M}$。

$$\Lambda_{1,M}=\sum_{k=4}^{M-1}\lambda_{k-1,M}(\lambda_{k,M}+\lambda_{k-2,M}) \tag{1.26}$$

$$\Lambda_{2,M}=\sum_{k=4}^{M-1}\lambda_{k-2,M}(\lambda_{k,M}+\lambda_{k-4,M}) \tag{1.27}$$

最后利用 $\Lambda_{1,M}$和 $\Lambda_{2,M}$得到信号频率。

$$\hat{\omega}^{\mathrm{TSA}}=\cos^{-1}\left(\frac{\Lambda_{2,M}+\sqrt{\Lambda_{2,M}^2+8\Lambda_{1,M}^2}}{4\Lambda_{1,M}}\right) \tag{1.28}$$

TSA 法消除了信号非整周期采样的影响，提高了频率估计精度，并充分运用多个自相关信号进行频率估计，改善了算法的抗噪性，但经两次自相关计算，增加了计算量，导致算法的实时性较差。

在此基础上，文献[37-39]给出一类 PFM 法。该算法首先通过加窗自相关、线性预测自相关等方式抑制或消除误差项 $\varepsilon(k)$的影响，其次利用 TSA 法对采样信号进行频率粗估计，最后根据柯西-许瓦兹不等式构造误差函数 $J(\hat{\omega})$，通过最小化 $J(\hat{\omega})$获得信号频率。

$$\begin{aligned}J(\hat{\omega})=&\sum_{k=1}^{p}r_k^2\sum_{k=1}^{p}\left[\cos(k\omega_1)-k\sin(k\omega_1)(\hat{\omega}-\omega_1)\right]^2\\&-\left\{\sum_{k=1}^{p}r_k\left[\cos(k\omega_1)-k\sin(k\omega_1)(\hat{\omega}-\omega_1)\right]\right\}^2\end{aligned} \tag{1.29}$$

PFM 法是目前自相关法中频率估计性能较好的算法，不受信号非整周期采样的影响。但受噪声自相关的影响，算法的抗噪性不强，且该算法采用 TSA 法进行频率粗估计，构造的误差函数较复杂，导致算法的计算量大、实时性较差。

3）其他算法：除 LP 法、自相关法外，时域法还有计算量复杂的 MUSIC 法、ESPRIT 法等算法[40,41]。此类算法通过构造信号的自相关矩阵或者互相关矩阵，进行特征值分解，降低了噪声的影响，提高了频率估计精度。但计算复杂、实时性差，对其研究和使用均较少[42-45]。

(2) 频域法

频域法通过对信号进行频谱分析得到信号频率，典型方法主要有最大似然法(Maximum Likelihood，ML)、频谱插值法(Interpolated Discrete Fourier Transform，IpDFT)和迭代频谱插值法等[46-48]。

不失一般性，在频谱分析时，将信号频率表示为：

$$\omega=(k_0+\delta)\omega_s \tag{1.30}$$

式中，ω_s 表示频率分辨率，$\omega_s=2\pi/N$；k_0 表示信号频谱中能量最大值点的索引值，$k_0=[\omega N/2\pi]$，$[t]$表示取最接近于 t 的整数；δ 为频谱偏移量(以下简称偏移量)，$-0.5\leqslant\delta\leqslant0.5$。

1) 最大似然法(ML)：ML 法通过搜索信号周期图最大值的方式获频率估计值[49]：

$$\hat{\omega}^{ML}=\underset{\omega}{\arg\max}\left\{\frac{1}{N}\left|\sum_{n=1}^{N}x(n)\mathrm{e}^{-j\omega n}\right|^2\right\} \tag{1.31}$$

ML 法首先利用快速傅里叶变换法(Fast Fourier Transform，FFT)求得频率粗估计值，其次通过频谱细化获得信号频率。ML 法有效抑制了栅栏效应对频率估计的影响，能够精确地估计信号频率，理论上具有最好的频率估计精度。但受频谱泄漏的影响，在低频或中高信噪比条件下的频率估计精度较低。并且 ML 法的估计精度依赖于频谱细化程度，频谱细化程度越高，频率估计精度越高，但也增加了计算量，无法进行实际应用。

2) 频谱插值法(IpDFT)：IpDFT 法是频域中研究和应用最广泛的算法。该类算法分两步估计信号频率：频率粗估计和频率精估计[50]。首先采用 FFT 法获得粗略的频率估计值，其次通过频谱插值获得偏移量，从而得到精确的频率估计值。

第一步：频率粗估计

首先对采样信号 $x(n)$进行 FFT 计算，得到频谱索引值 k_0。

$$X(k)=\sum_{n=0}^{N-1}x(n)\mathrm{e}^{-jk\frac{2\pi}{N}n}\qquad k=0,1,\cdots,N-1 \tag{1.32}$$

$$Y(k)=|X(k)|^2 \tag{1.33}$$

$$k_0=\underset{0\leqslant k\leqslant N/2-1}{\arg\max}Y(k) \tag{1.34}$$

其次根据估计的索引值，得到频率粗估计值。

$$\hat{\omega}_0=k_0\omega_s \tag{1.35}$$

第二步：频率精估计

为提高频率估计精度，文献[51-60]介绍了不同频谱插值算法。通过对信号频谱进行两点或三点插值得到偏移量估计值，典型的 IpDFT 法如表 1.1 所示。

表 1.1　不同的频率精估计算法

插值算法	偏移量计算公式
Candan 法	$\hat{\delta}=\frac{\tan(\pi/N)}{\pi/N}\text{Real}\left\{\frac{X(\hat{k}_0-1)-X(\hat{k}_0+1)}{2X(\hat{k}_0)-X(\hat{k}_0-1)-X(\hat{k}_0+1)}\right\}$
Fang 法	$\hat{\delta}=\frac{\tan(\pi/2N)}{\pi/2N}\frac{\lvert X(\hat{k}_0+1)\rvert-\lvert X(\hat{k}_0-1)\rvert}{\lvert X(\hat{k}_0+1)\rvert+\lvert X(\hat{k}_0-1)\rvert}$
RCTSL 法	$\hat{\delta}=\frac{\pi}{N}\frac{\lvert X(\hat{k}_0+1)\rvert^2-\lvert X(\hat{k}_0-1)\rvert^2}{u(\lvert X(\hat{k}_0+1)\rvert^2+\lvert X(\hat{k}_0-1)\rvert^2)+v\lvert X(\hat{k}_0)\rvert^2}$ $u=64N/(\pi^5+32\pi)$, $v=u\pi^2/4$
Leifan 法	$\hat{\delta}=\frac{2}{\pi}\tan^{-1}\left[\frac{\lvert X(\hat{k}_0)\rvert}{2\cos\frac{\pi}{2N}}\left(\frac{1}{\lvert X(\hat{k}_0-1)\rvert}-\frac{1}{\lvert X(\hat{k}_0+1)\rvert}\right)\right]$

利用这些算法，均可得到偏移量估计值 $\hat{\delta}$，然后根据频率粗估计值和偏移量估计值得到频率精估计值：

$$\hat{\omega}^{\text{IpDFT}}=\hat{\omega}_0+\hat{\delta}\omega_s \tag{1.36}$$

IpDFT 法有效抑制了频谱的栅栏效应，提高了信号频率估计精度，但在低频或中高信噪比条件下时，受频谱泄漏的影响，频率估计精度较低。

为抑制频谱泄漏的影响，在 IpDFT 法的基础上，文献[61-66]给出了加窗插值法。但加窗后，特别是加高阶余弦窗时，容易损失信号能量，导致信号频率存在明显的估计偏差。

3）迭代频谱插值法：针对复信号，AM(Aboutanios E & Mulgrew B)法是经典算法，算法流程如表 1.2 所示[67]。

表 1.2　算法流程(1)

设初始值：$\hat{\delta}^0=0$，迭代次数为 i：$1\leq i\leq I$
循环：i 从 1 到 I
(1) $X_p=\sum_{n=0}^{N-1}x(n)\mathrm{e}^{-j2\pi(\hat{k}_0+\hat{\delta}^{i-1}+p)n/N}$　$p=\pm 0.5$
(2) $\hat{\delta}^i=\hat{\delta}^{i-1}+\frac{1}{2}\frac{\lvert X_{0.5}\rvert-\lvert X_{-0.5}\rvert}{\lvert X_{0.5}\rvert+\lvert X_{-0.5}\rvert}$
频率值：$\hat{\omega}=\hat{\omega}_c+\hat{\delta}^I\omega_s$

该算法通过迭代计算，得到了精确的偏移量，提高了频率估计精度，但在处理实信号时，由于无法抑制频谱泄漏，导致频率估计精度不高。

为抑制频谱泄漏，文献[68，69]给出了一种新的频率估计算法(Djukanovic)，首先采用 Candan 法对信号频率进行粗估计，生成参考信号，并与采样信号相乘实现频谱搬移，将负频率成分搬移至零频附近。

$$x_{\mathrm{m}}(n)=x(n)\mathrm{e}^{j\hat{\omega}_0 n} \tag{1.37}$$

其次利用式(1.24)滤除信号中的负频率成分，得到含有正频率的复信号。

$$x_{\mathrm{f}}(n)=x(n)-\overline{x_{\mathrm{m}}(n)}\mathrm{e}^{j\hat{\omega}_0 n} \tag{1.38}$$

最后采用 AM 法对复信号进行分析，实现频率精估计。该算法的频率估计精度较高，但容易受滤除负频率成分不彻底的影响，导致在低频或中高信噪比条件下的频率估计精度较低。

为进一步抑制频谱泄漏的影响，文献[70，71]首先在频域减去负频率频谱，其次采用 AM 法迭代计算得到信号频率，算法流程如表 1.3 所示。

表 1.3　算法流程(2)

设初始值：$\hat{\delta}^0=0$，$\hat{A}^0=0$，迭代次数为 i：$1\leqslant i\leqslant I$
循环：i 从 1 到 I
(1) $X_p=\sum_{n=0}^{N-1}x(n)\mathrm{e}^{-j2\pi(\hat{k}_0+\hat{\delta}^{i-1}+p)n/N}$　$p=\pm 0.5$
(2) $S_p=\hat{A}^{*i-1}\dfrac{1-\mathrm{e}^{-j4\pi\hat{\delta}^{i-1}}}{1-\mathrm{e}^{-j\frac{2\pi}{N}(2\hat{k}_0+2\hat{\delta}^{i-1}+p)}}$　$p=\pm 0.5$，式中，$\hat{A}^{*i-1}$ 为 $\hat{A}^{i-1}$ 的共轭。
(3) $L_p=X_p-S_p$
(4) $\hat{\delta}^i=\hat{\delta}^{i-1}+\dfrac{1}{2}\dfrac{\lvert L_{0.5}\rvert-\lvert L_{-0.5}\rvert}{\lvert L_{0.5}\rvert+\lvert L_{-0.5}\rvert}$
(5) $\hat{A}^i=\dfrac{1}{N}\left[\sum_{n=1}^{N}x(n)\mathrm{e}^{-j\frac{2\pi}{N}(\hat{k}_0+\hat{\delta}^i)n}-\hat{A}^{*i-1}\dfrac{1-\mathrm{e}^{-j4\pi\hat{\delta}^i}}{1-\mathrm{e}^{-j\frac{4\pi}{N}(\hat{k}_0+\hat{\delta}^i)}}\right]$
频率值：$\hat{\omega}=\hat{\omega}_{\mathrm{c}}+\hat{\delta}^I\omega_{\mathrm{s}}$

该算法有效抑制了频谱泄漏的影响，提高了参数估计精度，是目前频域算法中计算量较小、精度较高、综合性能最好的算法。

由科氏流量计的测量原理可知，流量管中液体的质量流量和两路信号的相位差成正比关系[72]。因此，两路信号相位差的高精度估计是提高科氏流量计测量性能的前提。当前，有关相位差估计的算法很多，根据对信号的不同处理形式，主要可分为时域法和频域法两类[73]。

时域法是对信号进行时域变换得到相位差估计值的算法，主要有过零检测法、Hilbert 法、相关法等[74-78]。时域法思路简单，在中高信噪比下的相位差估计精度较高，但易受非整周期采样影响，且抗噪性较差。频域法是对信号进行频谱分析获取相位差估计值的算法，可借助硬件实现，计算速度快，且具有更强的抗噪性，因而得到了更多的研究。频域法主要有 DTFT 法、NFC-DTFT 法和加窗 DTFT 法。

DTFT 法首先对两路信号进行频谱分析，分别得到两路信号的初相位，其次二者相减获得相位差[79]。该方法简单、计算量小，但忽略了信号中频谱泄漏的影响，导致相位差估计精度较低。在此基础上，文献[80]介绍了一种计及负频率影响的DTFT法(Negative Frequency Considered-DTFT，NFC-DTFT)，该算法考虑了频谱泄漏的影响，提高了相位差估计精度。但该算法的相位差估计精度受限于频率估计精度，在低频或中高信噪比条件下，相位差的估计精度较差。为进一步提高相位差估计精度，文献[81，82]提出了加窗DTFT法。该算法与NFC-DTFT法类似，在考虑负频率影响的基础上，通过加汉宁窗、二阶卷积窗、四阶卷积窗来进一步抑制频谱泄漏的影响。但在低频时，加窗容易造成主瓣干涉，且损失信号能量，相位差的估计精度并未提高。此外，加窗函数越复杂，初相位计算公式的推导过程也越复杂，增加了计算量，而相位差的估计性能并没有得到明显改善。

现有频域法在不同程度上抑制了频谱泄漏的影响，提高了相位差的估计精度。但在低频和中高信噪比条件下，频谱泄漏影响严重时，相位差的估计精度有待进一步提高。

1.3.2 时变信号参数估计算法

时变信号参数估计算法主要指的是自适应陷波滤波器(ANF)频率估计方法，广泛应用于生物医学工程、控制工程、雷达、声呐以及通信系统等方面[83-86]。ANF主要是根据被处理信号的特点，对其进行参数优化，自动调节自身模型参数，令误差函数达到最小值，使陷波频率与信号频率相等，从而估计出信号频率值。该方法从时域角度进行迭代频率估计，不仅可以估计频率恒定的时不变信号，还可以估计频率发生变化的时变信号，具有结构简单、计算量小、抗噪性好的优点[87]。但当信噪比较低，且信号频率接近于0或π时，由于噪声的干扰增大，其频率估计精度将出现明显下降，且存在算法不稳定、收敛速度偏慢的缺点[88,89]。该类方法一般根据自适应陷波滤波器实现方法的不同，分为自适应有限冲激响应陷波器(FIR-ANF)以及自适应无限冲激响应陷波器(IIR-ANF)。

(1) 自适应有限冲激响应陷波器(FIR-ANF)

FIR-ANF一般结构简单，只在信噪比高时所需参数较少，但受信噪比影响较大。如文献[90]所提的FIR-ANF，不仅消除了估计偏差，且只用一个参数就可控制其收敛速度与均方误差值。

FIR-ANF传递函数为：

$$H(z,\ \omega)=1-2\cos\omega z^{-1}+z^{-2} \tag{1.39}$$

ω 为 ω_0 的估计值，则ANF输出信号为：

$$\begin{aligned} e(k) &= x(k)H(z,\ \omega) \\ &= x(k)-2\cos\omega x(k-1)+x(k-2) \end{aligned} \tag{1.40}$$

则频率 ω 的估计迭代式为：

$$\omega(k+1)=\omega(k)-\frac{\mu}{2}\frac{\partial \mathrm{e}^2(k)}{\partial\omega(k)}$$
$$=\omega(k)-\mu e(k)s(k) \tag{1.41}$$

式中，$s(k)=\partial \mathrm{e}(k)/\partial\omega(k)=2\sin\omega x(k-1)$，故 $s(k)$ 可看作 $x(k)$ 通过 $G(z,\ \omega)=2\sin\omega z^{-1}$ 所得。但由于噪声的存在，式(1.41)的估计是有偏的，即 $\delta_\omega(k)=\omega(k)-\omega_0$，其理论估计偏差为：

$$E[\delta_\omega(k+1)]=E[\delta_\omega(k)]-\mu E[\mathrm{e}(k)s(k)]=(1-\mu\Psi_{11})E[\delta_\omega(k)]-\mu R_{1,2} \tag{1.42}$$

由式(1.42)可知，造成偏差的因素为 $R_{1,2}$，即噪声分别通过 $H(z,\ \omega)$ 和 $G(z,\ \omega)$ 后的相关函数。通过推导，$R_{1,2}\approx -2x(k)\mathrm{e}(k)\sin 2\omega(k)$，于是消除偏差后的迭代式为：

$$\omega(k+1)=\omega(k)-\mu e(k)s(k)+\mu R_{1,2}(k) \tag{1.43}$$

其稳定状态下的理论估计偏差为：

$$E[\delta_\omega(\infty)]=(1-\mu[\psi_{11}+\psi_{12}])E[\delta_\omega(\infty)] \tag{1.44}$$

$$E[\delta_\omega^2(\infty)]=\frac{\mu\psi_{25}}{\psi_{22}-\mu\psi_{21}} \tag{1.45}$$

一般来说，ANF 的重要作用是提高输出输入信噪比增益，为取得相同的输出输入信噪比增益值，IIR-ANF 相对于 FIR-ANF 要结构简单，估计效果好，且计算量小[91]，故应用较多。

(2) 自适应无限冲激响应陷波器(IIR-ANF)

IIR-ANF 根据结构及具体计算侧重点的不同又可分为四类，即限制零极点的二阶 IIR 陷波器[92]、格型 IIR 陷波器[93,94]、IIR 带通滤波器和广义自适应陷波滤波器(GANF)。

1) 限制零极点的二阶 IIR 陷波器，具有陷波宽度小、计算量简单的特点。同时，其理论研究较深入也较成熟，是一种使用比较广泛的陷波器，也是本文研究重点。

文献[95，96]较早地开展了对此类陷波器的研究，其主要是利用文献[97-100]关于 AR、ARMA 过程的系数估计思想，将陷波器同 AR、ARMA 过程相结合，估计出信号频率。

目前，针对此种陷波器的研究，侧重点是采用何种自适应算法来计算待估频率值，如间接纯梯度算法(IPG)[101]、直接纯梯度算法(DPG)[102]、改进型梯度算法(MPG)[103]、无偏梯度算法(UPG)[104]、无偏改进型梯度算法(UMPG)[105]等。但上述算法都是以梯度算法为基础的。

限制零极点二阶 IIR-ANF 传递函数为：

$$H_N(z)=\frac{1+az^{-1}+z^{-2}}{1+\rho az^{-1}+\rho^2z^{-2}} \tag{1.46}$$

其中，ρ 为极点半径，控制滤波器的带宽。a 为间接频率估计参数，$a=-2\cos\omega$，当 $\omega=\omega_0$ 时，$a_0=-2\cos\omega_0$。该 ANF 的零极点如图 1.5 所示。

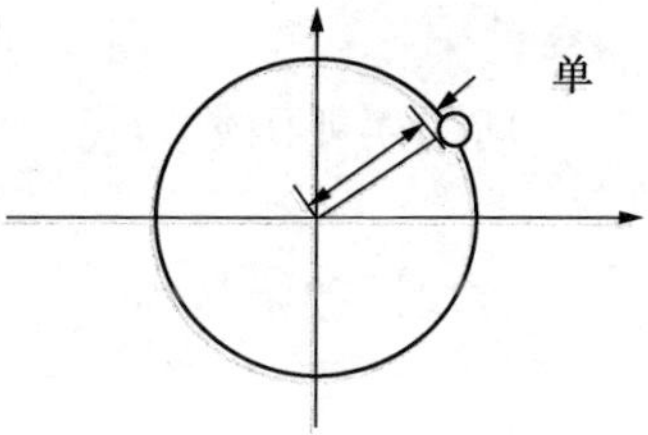

图 1.5　ANF 零极点图

在此类 ANF 中，另一种类型的梯度滤波器传递函数为：

$$\begin{aligned}H_S(z)&\approx z^{-1}-\rho z^{-1}H_N(z)\\&=(1-\rho)z^{-1}\frac{1-\rho z^{-2}}{1+\rho az^{-1}+\rho^2z^{-2}}\end{aligned} \tag{1.47}$$

基于梯度下降的频率迭代算法为：

$$a(k+1)=a(k)-\mu e(k)s(k) \tag{1.48}$$

式中，$e(k)$ 为 $H_N(z)$ 输出，$s(k)$ 为 $H_S(z)$ 输出，μ 为步长。

文献[101，102]基本原理类似，只是在估计频率过程中，选取的参数不同，文献[101]为间接型频率估计，而文献[102]则为直接型频率估计，二者的缺点都是算法的收敛速度过慢。

其中，文献[101]给出的理论估计偏差与均方误差分别为：

$$E[\delta_a(\infty)]=\frac{\eta_{12}E[\delta_a^2(\infty)]-R_{1,2}}{\eta_{11}} \tag{1.49}$$

$$E[\delta_a^2(\infty)]=\frac{\dfrac{\eta_{23}}{\eta_{11}}R_{1,2}+\mu\left(\dfrac{\eta_{24}}{\eta_{11}}R_{1,2}+\eta_{25}\right)}{\eta_{21}+\dfrac{\eta_{12}\eta_{23}}{\eta_{11}}-\mu\left(\eta_{22}-\dfrac{\eta_{12}\eta_{24}}{\eta_{11}}\right)} \tag{1.50}$$

由式(1.50)可见，梯度下降的方法其估计是有偏差的。

对于上述基于梯度下降的自适应算法，由于误差曲面的过于平整而导致的收敛速度慢是该方法公认的缺点。针对该缺点，一些文献进行了改进[106]。

如文献[103]借鉴文献[101，102]思想，介绍一种改进的基于改进型误差函数的 ANF 方法，该方法包含了间接型方法和直接型方法两种。

间接型 ANF 传递函数为：

$$\begin{aligned}H(z,a)&=N(z,a)\cdot\frac{1}{D(z,a)}\\&=(1+az^{-1}+z^{-2})\frac{1}{1+\rho az^{-1}+\rho^2z^{-2}}\end{aligned} \tag{1.51}$$

则输入信号通过 $N(z,a)$ 和 $D(z,a)^{-1}$ 后分别为：

$$e_1(k)=x(k)+a(k)x(k-1)+x(k-2) \tag{1.52}$$

$$e_2(k)=e_1(k)-\rho a(k)e_2(k-1)-\rho^2 e_2(k-2) \tag{1.53}$$

新的误差函数为：

$$J(a)=E[e_1(k)e_2(k)] \tag{1.54}$$

常规误差函数为：

$$J_c(a)=E[e_2^2(k)] \tag{1.55}$$

于是，关于 a 的新式迭代式为：

$$a(k+1)=a(k)-\mu s_{a1}(k)e_2(k) \tag{1.56}$$

式中，$s_{a1}(k)=\partial e_1(k)/\partial a(k)=x(k-1)$。

常规迭代式为：

$$a(k+1)=a(k)-\mu s_{a2}(k)e_2(k) \tag{1.57}$$

其中，$s_{a2}(k)=\partial e_2(k)/\partial a(k)\approx x(k-1)-\rho e_2(k-1)$。

估计偏差为：

$$E[\delta_a(k+1)]=(1-\mu\psi_2)E[\delta_a(k)]+\mu\psi_3 E[\delta_a^2(k)]-\mu R_{23} \tag{1.58}$$

由式(1.58)可见，R_{23}即噪声相关系数，为造成估计有偏的主要因素。

文献[103]直接型方法则类同于文献[102]，将 a 换成了 ω_0来直接估计，提高了收敛速度，但是对初始值的设定要求较高，且依然是有偏估计。同时，当待估频率较低或接近奈奎斯特频率时误差较大。

文献[104]针对上述文献的有偏估计，在不增加计算量的前提下，给出一种无偏的 ANF 算法。

ANF 传递函数为：

$$H(z)=\frac{N(z)}{D(z)}=\frac{1+az^{-1}+z^{-2}}{1+\rho az^{-1}+\rho^2 z^{-2}} \tag{1.59}$$

则所提消除偏差的迭代算法为：

$$a(k+1)=a(k)-\mu e_2(k)s_{a1}(k)+\mu ae_1(k)s_{a1}(k) \tag{1.60}$$

其估计偏差为：

$$E[\delta_a(k+1)]=(1-\mu[\psi_2-(1-\rho)\psi_1])E[\delta_a(k)]+\mu\psi_3 E[\delta_a^2(k)] \tag{1.61}$$

由式(1.61)可见，该方法消除了 R_{23}，即噪声相关系数的影响，减小了估计偏差。

文献[105]则在文献[104]的基础上进行了进一步的改进，主要是针对 ANF 性能分析方法的改进。

文献[107，108]给出的间接无记忆非线性梯度算法(IMNG)，虽然计算量上略有增加，但其估计效果好。

文献[109]通过分析限制零极点 IIR 陷波器得出，在信噪比大于 10dB 的条件下，估计偏差同输入噪声功率和输入信号频率大小有关，但与步长无关；而均方误差同估计偏差与步长均有关。

此外，文献[110，111]则对限制零极点的 IIR-ANF 进行了进一步的研究，改善了算法的收敛性及估计性能。

值得一提的是，限制零极点的 IIR-ANF 还可同其他算法相结合，以克服陷波器自身固有缺点。

如文献[112]所提方法可视为 Pisarenko 谐波分解算法同 ANF 的一种结合扩展，该方法在不同的信噪比条件下都可以接近 Cramer-Rao 下限，但数据的长度要足够的长。

文献[113]针对时变信号，将信号频率看作连续变化值，建立预测器进行预测，将预测器同 ANF 相结合，提高 ANF 估计精度。

将预测器同 ANF 结合有两种途径。

第一种：两者独立并行运行，但从预测器得到频率的值；

第二种：嵌入式运行，将两种算法从内部相结合，改善 ANF 迭代算法。

该算法的缺点是增大了计算量，同时针对多频率的估计还有待进一步研究。

2）格型 IIR 陷波器。该类陷波器一般都是通过最小化输出方差来确定迭代系数的。

如文献[114]估计效果好，但计算量大，且算法在最优值远离初始值时，误差明显增大。

格型 ANF 传递函数为：

$$H(z)=\frac{N(z)}{D(z)}=\frac{1+2k_0z^{-1}+z^{-2}}{1+k_0(1+a)z^{-1}+az^{-2}} \tag{1.62}$$

其中，k_0为自适应系数，在收敛过程中使 $k_0=-\cos\omega_0$，可得：

$$e(k)=\frac{1}{D(z)}x(k) \tag{1.63}$$

$$y(k)=e(k)+2k_0e(k-1)+e(k-2) \tag{1.64}$$

设 λ 为遗忘参数，则格型 IIR 陷波器算法为：

Step1：获得$D(k)=\lambda D(k-1)+(1-\lambda)2e^2(k-1)$，

$$C(k)=\lambda C(k-1)+(1-\lambda)e(k-1)[e(k)+e(k-2)]$$

Step2：计算 $\hat{k}_0(k)=-\frac{C(k)}{D(k)}$，且

$$\hat{k}_0(k)=\begin{cases}\hat{k}_0(k) & \text{if} \quad -1\leqslant\hat{k}_0(k)\leqslant 1\\ 1 & \text{if} \quad \hat{k}_0(k)>1\\ -1 & \text{if} \quad \hat{k}_0(k)<-1\end{cases}$$

$k_0(k)=\gamma k_0(k-1)+(1-\gamma)\hat{k}_0(k)$，$\gamma$ 为平滑系数。

Step3：得到频率估计结果

$$\hat{f}_0(k)=\frac{1}{2\pi}\arccos[-k_0(k)]$$

文献[115]提出了一种采用新式迭代算法的格型 IIR 陷波器。同文献[116,

117]相比，实现方法简单，不需预滤波。其归一化格型 IIR 陷波器如图 1.6 所示。

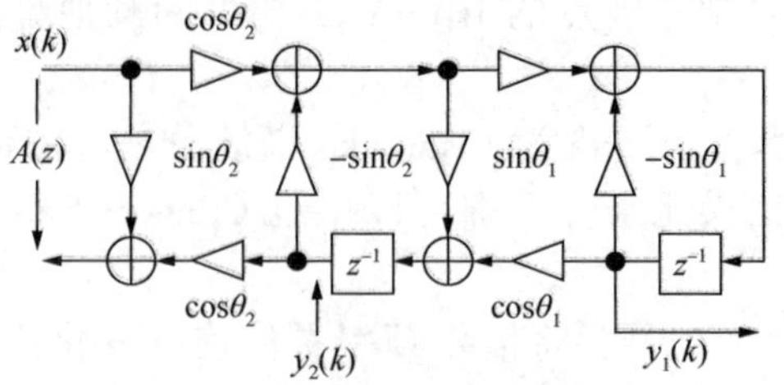

图 1.6　归一化格型 IIR 陷波器

其传递函数为：

$$F(z)=\frac{1}{2}[1+A(z)] \tag{1.65}$$

ω_0为陷波频率，B 为 3-dB 的衰减带宽，于是，

$$\theta_1=\omega_0-\pi/2,\ \omega_0\in[0,\ \pi] \tag{1.66}$$

$$\sin\theta_2=\frac{1-\tan(B/2)}{1+\tan(B/2)} \tag{1.67}$$

则迭代算法为：

$$\theta_1(k+1)=\theta_1(k)-\mu(k)e(k)y_1(k) \tag{1.68}$$

其中，$e(k)$为滤波器 $F(z)$的输出。最后，该陷波器输出为：

$$y_1(k)=\frac{z^{-1}\cos\theta_2\cos\theta_1}{1+\sin\theta_1(1+\sin\theta_2)z^{-1}+\sin\theta_2 z^{-2}}x(k) \tag{1.69}$$

该文献分析了多频率的情形，具体的方法是采用级联的形式，将多个陷波器串联起来，分别估计多频率信号的频率。不过在计算过程中进行了大量近似，其精度还有待进一步分析。

文献[118]在以上文献的基础之上，将算法扩充到了复数域，分析了高斯白噪声中算法的收敛性，并同时讨论了有色噪声对收敛速度的影响。

文献[119]则使用最小输出功率法则(MOE)改进了格型 IIR 陷波器系数更新算法，具体使用递归最小二乘算法自适应更新滤波器系数，提高了格型 IIR 陷波器的精确性与稳定性。该格型 IIR 陷波器如图 1.7 所示。

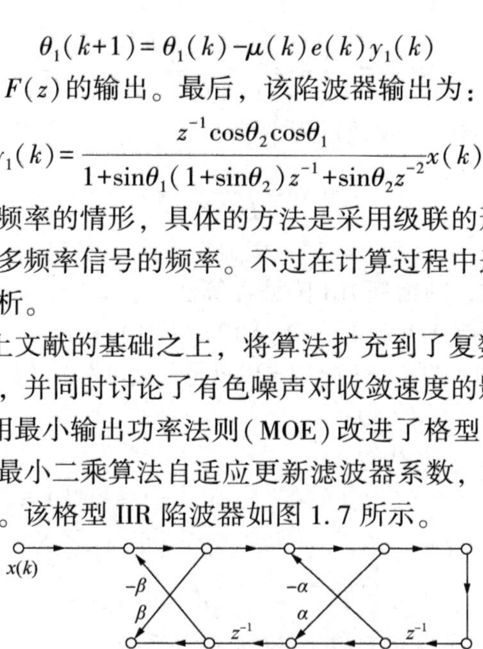

图 1.7　格型 IIR 陷波器

二阶格型 IIR 陷波器传递函数为：

$$H(z)=\frac{1}{2}(1+\beta)\frac{1+2\alpha z^{-1}+z^{-2}}{1+\alpha(1+\beta)z^{-1}+\beta z^{-2}} \tag{1.70}$$

其中，α 为自适应滤波器系数，$\alpha\to-\cos\omega_0$，$\beta\in(0,\ 1)$为极点控制因子。

该二阶格型 IIR 陷波器输出为：

$$y(k)=\frac{1}{2}(1+\beta)[x(k)+2\alpha x(k-1)+x(k-2)]-\alpha(1+\beta)y(k-1)-\beta y(k-2) \tag{1.71}$$

则通过 MOE，按式(1.75)所示，寻求最优滤波器系数：

$$\alpha_{\text{opt}}=-\cos(\omega_0)\Leftrightarrow\min_{\alpha}E[y^2(k)] \tag{1.72}$$

3）IIR 带通滤波器：文献[120]所提 ANF 由 IIR 陷波器和自适应装置两部分组成。IIR 陷波器为谱线增强器，采用 IIR-BPF 实现，输出参考信号，而自适应装置则根据参考信号更新系数。其系数更新算法是由离散振荡器所激发的，同时与谱线增强器的结构不相关。实现形式如图 1.8 所示。

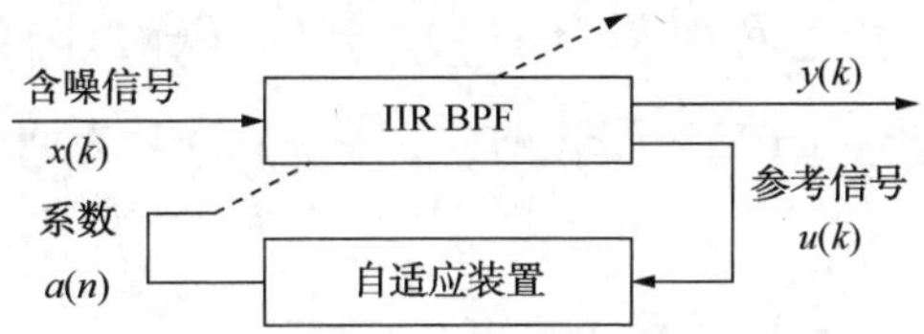

图 1.8　BPF 结构自适应陷波滤波器

考虑信号

$$d(k)=A\cos(\omega_0 k+\theta) \tag{1.73}$$

则

$$\begin{aligned}d(k)&=2\cos\omega_0 d(k-1)-d(k-2)\\&=2\alpha_0 d(k-1)-d(k-2)\end{aligned} \tag{1.74}$$

其中，$0<\omega_0<\pi$，$\alpha_0=\cos\omega_0$，

$$\omega_0=\arccos\alpha_0=\arccos\left[\frac{1}{2}\frac{d(k)+d(k-2)}{d(k-1)}\right] \tag{1.75}$$

式(1.78)在信噪比较低的情况下，其误差会很大，所以文献[120]则在此基础之上提出了一种自适应频率估计方法。

文献[121]则将文献[120]所提的方法推广到了多频率，通过对各个信号成分定义权值，来完成频率的迭代估计。

多频率信号为：

$$x_m(k)=d_m(k)+v_m(k)\qquad m=1,\ \cdots,\ M \tag{1.76}$$

式中，$d_m(k)$为具有同一频率 ω_0，但幅值和相位不同的多频率信号，$v_m(k)$为加性噪声。

则频率迭代式为：

$$\omega(k+1)=\omega(k)-2\mu\sum_{m=1}^{M}W_m(k)[x_m(k)u_m(k-1)\sin\omega(k) + x_m(k)u_m(k)\sin2\omega(k)] \tag{1.77}$$

$$\alpha(k+1)=\alpha(k)+\sum_{m=1}^{M}W_m(k)\frac{1-\delta}{2P_m(k)}y_m(k-1)[y_m(k)-2\alpha(k)y_m(k-1)+y_m(k-2)] \tag{1.78}$$

式中，$W_m(k)$，$m=1, 2, \cdots, M$ 为各个信号的权值。

不过该方法有一定的局限性，其多频率信号指的是频率一样，但幅值和相位不同的多信号，所以比较适合应用于同一时刻，可获得多组信号采样的场所。

4）广义自适应陷波滤波器（GANF）。文献[122，123]提出了更加一般化的ANF模型，一般的ANF是其中一种特殊情况，具体算法如下：

设表征时变系统信号的模型为：

$$y(k)=\sum_{l=1}^{n}\theta_l\varphi_l(k)+v(k)=\varphi^T(k)\theta(k)+v(k) \tag{1.79}$$

式中，$y(k)$为系统输出，$\varphi(k)=[\varphi_1(k), \cdots, \varphi_n(k)]^T$为回归向量，$v(k)$为加性噪声，$\theta(k)=[\theta_1(k), \cdots, \theta_n(k)]^T$为表征时变系数的向量，$\theta_l(k)=\sum_{i=1}^{k}a_{li}(k)e^{j\sum_{s=1}^{t}\omega_i(s)}$，$l=1, \cdots, n$。

同时，定义$\alpha_i(k)=[\alpha_{1i}(k), \cdots, \alpha_{ni}(k)]^T$，使

$$\beta_i(k)=f_i(k)\alpha_i(k),\ f_i(k)=e^{j\sum_{s=1}^{t}\omega_i(s)} \tag{1.80}$$

于是，式(1.79)可改为：

$$y(k)=\sum_{i=1}^{k}\varphi^T(k)\beta_i(k)+v(k) \tag{1.81}$$

则针对单频信号的频率估计迭代算法为：

$$\varepsilon(k)=y(k)-e^{j\hat{\omega}(t)}\varphi(k)\hat{\beta}(k-1) \tag{1.82}$$

$$\hat{\beta}(k)=e^{j\hat{\omega}(k)}\hat{\beta}(k-1)+\mu\Phi^{-1}\varphi^*(k)\varepsilon(k) \tag{1.83}$$

$$g(k)=\mathrm{Im}\left[\frac{\varepsilon^*(k)e^{j\hat{\omega}(k)}\varphi^T(k)\hat{\beta}(k-1)}{\hat{\beta}^H(k-1)\Phi\hat{\beta}(k-1)}\right] \tag{1.84}$$

$$\hat{\omega}(k+1)=\hat{\omega}(k)-\gamma g(k) \tag{1.85}$$

$$\hat{\theta}(k)=\hat{\beta}(k) \tag{1.86}$$

文献[124]则在上述文献的基础之上，将自适应增益（单一频率估计算法采用可调整的自适应增益）同并行估计计算（几种自适应算法同时计算，但采用不同的固定增益）相结合，结合二者的优点，提高了估计算法的自适应性与鲁棒性，同时推广到了多频率的情形。

1.3.3 衰减信号参数估计算法

(1)时域法

针对衰减信号，时域法有模型拟合法(Model Fitting，MF)、线性预测法(LP)，以及基于 SVD (The Singular Value Decomposition)的协方差算法等其他算法[125]。

1) 模型拟合法(MF)。MF 法首先对信号各参数进行粗估计，其次利用最小二乘法构造误差函数 J，最后通过最小化误差函数得到信号各参数[126]。

$$J=\sum_{n=0}^{N-2}\left[x(n)-a\mathrm{e}^{-\eta n}\cos(\omega n+\theta)\right]^2 \tag{1.87}$$

该算法思路简单，物理意义明确，容易理解。但该算法需要对误差函数进行求导计算，且涉及 4 个参数，导致计算量大，不利于实际应用，并且在最小化误差函数时，容易得到局部最优值，而不能够得到准确的参数估计值。

2) 线性预测法(LP)。根据正弦信号的线性预测性质，可得[127]：

$$x(n)=c_1x(n-1)+c_2x(n-2) \tag{1.88}$$

式中，$c_1=2\cos(\omega)\mathrm{e}^{-\eta}$，$c_2=-\mathrm{e}^{-2\eta}$。

为减少噪声的影响，设计了降噪滤波器，其传递函数为：

$$H(Z)=\frac{1}{1-c_1z^{-1}-c_2z^{-2}} \tag{1.89}$$

则滤波后的信号为：

$$v(n)=b_0u(n)+b_1u(n-1)+c_1v(n-1)+c_2v(n-2) \tag{1.90}$$

式中，$b_0=0$、$b_1=A\mathrm{e}^{-\eta}\sin(\omega)$；$u(n)$和$v(n)$分别表示单位冲击信号和采样信号经过滤波器后的滤波信号。

因此，对于 N 点采样信号，可构造类似式(1.18)的预测矩阵，并利用最小二乘法和迭代计算得到精确的信号频率。该算法利用了正弦信号的线性预测性质，并通过滤波提高了低信噪比下的参数估计精度，但该算法需要进行迭代求解矩阵，增加了计算量，实时性较差，不利于实际应用。

3) 其他算法。除 MF 法、LP 法之外，时域法还有离散 Hilbert 变换算法，基于 SVD 的协方差算法，基于自相关函数的线性预测算法，以及基于 EVD(Eigenvalue Decomposition)的线性预测算法[128,129]。离散 Hilbert 算法存在端点效应，容易受信号非整周期采样的影响，估计精度不高。其余算法需要构造信号的自相关矩阵，并进行特征值分解，虽抑制了噪声的影响，提高了参数估计精度，但计算复杂，对其研究和使用均较少。

(2) 频域法

频域法是研究和使用最广的算法，主要有迭代频谱插值法(Iterative Interpolated

Discrete Fourier Transform, IIpDFT)[130,131]、频谱插值法(IpDFT)[132,133]和泄漏校正法(Leakage correction Discrete Fourier Transform, LcDFT)[134]等。

1) 迭代频谱插值法(IIpDFT)。首先，利用式(1.32)~式(1.34)求取信号频谱索引值 k_0，并在索引值两边进行频谱插值，插值间隔为0.5。

$$X_p = \sum_{n=0}^{N-1} x(n)\mathrm{e}^{-j2\pi(\hat{k}_0+\hat{\delta}^{i-1}+p)n/N} \quad p = \pm 0.5 \tag{1.91}$$

得到频谱插值后，构造中间变量：

$$h = \frac{1}{2}\frac{X_{0.5}+X_{-0.5}}{X_{0.5}-X_{-0.5}} \tag{1.92}$$

并利用式(1.93)求得信号频率和衰减因子，初幅值和初相位可推算得到。

$$\begin{cases} \hat{\omega} = \dfrac{2\pi}{N}\mathrm{Im}[h] \\ \hat{\eta} = \mathrm{Re}[h] \end{cases} \tag{1.93}$$

IIpDFT法是针对复信号设计的参数估计算法，在低信噪比条件下的参数估计精度高。但在处理实信号时，受频谱泄漏的影响，在低频或中高信噪比条件下的参数估计精度有待提高。

2) 频谱插值法(IpDFT)。首先，对采样信号 $x(n)$ 进行 N 点FFT计算。

$$X(k) = \sum_{n=0}^{N-1} x(n)\mathrm{e}^{-jk\frac{2\pi}{N}n} \qquad k = 0, 1, \cdots, N-1 \tag{1.94}$$

其次，利用 $X(k_0-1)$、$X(k_0)$、$X(k_0+1)$ 三点频谱值构造中间变量。

$$R = \frac{X(k_0-1)-X(k_0)}{X(k_0)-X(k_0+1)} = \frac{1-\lambda\mathrm{e}^{-j\omega_{k_0+1}}}{1-\lambda\mathrm{e}^{-j\omega_{k_0-1}}}r \tag{1.95}$$

式中，$\lambda = \mathrm{e}^{-\eta+j\omega}$，$r = \dfrac{-\mathrm{e}^{j\omega_{k_0}}+\mathrm{e}^{j\omega_{k_0-1}}}{-\mathrm{e}^{j\omega_{k_0+1}}+\mathrm{e}^{j\omega_{k_0}}}$。

通过计算式(1.95)，可以求出：

$$\lambda = \mathrm{e}^{j\omega_{k_0}}\frac{r-R}{r\mathrm{e}^{-j2\pi/N}-R\mathrm{e}^{j2\pi/N}} \tag{1.96}$$

从而得到各参数的估计值。

$$\begin{cases} \hat{\omega} = \mathrm{Im}[\ln(\lambda)] \\ \hat{\eta} = -\mathrm{Re}[\ln(\lambda)] \\ \hat{A} = |2X(k_0)/c| \\ \hat{\theta} = \angle[2X(k_0)/c] \end{cases} \tag{1.97}$$

式中，$c = (1-\lambda^N)/(1-\lambda^{-j\omega_{k_0}})$，$\mathrm{Im}[t]$、$\mathrm{Re}[t]$、$|t|$ 和 $\angle t$ 分别表示取复数 t 的虚部、实部、模值和角度。

IpDFT法物理意义明确，计算量小，但容易受频谱泄漏的影响，在低频或者中高信噪比条件下的参数估计精度不高。

3）泄漏校正法(LcDFT)。为减少频谱泄漏的影响，文献[135]提出了 LcDFT 法，在利用 IpDFT 法求得各参数粗估计值的基础上，利用式(1.98)进行泄漏校正。

$$\bar{X}(k_0+i)=X(k_0+i)-\frac{a}{2}e^{-j\theta}\frac{1-\lambda^{*N}}{1-\lambda^{*}e^{-j\omega_{k_0+i}}}\quad i=-1,\ 0,\ 1 \tag{1.98}$$

得到校正的频谱后，迭代计算式(1.95)~式(1.98)，即可得到各参数估计值。该算法抑制了频谱泄漏的影响，提高了参数估计精度，但在低频和中高信噪比条件下的参数估计精度仍不理想，有待进一步提高。

1.4 性能分析

1.4.1 克拉美罗下限

对于各类算法的估计性能，可用统计信号参数的均方误差(Mean Square Errors，MSEs)的无偏估计下限(克拉美罗下限，Cramer-Rao Lower Bound，CRLB)来检验。当参数估计值的均方根误差越靠近 CRLB 时，表明参数估计值越接近真实值，该算法的估计性能越好。CRLB 给出了高斯白噪声条件下正弦信号频率估计的最小方差，其推导过程从噪声的概率密度函数出发，与具体频率估计算法无关[136]。本节推导高斯白噪声条件下正弦信号参数估计的克拉美罗下限，具体如下：

设有含噪实信号 $x(n)=a\cos(n\omega+\varphi)+z(n)$，信号长度为 N，a、ω 和 φ 为未知的、确定性的变量，参数矢量为 $\boldsymbol{\theta}=[a,\ \varphi,\ \omega]$，$z(n)$是均值为零、方差为 σ^2 的高斯白噪声，则可得到关于 $x(n)$的似然函数 $p(x,\ \theta)$为：

$$p(\mathbf{x},\ \boldsymbol{\theta})=(2\pi\sigma^2)^{-\frac{N}{2}}\exp\left\{-\frac{1}{2\sigma^2}\sum_{n=0}^{N-1}[x(n)-a\cos(n\omega+\varphi)]^2\right\} \tag{1.99}$$

对数似然函数 $\ln p(\mathbf{x},\ \boldsymbol{\theta})$为：

$$\ln p(\mathbf{x},\ \boldsymbol{\theta})=-\frac{N}{2}\ln(2\pi\sigma^2)-\frac{1}{2\sigma^2}\sum_{n=0}^{N-1}[x(n)-a\cos(n\omega+\varphi)]^2 \tag{1.100}$$

由于 $\boldsymbol{\theta}=[a,\ \varphi,\ \omega]$有三个参数未知，所以为获得各被估计参数的克拉美罗下限，需要计算 3×3 的 Fisher 信息矩阵，即：

$$\mathbf{I}(\boldsymbol{\theta})=\begin{Bmatrix}-E\left[\frac{\partial^2\ln p(\mathbf{x},\ \boldsymbol{\theta})}{\partial a^2}\right], & -E\left[\frac{\partial^2\ln p(\mathbf{x},\ \boldsymbol{\theta})}{\partial a\partial\varphi}\right], & -E\left[\frac{\partial^2\ln p(\mathbf{x},\ \boldsymbol{\theta})}{\partial a\partial\omega}\right]\\ -E\left[\frac{\partial^2\ln p(\mathbf{x},\ \boldsymbol{\theta})}{\partial\varphi\partial a}\right], & -E\left[\frac{\partial^2\ln p(\mathbf{x},\ \boldsymbol{\theta})}{\partial\varphi^2}\right], & -E\left[\frac{\partial^2\ln p(\mathbf{x},\ \boldsymbol{\theta})}{\partial\varphi\partial\omega}\right]\\ -E\left[\frac{\partial^2\ln p(\mathbf{x},\ \boldsymbol{\theta})}{\partial\omega\partial a}\right], & -E\left[\frac{\partial^2\ln p(\mathbf{x},\ \boldsymbol{\theta})}{\partial\omega\partial\varphi}\right], & -E\left[\frac{\partial^2\ln p(\mathbf{x},\ \boldsymbol{\theta})}{\partial\omega^2}\right]\end{Bmatrix} \tag{1.101}$$

其中$[\mathbf{I}(\boldsymbol{\theta})]_{11}=-E\left[\frac{\partial^2\ln p(\mathbf{x},\ \boldsymbol{\theta})}{\partial a^2}\right]=\frac{1}{\sigma^2}\sum_{n=0}^{N-1}\cos^2(n\omega+\varphi)=\frac{N}{2\sigma^2}$,

$$[\mathbf{I}(\boldsymbol{\theta})]_{12}=[\mathbf{I}(\boldsymbol{\theta})]_{21}=-E\left[\frac{\partial^2\ln p(\mathbf{x},\ \boldsymbol{\theta})}{\partial a\partial\varphi}\right]=-\frac{1}{\sigma^2}\sum_{n=0}^{N-1}a\sin(n\omega+\varphi)\cos(n\omega+\varphi)=0,$$

$$[\mathbf{I}(\boldsymbol{\theta})]_{13}=[\mathbf{I}(\boldsymbol{\theta})]_{31}=-E\left[\frac{\partial^2\ln p(\mathbf{x},\ \boldsymbol{\theta})}{\partial a\partial\omega}\right]=-\frac{1}{\sigma^2}\sum_{n=0}^{N-1}na\sin(n\omega+\varphi)\cos(n\omega+\varphi)=0,$$

$$[\mathbf{I}(\boldsymbol{\theta})]_{22}=-E\left[\frac{\partial^2\ln p(\mathbf{x},\ \boldsymbol{\theta})}{\partial\varphi^2}\right]=\frac{1}{\sigma^2}\sum_{n=0}^{N-1}a^2\sin^2(n\omega+\varphi)=\frac{a^2N}{2\sigma^2},$$

$$[\mathbf{I}(\boldsymbol{\theta})]_{23}=[\mathbf{I}(\boldsymbol{\theta})]_{32}=-E\left[\frac{\partial^2\ln p(\mathbf{x},\ \boldsymbol{\theta})}{\partial\varphi\partial\omega}\right]=\frac{1}{\sigma^2}\sum_{n=0}^{N-1}na^2\sin^2(n\omega+\varphi)=\frac{a^2N(N-1)}{4\sigma^2},$$

$$[\mathbf{I}(\boldsymbol{\theta})]_{33}=-E\left[\frac{\partial^2\ln p(\mathbf{x},\ \boldsymbol{\theta})}{\partial\omega^2}\right]=\frac{1}{\sigma^2}\sum_{n=0}^{N-1}n^2a^2\sin^2(n\omega+\varphi)=\frac{a^2N(N-1)(2N-1)}{12\sigma^2}。$$

从而得到 Fisher 信息矩阵为：

$$\mathbf{I}(\boldsymbol{\theta})=\begin{bmatrix}\frac{N}{2\sigma^2}, & 0, & 0\\ 0, & \frac{a^2N}{2\sigma^2}, & \frac{a^2N(N-1)}{4\sigma^2}\\ 0, & \frac{a^2N(N-1)}{4\sigma^2}, & \frac{a^2N(N-1)(2N-1)}{12\sigma^2}\end{bmatrix} \tag{1.102}$$

根据 Fisher 信息矩阵计算被估计参数的克拉美罗下限，得：

$$\mathrm{var}(\hat{a})\geqslant[\mathbf{I}^{-1}(\boldsymbol{\theta})]_{11}=\frac{2\sigma^2}{N} \tag{1.103}$$

$$\mathrm{var}(\hat{\varphi})\geqslant[\mathbf{I}^{-1}(\boldsymbol{\theta})]_{22}=\frac{2(2N-1)}{\eta N(N+1)} \tag{1.104}$$

$$\mathrm{var}(\hat{\omega})\geqslant[\mathbf{I}^{-1}(\boldsymbol{\theta})]_{33}=\frac{12}{\eta N(N^2-1)} \tag{1.105}$$

式中，$\eta=a^2/(2\sigma^2)$表示信噪比。

同理，根据克拉美罗下限的推导方法，推导高斯白噪声条件下两路同频等幅正弦信号相位差估计的克拉美罗下限，具体如下：

设有两路同频等幅含噪实信号，如式(1.8)所示，则可得到关于$x(n)$和$y(n)$的似然函数$p(\mathbf{x},\ \mathbf{y},\ \boldsymbol{\theta})$为：

$$p(\mathbf{x},\ \mathbf{y},\ \boldsymbol{\theta})=(2\pi\sigma^2)^{-\frac{2N}{2}}\exp\left\{-\frac{1}{2\sigma^2}\left[\begin{array}{l}\sum_{n=0}^{N-1}[x(n)-a\cos(n\omega+\theta_1)]^2\\+\sum_{n=0}^{N-1}[y(n)-a\cos(n\omega+\theta_1+\Delta\theta)]^2\end{array}\right]\right\} \tag{1.106}$$

对数似然函数 $\ln p(\mathbf{x}, \mathbf{y}, \boldsymbol{\theta})$ 为：

$$\ln p(\mathbf{x}, \mathbf{y}, \boldsymbol{\theta}) = -N\ln(2\pi\sigma^2) - \frac{1}{2\sigma^2}\left[\begin{array}{l}\sum_{n=0}^{N-1}[x(n) - a\cos(n\omega + \theta_1)]^2 \\ + \sum_{n=0}^{N-1}[y(n) - a\cos(n\omega + \theta_1 + \Delta\theta)]^2\end{array}\right] \tag{1.107}$$

由于 $\boldsymbol{\theta}=[a, \theta_1, \Delta\theta, \omega]$ 包括四个未知参数，所以为获得各被估计参数的克拉美罗下限，需要计算 4×4 的 Fisher 信息矩阵，$\mathbf{I}(\boldsymbol{\theta})$，即：

$$\mathbf{I}(\boldsymbol{\theta}) = \left\{\begin{array}{llll}
-E\left[\frac{\partial^2 \ln p(\mathbf{x}, \mathbf{y}, \boldsymbol{\theta})}{\partial a^2}\right], & -E\left[\frac{\partial^2 \ln p(\mathbf{x}, \mathbf{y}, \boldsymbol{\theta})}{\partial a \partial \theta_1}\right], & -E\left[\frac{\partial^2 \ln p(\mathbf{x}, \mathbf{y}, \boldsymbol{\theta})}{\partial a \partial \Delta\theta}\right], & -E\left[\frac{\partial^2 \ln p(\mathbf{x}, \mathbf{y}, \boldsymbol{\theta})}{\partial a \partial \omega}\right] \\
-E\left[\frac{\partial^2 \ln p(\mathbf{x}, \mathbf{y}, \boldsymbol{\theta})}{\partial \theta_1 \partial a}\right], & -E\left[\frac{\partial^2 \ln p(\mathbf{x}, \mathbf{y}, \boldsymbol{\theta})}{\partial \theta_1^{\ 2}}\right], & -E\left[\frac{\partial^2 \ln p(\mathbf{x}, \mathbf{y}, \boldsymbol{\theta})}{\partial \theta_1 \partial \Delta\theta}\right], & -E\left[\frac{\partial^2 \ln p(\mathbf{x}, \mathbf{y}, \boldsymbol{\theta})}{\partial \theta_1 \partial \omega}\right] \\
-E\left[\frac{\partial^2 \ln p(\mathbf{x}, \mathbf{y}, \boldsymbol{\theta})}{\partial \Delta\theta \partial a}\right], & -E\left[\frac{\partial^2 \ln p(\mathbf{x}, \mathbf{y}, \boldsymbol{\theta})}{\partial \Delta\theta \partial \theta_1}\right], & -E\left[\frac{\partial^2 \ln p(\mathbf{x}, \mathbf{y}, \boldsymbol{\theta})}{\partial \Delta\theta^2}\right], & -E\left[\frac{\partial^2 \ln p(\mathbf{x}, \mathbf{y}, \boldsymbol{\theta})}{\partial \Delta\theta \partial \omega}\right] \\
-E\left[\frac{\partial^2 \ln p(\mathbf{x}, \mathbf{y}, \boldsymbol{\theta})}{\partial \omega \partial a}\right], & -E\left[\frac{\partial^2 \ln p(\mathbf{x}, \mathbf{y}, \boldsymbol{\theta})}{\partial \omega \partial \theta_1}\right], & -E\left[\frac{\partial^2 \ln p(\mathbf{x}, \mathbf{y}, \boldsymbol{\theta})}{\partial \omega \partial \Delta\theta}\right], & -E\left[\frac{\partial^2 \ln p(\mathbf{x}, \mathbf{y}, \boldsymbol{\theta})}{\partial \omega^2}\right]
\end{array}\right\} \tag{1.108}$$

其中 $[\mathbf{I}(\boldsymbol{\theta})]_{11} = \frac{1}{\sigma^2}\sum_{n=0}^{N-1}[\cos^2(n\omega+\theta_1)+\cos^2(n\omega+\theta_1+\Delta\theta)] = \frac{N}{\sigma^2}$,

$[\mathbf{I}(\boldsymbol{\theta})]_{12} = [\mathbf{I}(\boldsymbol{\theta})]_{21} = -\frac{1}{\sigma^2}\sum_{n=0}^{N-1}\frac{a}{2}\{\sin[2(n\omega+\theta_1)]+\sin[2(n\omega+\theta_1+\Delta\theta)]\} = 0$,

$[\mathbf{I}(\boldsymbol{\theta})]_{13} = [\mathbf{I}(\boldsymbol{\theta})]_{31} = -\frac{1}{\sigma^2}\sum_{n=0}^{N-1}a\sin(n\omega+\theta_1+\Delta\theta)\cos(n\omega+\theta_1+\Delta\theta) = 0$,

$[\mathbf{I}(\boldsymbol{\theta})]_{14} = [\mathbf{I}(\boldsymbol{\theta})]_{41} = -\frac{1}{\sigma^2}\sum_{n=0}^{N-1}\frac{na}{2}\{\sin[2(n\omega+\theta_1)]+\sin[2(n\omega+\theta_1+\Delta\theta)]\} = 0$,

$[\mathbf{I}(\boldsymbol{\theta})]_{22} = \frac{1}{\sigma^2}\sum_{n=0}^{N-1}a^2[\sin^2(n\omega+\theta_1)+\sin^2(n\omega+\theta_1+\Delta\theta)] = \frac{a^2N}{\sigma^2}$,

$[\mathbf{I}(\boldsymbol{\theta})]_{23} = [\mathbf{I}(\boldsymbol{\theta})]_{32} = \frac{1}{\sigma^2}\sum_{n=0}^{N-1}a^2\sin^2(n\omega+\theta_1+\Delta\theta) = \frac{a^2N}{2\sigma^2}$,

$[\mathbf{I}(\boldsymbol{\theta})]_{24} = [\mathbf{I}(\boldsymbol{\theta})]_{42} = \frac{1}{\sigma^2}\sum_{n=0}^{N-1}na^2[\sin^2(n\omega+\theta_1)+\sin^2(n\omega+\theta_1+\Delta\theta)] = \frac{a^2N(N-1)}{2\sigma^2}$,

$[\mathbf{I}(\boldsymbol{\theta})]_{33} = \frac{1}{\sigma^2}\sum_{n=0}^{N-1}a^2\sin^2(n\omega+\theta_1+\Delta\theta) = \frac{a^2N}{2\sigma^2}$,

$[\mathbf{I}(\boldsymbol{\theta})]_{34} = [\mathbf{I}(\boldsymbol{\theta})]_{43} = \frac{1}{\sigma^2}\sum_{n=0}^{N-1}na^2\sin^2(n\omega+\theta_1+\Delta\theta) = \frac{a^2N(N-1)}{4\sigma^2}$,

$[\mathbf{I}(\boldsymbol{\theta})]_{44} = \frac{1}{\sigma^2}\sum_{n=0}^{N-1}n^2a^2[\sin^2(n\omega+\theta_1)+\sin^2(n\omega+\theta_1+\Delta\theta)] = \frac{a^2N(N-1)(2N-1)}{6\sigma^2}$。

从而得到 Fisher 信息矩阵为：

$$
\mathbf{I}(\boldsymbol{\theta})=\begin{bmatrix}
\frac{N}{\sigma^2}, & 0, & 0, & 0 \\
0, & \frac{a^2N}{\sigma^2}, & \frac{a^2N}{2\sigma^2}, & \frac{a^2N(N-1)}{2\sigma^2} \\
0, & \frac{a^2N}{2\sigma^2}, & \frac{a^2N}{2\sigma^2}, & \frac{a^2N(N-1)}{4\sigma^2} \\
0, & \frac{a^2N(N-1)}{2\sigma^2}, & \frac{a^2N(N-1)}{4\sigma^2}, & \frac{a^2N(N-1)(2N-1)}{6\sigma^2}
\end{bmatrix} \tag{1.109}
$$

根据 Fisher 信息矩阵计算相位差估计值均方误差的克拉美罗下限为：

$$
\mathrm{var}(\Delta\hat{\theta}) \geqslant [\mathbf{I}^{-1}(\boldsymbol{\theta})]_{33}=\frac{2}{N\eta} \tag{1.110}
$$

式中，$\eta=a^2/(2\sigma^2)$ 表示信噪比。

同理，可得到单频信号频率、衰减因子、初幅值和初相位的估计下限[137]：

$$
\mathrm{var}(\hat{\omega})=\mathrm{var}(\hat{\eta}) \geqslant \frac{(1-|z|^2)^3(1-|z|^{2N})}{[-N^2\ |z|^{2N}(1-|z|^2)^2+|z|^2\ (1-|z|^{2N})^2]SNR} \tag{1.111}
$$

式中，$z=\mathrm{e}^{-\eta}$。

$$
\mathrm{var}(\hat{\theta})=\frac{\mathrm{var}(\hat{a})}{a^2} \geqslant \frac{1-|z|^2}{SNR}\left[1+\frac{(1-|z|^{2N})\ |z|^2(\ |z|^2+|z|^{2N})-2(1-|z|^2)\ |z|^2N\ |z|^{2N}}{-N^2\ |z|^{2N}(1-|z|^2)^2+|z|^2\ (1-|z|^{2N})^2}\right] \tag{1.112}
$$

1.4.2 存在问题分析

综上分析，不管是针对平稳信号、时变信号，还是针对衰减信号的参数估计算法，均存在以下不足：

1）时域法易受信号非整周期采样的影响，抗噪性差，在中低信噪比条件下估计精度不高，且计算量较大、实时性较差，难以达到工程实际应用的要求。

为说明时域法存在的问题，以平稳信号的频率估计为例，对时域中的 MC 法、PHD 法、EA 法、TSA 法、PFM 法以及 CRLB 进行比较分析。

仿真时，均利用 Matlab 软件，通过自编程的方式实现。设信号幅值 $a=\sqrt{2}$，初相位 θ 在取值范围$(-\pi,\ \pi)$内随机取值。在信号长度 $N=128$，频率 $\omega=0.12\pi$，信噪比从-10dB 以 2dB 递增到 50dB 的条件下，仿真结果如图 1.9(a)所示。在信噪比 20dB，频率 $\omega=0.146\pi$，信号长度从 64 以 4 为步长递增到 256 的条件下，仿真结果如图 1.9(b)所示。

从图 1.9(a)可以看出，MC 法、PHD 法受噪声影响较大，频率估计精度不高。EA 法在低信噪比下的频率估计精度较高，但忽略了误差项的影响，在中高

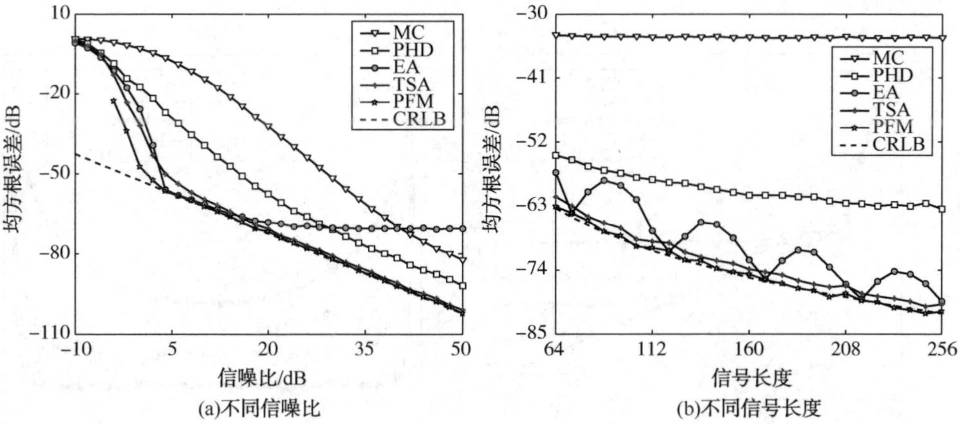

图 1.9　时域法的频率估计结果

信噪比下的估计精度下降。TSA 法和 PFM 法受噪声影响较小，但 TSA 法存在估计偏差，PFM 法在信噪比 2dB 以下的估计精度较低。从图 1.9(b)可以看出，MC 法不受非整周期采样的影响，PHD 法和 EA 法受非整周期采样的影响严重，TSA 法和 PFM 法通过重新定义自相关函数，抑制了非整周期采样的影响，提高了频率估计精度。

2）频域法易受频谱泄漏的影响，在低频或中高信噪比条件下的估计精度较差。

以平稳信号的频率估计为例，对频域的 SINW 法、AM 法、Djukanovic 法、Ye 法以及 CRLB 进行仿真，以说明频域法存在问题。设信号长度 $N=128$，幅值 $a=\sqrt{2}$，初相位 θ 在取值范围$(-\pi,\ \pi)$内随机取值。在频谱索引值 $k_0=2$，偏移量 δ 在$(-0.5,\ 0.5)$内随机取值，信噪比从-10dB 以 2dB 为步长递增到 50dB 的条件下，仿真结果如图 1.10(a)所示。在信噪比 40dB，偏移量 $\delta=0.2$，频谱索引值 k_0 从 1 以 1 为步长递增到 32，偏移量 $\delta=-0.2$，频谱索引值 k_0 从 33 以 1 为步长递增到 63 的条件下，仿真结果如图 1.10(b)所示。

从图 1.10(a)可以看出，AM 法受频谱泄漏影响严重，估计精度最差。SINW 法加窗抑制了频谱泄漏的影响，提高了算法的估计精度，但仍受频谱泄漏的影响。Djukanovic 法和 Ye 法具有更好的估计性能，Ye 法优于 Djukanovic 法。由于频域法的抗噪性好，在低信噪比条件下的估计精度均较高，但在中高信噪比条件下，受频谱泄漏的影响，频域法的估计精度降低。从图 1.10(b)可以看出，在中高信噪比条件下，当信号频率较低，即频谱泄漏严重时，频域法的频率估计效果较差，随着信号频率增加到 0.5π 时，频谱泄漏逐渐减少，频率估计效果较好。当信号频率由 0.5π 逐渐增加到 π 时，频谱泄漏逐渐增多，频率估计效果较差。由于正弦信号的频谱具有对称性，频域法在全频率变化范围内的估计结果关于

0.5π 对称。

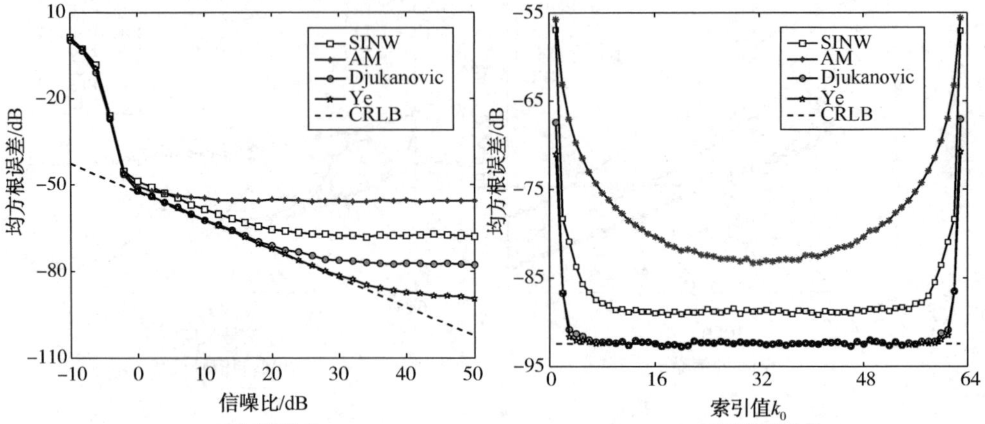

图 1.10　频域法的频率估计结果

特别说明：在本书后续章节中，只对低频信号进行处理和讨论，不再对高频信号进行赘述。

此外，现有的频域相位差估计算法大都是基于 DTFT 法设计的，首先利用离散频谱校正法求出信号频率 $\hat{\omega}$，其次将信号 $x(n)$ 在 $\hat{\omega}$ 处进行 DTFT 展开：

$$\begin{aligned}X &= \sum_{n=0}^{N-1} x(n)\mathrm{e}^{-i\hat{\omega}n}\\ &=0.5a\mathrm{e}^{i\theta_1}\mathrm{e}^{j(\omega-\hat{\omega})(N-1)/2}\frac{\sin\dfrac{(\omega-\hat{\omega})N}{2}}{\sin\dfrac{\omega-\hat{\omega}}{2}}+0.5a\mathrm{e}^{-i\theta_1}\mathrm{e}^{-j(\omega+\hat{\omega})(N-1)/2}\frac{\sin\dfrac{(\omega+\hat{\omega})N}{2}}{\sin\dfrac{\omega+\hat{\omega}}{2}}+Z\\ &=X^{+}+X^{-}+Z\end{aligned} \tag{1.113}$$

式中，X、X^{+}、X^{-}和 Z 分别表示实信号频谱、实信号中正频率成分频谱、实信号中负频率成分频谱和噪声频谱。

最后，直接利用式(1.113)求出信号 $x(n)$ 的初相位。

$$\hat{\theta}_1 = \tan^{-1}\frac{\mathrm{Im}[X]}{\mathrm{Re}[X]} \tag{1.114}$$

同理，可求出另一路信号 $y(n)$ 的初相位，利用式(1.10)将二者相减，即可得到相位差估计值。

从式(1.114)可以看出，求信号初相位时，只需求信号中正频率频谱的相位，负频率频谱和噪声频谱均为干扰误差项。

当 $|Z|$ 值较大时，相位差估计精度受噪声的影响大于频谱泄漏的影响。由于 DTFT 法有很强的抗噪性，在低信噪比下的估计精度较高。当 $|Z|$ 值较小时，频

谱泄漏对相位差估计的影响大于噪声的影响。当 $\omega=\hat{\omega}$，即信号频率估计完全准确时，正频率频谱值 $|X^{+}|$ 可取得最大值，受负频率频谱的影响，实信号的频谱值 $|X|\neq|X^{+}|$，导致相位差估计存在偏差。当 $\omega\neq\hat{\omega}$，即信号频率估计值和真实频率存在偏差时，相位差的估计偏差更大，且在实际应用时，频率估计值常常不等于频率真实值。特别地，当信号频率较小时，频谱泄漏将更为严重，频率估计也更为不准确。DTFT 法直接忽略了频谱泄漏的影响，导致相位差的估计精度较低，特别是在低频或中高信噪比条件下的相位差估计精度明显下降。在 DTFT 法的基础上，其他频域法在一定程度上抑制了频谱泄漏的影响，提高了相位差估计精度，但由于频谱泄漏的抑制能力有限，相位差估计精度仍有进一步提升的空间。

1.5 本章小结

本章首先介绍了科氏流量计的硬件结构和测量原理；其次给出了三种不同的科氏流量计信号模型，包含平稳信号、时变信号和衰减信号；再次对现有针对这三种信号模型的参数估计算法进行了梳理；最后介绍了信号参数估计的无偏估计下限，并结合仿真实验分析了现有算法的缺陷，即时域法易受噪声和非整周期采样影响，而频域法易受频谱泄漏的影响。

2 平稳信号处理算法

针对平稳信号幅值、频率和相位差估计，本章分别给出了时域的过零检测算法，频域的频谱插值算法，以及时频结合算法。

2.1 过零检测算法

过零检测，即通过判断离散采样信号数值的正负来检测信号过零点的位置，是一种经典的时域分析方法[138]。用于处理科氏传感器信号，通过记录信号过零点的时刻，得到过零点间的时间间隔，进而求取信号频率、相位差，简单有效。两路频率、幅值相同且具有一定相位差的科氏传感器信号如图 2.1 所示。

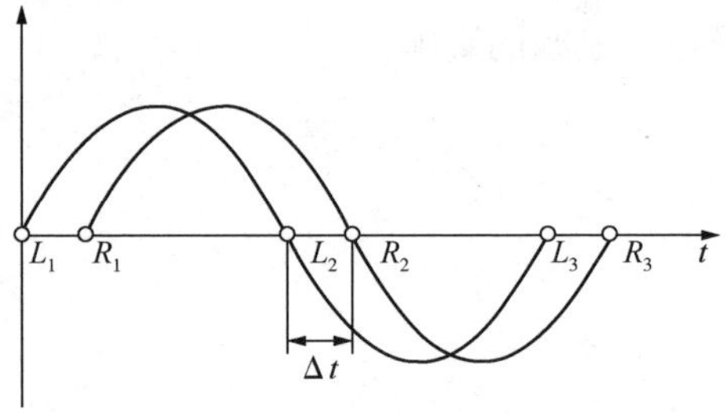

图 2.1 过零检测原理

由上图可得，左路信号零点为 L_1、L_2、L_3，右路对应的零点为 R_1、R_2、R_3，则根据左路信号可以得出信号频率：

$$f=\frac{1}{L_3-L_1} \tag{2.1}$$

根据两路信号零点的相对位置可以计算出两路信号的时间差：

$$\Delta t=R_2-L_2 \tag{2.2}$$

从而得到两路信号相位差，以测得流量管中液体质量流量。

$$\Delta\theta=360\times\Delta t\times f \tag{2.3}$$

但在实际使用中，变送器通过 AD 采样得到离散信号，不可能恰好采样到信号的过零点，不能够准确地判断过零点位置。因此，需要对采样数据进行曲线拟合，求出信号过零点。首先粗略判断信号过零点位置，其次通过不同的插值点方式计算出相对准确的过零点位置，具体算法流程如图 2.2 所示。

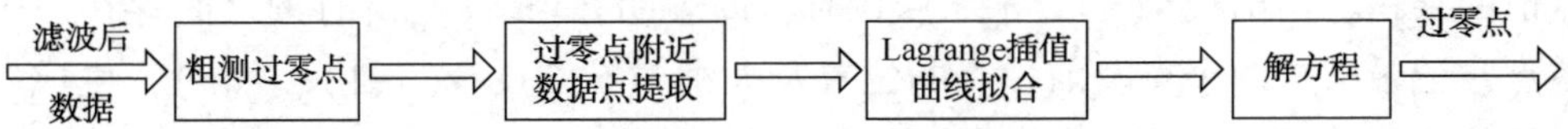

图 2.2　过零检测算法流程

由于科氏质量流量计对外界振动、电磁干扰等因素比较敏感，采样信号中往往叠加了大量噪声，而微弯传感器本身的振幅就比较小，导致信号的信噪比更低，这会严重影响过零检测的计算精度。因此，在进行过零检测之前，首先需要对采样信号进行数字滤波处理，以提高信号信噪比，提升参数估计精度，主要是格型滤波、带通滤波等方式。但过零检测法的核心还是插值求取精确的过零点，目前常用的有两点、三点和四点插值过零检测法。

2.1.1　两点插值过零检测法

最简单的就是采用线性插值的方法，即两点插值法进行过零点检测[139]。

设采样序列 $x(n)$，当出现 $x(n)x(n-1)<0$ 时，即表明在$[n-1,\ n]$时刻之间存在一个零点，可以直接通过 $x(n)$ 和 $x(n-1)$ 两个采样点求取信号过零点。

$$t_{xi}=\frac{x(n-1)}{x(n-1)-x(n)}+n-1 \quad i=1,\ 2,\ \cdots \tag{2.4}$$

式中，t_{xi}表示第一路采样信号 $x(n)$ 第 i 次出现的过零时刻值。

同理，可求出第二路采样信号 $y(n)$ 过零点 t_{yi}。

在求出信号的零点后，即可求出信号的频率、相位差。

$$f=\frac{f_s}{t_{xi}-t_{x(i-1)}}+n-1 \tag{2.5}$$

式中，f_s 为信号采样频率。

$$\Delta\theta=\frac{360f(t_{xi}-t_{yi})}{f_s} \tag{2.6}$$

值得注意的是，在实际应用时，需要判断两路采样信号是否错位。

同时，可直接利用采样值计算信号幅值。

$$a=\sqrt{\frac{2}{N}\sum_{n=0}^{N-1}x^2(n)} \tag{2.7}$$

2.1.2　三点插值过零检测法

为提高过零检测法的检测精度，给出了二阶三点插值过零检测法[140]。三点过零检测的流程：首先，对采样信号进行 IIR 带通滤波处理，消除传感器频率以外的噪声干扰，得到滤波后信号 $x(n)$。其次，粗测信号过零点。依次判断相邻点值的乘积，当出现 $x(n)x(n-1)<0$ 时，即表明在 $[n-1, n]$ 时刻之间存在一个零点。记录下这两个点及前一点的位置及大小 $x(n-2)$、$x(n-1)$、$x(n)$，生成二次插值多项式 $y(t)=at^2+bt+c$，并由 Lagrange 插值计算，可得：

$$
\begin{aligned}
x &= x(n-2)\frac{[t-(n-1)]\cdot(t-n)}{[(n-2)-(n-1)]\cdot[(n-2)-n]} \\
&+x(n-1)\frac{[t-(n-2)]\cdot(t-n)}{[(n-1)-(n-2)]\cdot[(n-1)-n]} \\
&+x(n)\frac{[t-(n-2)]\cdot[t-(n-1)]}{[n-(n-2)]\cdot[n-(n-1)]}
\end{aligned}
\tag{2.8}
$$

化简得：

$$
\begin{cases}
a=0.5x(n-2)-x(n-1)+0.5x(n) \\
b=-0.5x(n-2)(2n-1)+x(n-1)(2n-2)-0.5x(n)(2n-3) \\
c=0.5x(n-2)(n-1)n-x(n-1)(n-2)n+0.5x(n)(n-2)(n-1)
\end{cases}
\tag{2.9}
$$

因此，通过求解二次方程 $y(t)=at^2+bt+c$，并舍弃 $[n-1, n]$ 之外的根，得到过零点位置 t_{xi}。

值得注意的是，在实际应用中，由于科氏流量计主芯片运算有效位数有限会导致截断误差。为降低截断误差，可将 Lagrange 插值用到的采样值先放大 100 倍，再将时刻统一由 $n-2$、$n-1$、n 归一到 0、1、2 进行计算，式(2.8)变成：

$$
\begin{cases}
a=50[x(n-2)+x(n)-2x(n-1)] \\
b=-150x(n-2)+200x(n-1)-50x(n) \\
c=100x(n-2)
\end{cases}
\tag{2.10}
$$

经过上述处理后，计算结果的有效位数得到提高，保证了算法的实现精度。

在实际应用中发现，无论 Lagrange 插值还是最小二乘法，在求解得到方程的根时，都会出现方程的两个根均不在 $[n-1, n]$ 之间的情况。若两个根都超出范围，则利用式(2.4)通过两点的线性插值计算零点。

最后，根据拟合得到的两路信号的过零点，并利用式(2.5)～式(2.7)计算出信号幅值、频率和相位差。

2.1.3 四点插值过零检测法

为提高正弦信号零点检测的准确性，对三点 Lagrange 插值方法进行改进，采用精确度更高的四点 Lagrange 插值方法进行曲线拟合[141]。由于正弦信号在零点处的曲线是奇对称的，因此，围绕零点选择四个点进行拟合比三个点更具有几何上的对称性，其曲线拟合也更加切合实际曲线。当采样序列中相邻两点满足 $x(n)x(n-1)<0$ 的条件时，选择零点左右各两点，即 $x(n-2)$、$x(n-1)$、$x(n)$ 和 $x(n+1)$ 四点进行 Lagrange 插值，插值公式如式(2.11)所示。

$$x=x(n-2)\frac{[t-(n-1)]\cdot(t-n)\cdot[t-(n+1)]}{[(n-2)-(n-1)]\cdot[(n-2)-n]\cdot[(n-2)-(n+1)]}$$
$$+x(n-1)\frac{[t-(n-2)]\cdot(t-n)\cdot[t-(n+1)]}{[(n-1)-(n-2)]\cdot[(n-1)-n]\cdot[(n-1)-(n+1)]}$$
$$+x(n)\frac{[t-(n-2)]\cdot[t-(n-1)]\cdot[t-(n+1)]}{[n-(n-2)]\cdot[n-(n-1)]\cdot[n-(n+1)]}$$
$$+x(n+1)\frac{[t-(n-2)]\cdot[t-(n-1)]\cdot(t-n)}{[(n+1)-(n-2)]\cdot[(n+1)-(n-1)]\cdot[(n+1)-n]} \tag{2.11}$$

可以看出，采用四点 Lagrange 插值拟合的曲线是三阶的。因此，要准确得到过零点的位置，就要解三阶方程，计算出 $x(n)=0$ 时对应的方程根，满足$[n-1, n]$条件的根即为过零点位置。但是，求解三阶方程的方法比较复杂且计算量大，会影响过零检测算法的实时性，所以并不适用。

为了避免求解四点 Lagrange 插值得到的三阶曲线拟合方程，采取反向 Lagrange 插值的方法，将四个点的自变量、因变量身份交换，即 $x(n-2)$、$x(n-1)$、$x(n)$和 $x(n+1)$由因变量变为自变量，四个点的对应下标值由自变量变为因变量。则得到新的插值公式为：

$$t=(n-2)\frac{[x-x(n-1)]\cdot[x-x(n)]\cdot[x-x(n+1)]}{[x(n-2)-x(n-1)]\cdot[x(n-2)-x(n)]\cdot[x(n-2)-x(n+1)]}$$
$$+(n-1)\frac{[x-x(n-2)]\cdot[x-x(n)]\cdot[x-x(n+1)]}{[x(n-1)-x(n-2)]\cdot[x(n-1)-x(n)]\cdot[x(n-1)-x(n+1)]}$$
$$+(n)\frac{[x-(n-2)]\cdot[x-x(n-1)]\cdot[x-x(n+1)]}{[x(n)-x(n-2)]\cdot[x(n)-x(n-1)]\cdot[x(n)-x(n+1)]}$$
$$+(n+1)\frac{[x-x(n-2)]\cdot[x-x(n-1)]\cdot[x-x(n)]}{[x(n+1)-x(n-2)]\cdot[x(n+1)-x(n-1)]\cdot[x(n+1)-x(n)]} \tag{2.12}$$

此时，令公式中的因变量 $x=0$，得到时刻 t 的值，即为过零点。这种反向 Lagrange 插值的方法简单准确，并且避免了求解方程系数以及开方操作引起的大量运算。

此外，为了保证零点在$[n-1, n]$之内，对每次计算结果进行判断，一旦零点不属于要求范围时，就用式(2.4)计算的两点线性插值结果代替过零点。

最后，根据拟合得到的两路信号的过零点，并利用式(2.5)~式(2.7)计算出信号幅值、频率和相位差。

2.1.4 计算验证

为检验三种过零检测算法的性能，进行了仿真实验。仿真时，信号频率和采样频率分别为 482Hz、7500Hz，相位差为 0.15°，信号幅值为 1.5，信噪比为

20dB。计算窗长为 500，每计算 20 次进行一次算术平均。未进行滤波的三种过零检测算法的幅值、频率和相位差估计结果如图 2.3 所示，进行滤波后的三种过零检测法的幅值、频率和相位差估计结果如图 2.4 所示。

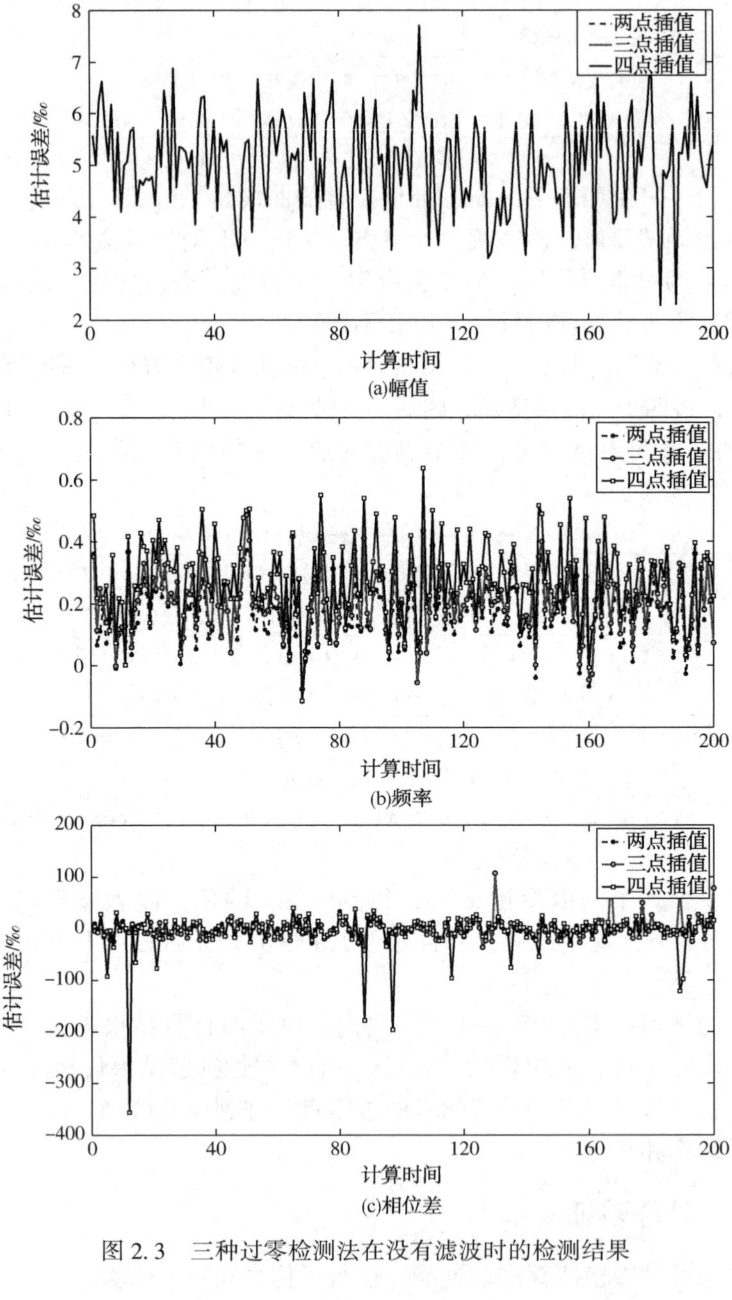

图 2.3　三种过零检测法在没有滤波时的检测结果

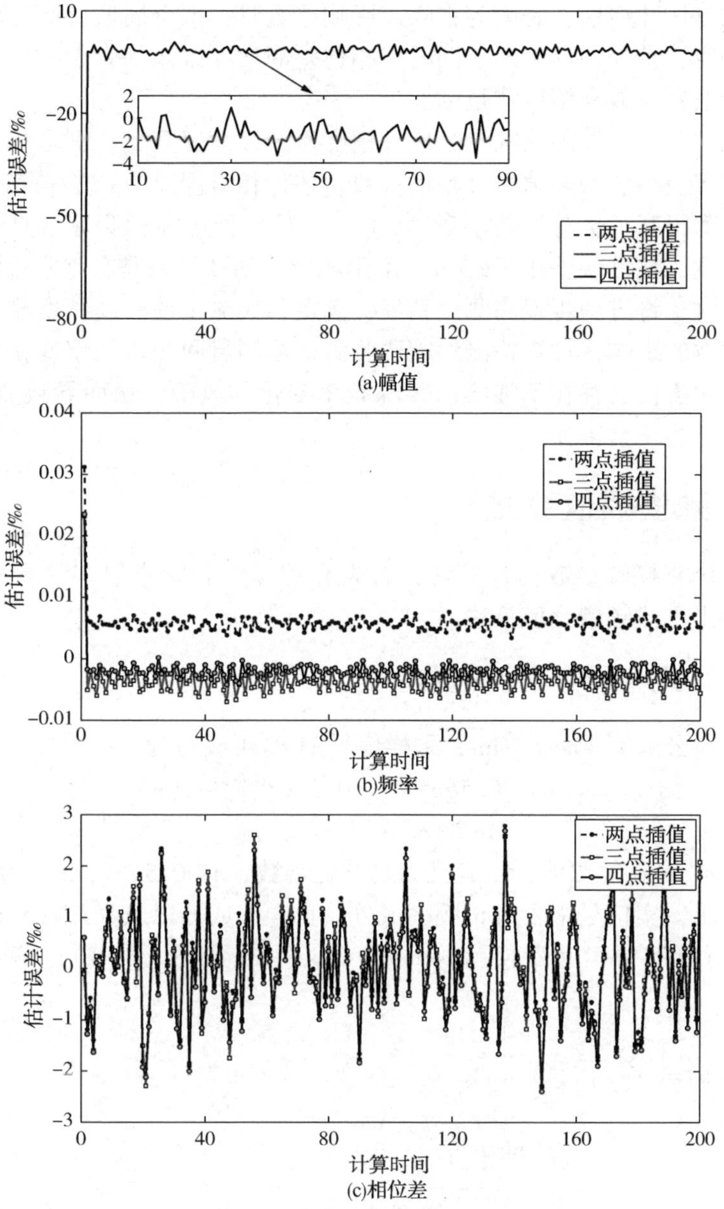

图 2.4　三种过零检测法在有滤波时的检测结果

可以看出，没有经过滤波时，过零检测算法的参数估计精度受限。三种过零检测法的幅值估计精度一致，估计相对误差为±2‰，但存在 5‰的估计偏差，且该估计偏差是随机变化的。三种过零检测算法的频率估计精度优于幅值和相位差估计精度，估计误差小于±0.1‰，但存在 0.2‰的估计偏差，且该估计偏差也是随机的。两点插值过零检测法的相位差跟踪精度优于三点插值和四点插值过零检测法的相位差估计精度，是因为在噪声影响严重时，拟合插值反而会增加过零检测的识别难度，带来估计偏差。同时，相位差的估计误差都大于±1%，不能满足科氏流量计信号参数高精度测量的要求。

经过滤波，过零检测法的参数估计精度得到极大提升，特别是相位差估计精度。三种过零检测法的幅值估计精度一致，估计相对误差为±2‰；三种算法的频率估计精度都很高，估计误差小于±0.01‰；且三种过零检测算法具有相当的相位差估计精度，估计误差小于±3‰。由于相位差估计结果是在零附近波动，当测量累积流量时，将进一步提高测量精度，满足科氏流量计的高精度测量需求。此外，由于滤波的影响，过零检测法需要收敛，当测量两相流频率变化大时，滤波器参数收敛速度慢，存在不能实时跟踪频率变化的风险，从而导致流量管停振，科氏流量计不能正常工作。

2.2 频谱插值算法

为深入研究频域参数估计算法，首先介绍噪声和频谱泄漏对参数估计的影响，其次给出具体频谱插值算法。

2.2.1 噪声和频谱泄漏影响

根据欧拉公式 $e^{jt}=\cos t+j\sin t$，采样信号 $x(n)$ 可改写为：

$$
\begin{aligned}
x(n) &= 0.5ae^{j(\omega n+\theta)}+0.5ae^{-j(\omega n+\theta)}+z(n)\\
&= Ae^{j\omega n}+A^{*}e^{-j\omega n}+z(n)
\end{aligned}
\tag{2.13}
$$

式中，A 与 A^{*} 表示复幅值，二者互为复共轭函数，$A=0.5ae^{j\theta}$、$A^{*}=0.5ae^{-j\theta}$。

可以看出，实信号中含有正频率成分、负频率成分以及噪声。对改写后的信号 $x(n)$ 进行离散傅里叶变换（Discrete Fourier Transform，DFT），信号频谱可表示为：

$$
\begin{aligned}
X(k) &= \sum_{n=0}^{N-1} x(n)e^{-jk\omega_s n}\\
&= Ae^{j\frac{(\omega-k\omega_s)(N-1)}{2}}\frac{\sin\frac{(\omega-k\omega_s)N}{2}}{\sin\frac{(\omega-k\omega_s)}{2}}\\
&\quad +A^{*}e^{-j\frac{(\omega+k\omega_s)(N-1)}{2}}\frac{\sin\frac{(\omega+k\omega_s)N}{2}}{\sin\frac{(\omega+k\omega_s)}{2}}+Z(k)\\
&= X^{+}(k)+X^{-}(k)+Z(k)
\end{aligned}
\qquad k=0,1,\cdots,N-1
\tag{2.14}
$$

式中，$X(k)$、$X^{+}(k)$、$X^{-}(k)$和$Z(k)$分别表示实信号频谱、实信号中正频率成分频谱、实信号中负频率成分频谱和噪声频谱。

当$|Z(k)|$较大，即信号的信噪比较低时，信号的频率估计精度主要受噪声影响，受频谱泄漏的影响较小。由于 DFT 法有很强的抗噪性，频域法在低信噪比下的频率估计精度较高。当$|Z(k)|$较小，即信号处于中高信噪比条件下时，随着信噪比的增加，信号的频率估计精度受频谱泄漏的影响逐渐大于噪声的影响，使得频率估计精度逐渐降低且趋于饱和。

为说明噪声和频谱泄漏对频率估计的影响，以 Ye 法为例进行仿真实验。仿真时，设信号长度 $N=128$，幅值 $a=\sqrt{2}$，初相位 θ 在$(-\pi,\ \pi)$内随机取值，偏移量 $\delta=0.4$，索引值 k_0 分别取值 2、3、4、5，信噪比从-10dB 以 2dB 为步长递增到 50dB，结果如图 2.5 所示。

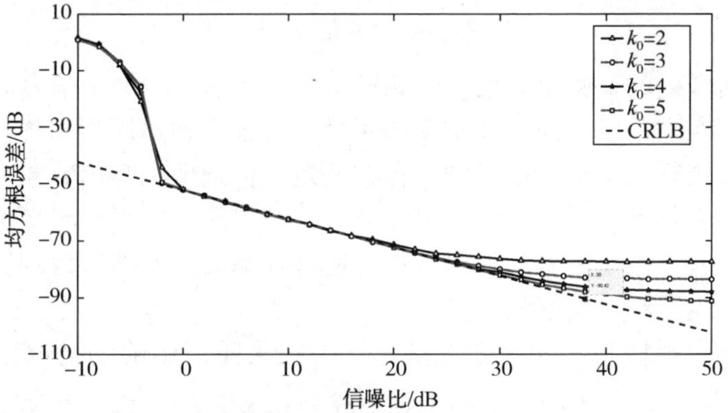

图 2.5　频谱泄漏和噪声对频率估计的影响

可以看出，当信号处于低信噪比时，频率估计精度主要受噪声的影响，频率估计性能随着信噪比增加而提高，受频谱泄漏的影响较小，因此不同频谱泄漏的信号在低信噪比下具有相当的频率估计精度。当信号处于中高信噪比时，频率估计精度主要受频谱泄漏的影响，索引值越小，信号正负频率频谱相隔越近，频谱泄漏影响越大，则频率估计精度越差，最先达到饱和状态，相比之下，噪声对频率估计的影响则较小。

为说明频谱泄漏对信号参数估计的影响，在无噪声情况下，分别对信号进行 DFT 分析和 DTFT(Discrete Time Fourier Transform)分析。由于实信号的正频率频谱和负频率频谱是对称的，因此只给出了正频率频谱图，如图 2.6 所示。

忽略信号中的负频率频谱，当 $\delta=0$ 时，信号为整周期采样，信号频谱图(DFT 变换后的频谱图)与其周期图(DTFT 变换后的频谱图)完全匹配，信号频谱可在 k_0 处取得最大值，频率估计结果非常准确，即 $\omega=k_0\omega_s$。当 $\delta\neq0$ 时，信号为非整周期采样，信号频谱图与其周期图不能够完全匹配，信号频谱不能在 k_0 处取得最大值，因此存在频率估计误差。为减少估计误差，可在 k_0、k_0-1 与 k_0+1 间进行插值计算。

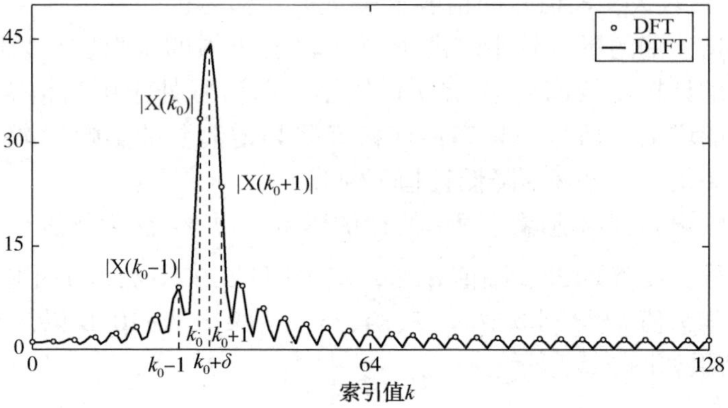

图 2.6　采样信号频谱

不忽略信号中的负频率频谱，受频谱泄漏的影响，增加了信号频谱图与其周期图之间的不匹配程度。而且在实际应用时，很难做到整周期采样，即 δ 常不为零。因此，使用频域法估计信号频率存在偏差。特别地，当信号频率接近零和 π 时，信号正频率频谱和负频率频谱更加靠近，频谱泄漏的影响将更加严重，增加了频率估计误差。由于信号其他参数均可通过频率估计值推算得到，因此其他参数的估计精度也受频谱泄漏的影响。

为了更加直观地理解频谱泄漏的影响，在无噪声影响的情况下，对实信号 $\sqrt{2}\cos(0.175n+\pi/3)$、实信号中的正频率成分 $0.5\sqrt{2}e^{j(0.175n+\pi/3)}$ 和实信号中的负频率成分 $0.5\sqrt{2}e^{-j(0.175n+\pi/3)}$ 进行频谱分析，如图 2.7 所示。

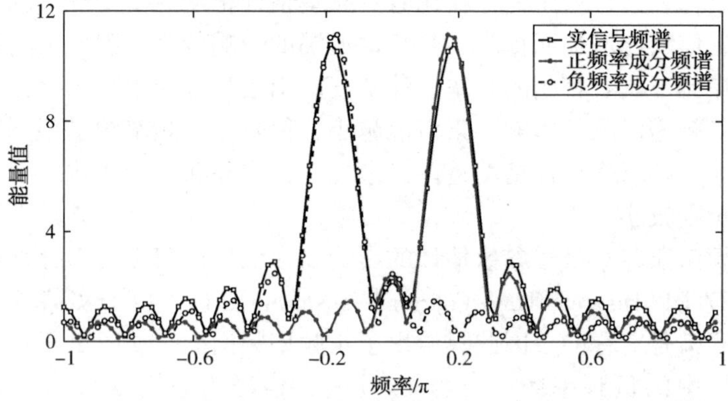

图 2.7　实信号及其正频率成分和负频率成分频谱

可以看出，实信号的频谱图为实信号中正频率频谱和负频率频谱之和。受负频率成分频谱泄漏的影响，实信号频谱图不能和同频的正频率频谱图完全重合，降低了信号的参数估计精度。

现有频域法可在不同程度上抑制频谱泄漏的影响，但效果均不够理想，算法的参数估计性能有待进一步提高。

2.2.2 频谱泄漏校正法

为抑制实信号中负频率成分频谱泄漏的影响，设计频谱泄漏校正法，介绍只含有正频率成分的复信号。

(1) 复信号模型

在信号处理中，常见的信号有实信号和复信号，实信号模型如式(1.8)所示，只含有正频率成分的复信号模型如式(2.15)所示。

$$x(n)=a\mathrm{e}^{j(\omega n+\theta)}+z(n)\quad n=0,\ 1,\ \cdots,\ N-1 \tag{2.15}$$

对复信号 $x(n)$ 进行 DFT 计算，其频谱为：

$$\begin{aligned}X(k)&=\sum_{n=0}^{N-1}x(n)\mathrm{e}^{-jk\omega_s n}\\&=A\mathrm{e}^{j\frac{(\omega-k\omega_s)(N-1)}{2}}\frac{\sin\frac{(\omega-k\omega_s)N}{2}}{\sin\frac{(\omega-k\omega_s)}{2}}+Z(k)\quad k=0,\ 1,\ \cdots,\ N-1\\&=X^{+}(k)+Z(k)\end{aligned} \tag{2.16}$$

从复信号的频谱分析可以看出，无噪声影响时，复信号的频谱成分单一，只含有正频率频谱，不含有实信号中的负频率频谱。因此，可将实信号转换为复信号，抑制频谱泄漏的影响，提高参数估计精度。

(2) 实信号与复信号模型比较

通过对比不含噪声的实信号和复信号模型可知，实信号含有正频率成分和负频率成分两部分，复信号只有正频率成分。

为直观理解两种信号模型的差异和频谱泄漏的影响，对实信号$\sqrt{2}\cos(0.3\pi n+\pi/3)$和复信号 $0.5\sqrt{2}\cos(0.3\pi n+\pi/3)$分别在没有噪声影响和信噪比为 10dB 的条件下进行频谱分析，如图 2.8 所示。

从频谱上看，实信号含有正频率频谱和负频率频谱，复信号只含有正频率频谱。没有噪声时，信号的频率估计精度只受频谱泄漏的影响，由于负频率成分的频谱泄漏，叠加在正频率频谱上，使得实信号的正频率频谱不能和同频率的复信号频谱完全重合，导致实信号的频率估计存在偏差 $\Delta\omega$。有噪声时，信号频率估计精度不仅受频谱泄漏的影响，还受噪声的影响，由于图 2.8(a)和(b)中的频谱泄漏影响一样，所以图 2.8(b)中的频率估计偏差大于图 2.8(a)中的频率偏差。

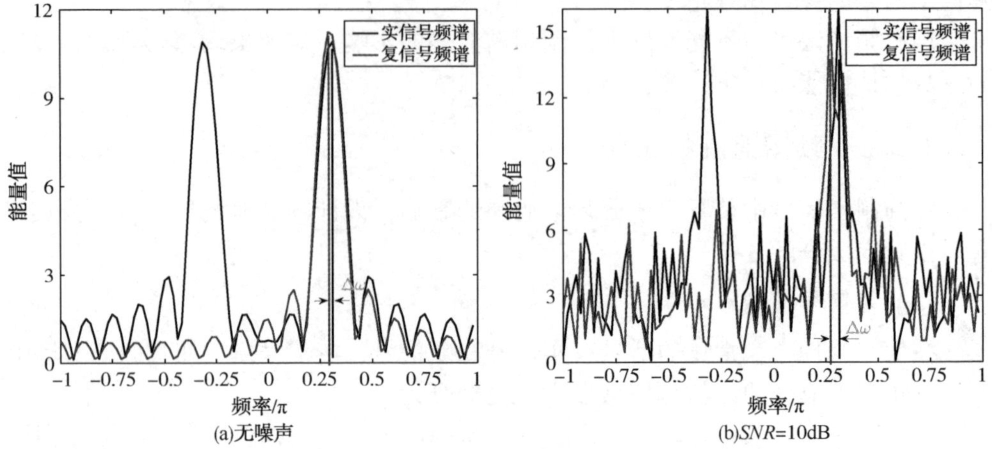

图 2.8　实信号和复信号频谱

(3) 频谱泄漏校正思想

为抑制实信号中频谱泄漏的影响，在对比分析实信号模型和复信号模型的基础上，给出了频谱泄漏校正算法，其思想如图 2.9 所示。

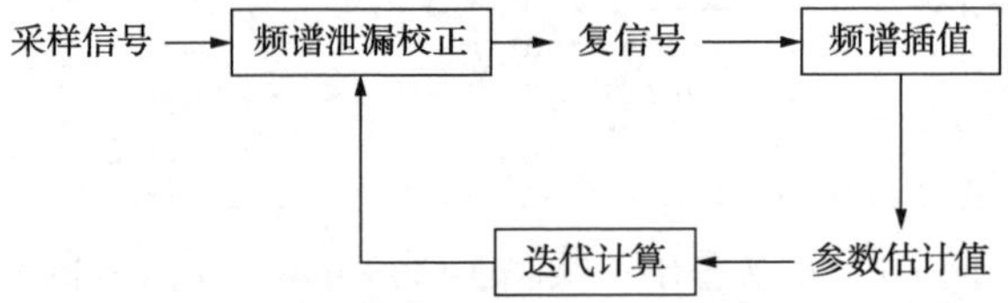

图 2.9　频谱泄漏校正思想

所提算法的思想是先将含有正频率成分和负频率成分的实信号转换为只含有正频率成分的复信号，通过实复转换减少实信号中负频率成分，从源头上抑制频谱泄漏的影响，从而提高信号的参数估计精度，主要包含以下几个步骤。

1) 将实信号转换为复信号，以减少实信号中负频率成分，抑制频谱泄漏的影响。这一步骤是最为关键的，能否尽可能多地减少实信号中的负频率成分，直接反映所设计算法对频谱泄漏的抑制能力，也关系着参数的估计精度。

2) 对复信号进行频谱分析，利用 FFT 法求取频谱索引值，并对复信号频谱进行插值计算，得到抑制了频谱泄漏影响的参数估计值。

3) 为进一步减少实信号中的负频率成分，提高算法对频谱泄漏的抑制能力，采用迭代算法重新实现实复转换，再对复信号进行处理，逐步提高信号的参数估计精度，特别是在低频和中高信噪比条件下的参数估计精度。

根据欧拉公式，实信号可改写为：

$$x(n)=A\mathrm{e}^{-\eta n}\mathrm{e}^{j\omega n}+A^{*}\mathrm{e}^{-\eta n}\mathrm{e}^{-j\omega n} \tag{2.17}$$

等式左边部分为采样信号，等式右边第一项为只含有正频率成分的复信号，右边第二项为只含有负频率成分的复信号。受等式右边第二项的影响，实信号参数估计的精度不高。因此，考虑将等式右边第二项减去，则采样信号中只含有正频率成分，抑制了频谱泄漏的影响。

则，所设计算法的具体实现流程如下。

1）为增加信号的计算分辨率，对采样信号补零一倍，然后利用 FFT 法对补零信号进行预处理，得到信号的频谱索引值与复幅值粗估计值。

2）根据频谱索引值与复幅值的粗估计值，生成只含有负频率成分的参考信号，并对参考信号进行补零计算，得到补零参考信号。

3）根据实复相减策略，将补零采样信号和补零参考信号相减得到复信号，实现频谱泄漏校正，以减少实信号中负频率成分，抑制频谱泄漏的影响。

4）对生成的复信号进行频谱分析，重新生成参考信号、补零参考信号和复信号，再对复信号进行处理，并通过迭代计算以进一步抑制频谱泄漏的影响，最终得到精确的频率、幅值和初相位估计值(图 2.10)。

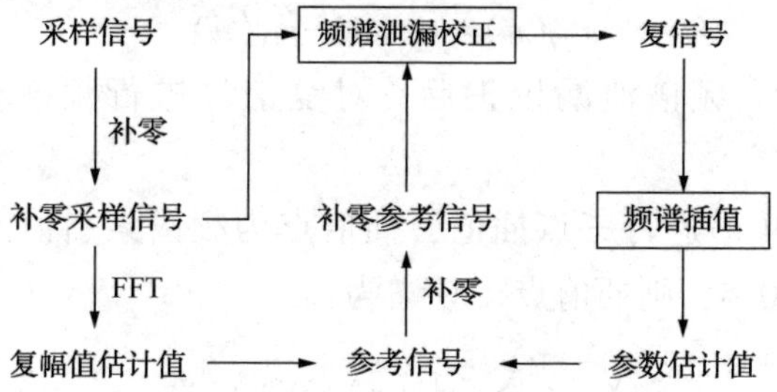

图 2.10　算法思想

（4）流程步骤

根据算法思想，本算法的实现流程可分为参数粗估计、构造参考信号、实复转换和参数精估计四个步骤。

1）参数粗估计。为了提高信号的计算分辨率，对采样信号 $x(n)$ 补零一倍，得到补零信号。

$$x_{2N}(n)=[x(0),\ x(1),\ \cdots,\ x(N-1),\ 0,\ 0,\ \cdots,\ 0]\quad n=0,\ 1,\ \cdots,\ 2N-1 \tag{2.18}$$

则补零信号的计算分辨率为：$\omega'_s=\pi/N$，是采样信号频率分辨率的一倍。

补零后，利用 FFT 法对补零信号 $x_{2N}(n)$ 进行预处理，得到频谱索引值 k_0。

$$k_0=\underset{0\leqslant k\leqslant N-1}{\operatorname{argmax}}\left|FFT[x_{2N}(n)]\right|^2 \tag{2.19}$$

为尽可能多地抑制频谱泄漏的影响，本节算法仍采用迭代计算。为此，设偏移量初值：$\hat{\delta}_0=0$，迭代次数为 i，$1\leqslant i\leqslant I$。

根据补零信号的频谱索引值 k_0，利用式(2.20)计算信号复幅值的粗估计值。

$$\hat{A}_i=\frac{2}{N}\sum_{n=0}^{N-1}x_{2N}(n)\mathrm{e}^{-j(\hat{k}_0+\hat{\delta}_{i-1})\omega'_s n} \tag{2.20}$$

2）构造参考信号。根据补零信号的频谱索引值和复幅值的粗估计值，利用式(2.21)构造只含有负频率成分的参考信号 $r_N^i(n)$。

$$r_N^i(n)=A_i^*\mathrm{e}^{-j(k_0+\hat{\delta}_{i-1})\omega'_s n}\quad 0\leqslant n\leqslant N-1 \tag{2.21}$$

得到参考信号后，对参考信号补零一倍，得到补零参考信号。

$$r_{2N}^i(n)=[r_N^i(0),\ r_N^i(1),\ \cdots,\ r_N^i(N-1),\ 0,\ 0,\ \cdots,\ 0]\quad n=0,\ 1,\ \cdots,\ 2N-1 \tag{2.22}$$

3）频谱泄漏校正。参考信号补零后，根据实复转换原理，通过实复相减策略，利用式(2.23)将补零采样信号与补零参考信号相减得到复信号，实现频谱泄漏校正。

$$x_{2N}^i(n)=x_{2N}(n)-r_{2N}^i(n) \tag{2.23}$$

4）参数精估计。频谱泄漏校正后，对复信号进行频谱分析，求取信号偏移量。

首先对复信号频谱进行三点插值，插值点为频谱索引值 k_0 处，以及索引值两边，插值间隔为 0.5，则插值点得频谱为：

$$\begin{aligned}X_0&=\sum_{n=0}^{N-1}x_{2N}^i(n)\mathrm{e}^{-j(k_0+\hat{\delta}_{i-1})\omega'_s n}\\&=A\mathrm{e}^{j\frac{(\hat{\delta}_i-\hat{\delta}_{i-1})(N-1)\omega'_s}{2}}\frac{\sin\frac{(\hat{\delta}_i-\hat{\delta}_{i-1})\omega'_s N}{2}}{\sin\frac{(\hat{\delta}_i-\hat{\delta}_{i-1})\omega'_s}{2}}\end{aligned} \tag{2.24}$$

$$\begin{aligned}X_{\pm0.5}&=\sum_{n=0}^{N-1}x_{2N}^i(n)\mathrm{e}^{-j(k_0+\hat{\delta}_{i-1}\pm0.5)\omega'_s n}\\&=A\mathrm{e}^{j\frac{(\hat{\delta}_i-\hat{\delta}_{i-1}\pm0.5)(N-1)\omega'_s}{2}}\frac{\sin\frac{(\hat{\delta}_i-\hat{\delta}_{i-1})\omega'_s N}{2}}{\sin\frac{(\hat{\delta}_i-\hat{\delta}_{i-1}\pm0.5)\omega'_s}{2}}\end{aligned} \tag{2.25}$$

得到插值点的频谱值后，利用下式对频谱值进行计算。

$$\frac{|X_{0.5}|}{|X_0|}=\frac{\frac{\sqrt{2}}{2}\left[1-\cot\frac{\pi(\hat{\delta}_i-\hat{\delta}_{i-1})}{2}\right]}{\cos\frac{\pi}{4N}-\sin\frac{\pi}{4N}\cot\frac{\pi(\hat{\delta}_i-\hat{\delta}_{i-1})}{2N}} \tag{2.26}$$

$$\frac{|X_0|}{|X_{-0.5}|}=\frac{\cos\frac{\pi}{4N}+\sin\frac{\pi}{4N}\cot\frac{\pi(\hat{\delta}_i-\hat{\delta}_{i-1})}{2N}}{\frac{\sqrt{2}}{2}\left[1-\cot\frac{\pi(\hat{\delta}_i-\hat{\delta}_{i-1})}{2}\right]} \tag{2.27}$$

联立式(2.26)和式(2.27)，并化简可得：

$$\tan\frac{\pi(\hat{\delta}_i-\hat{\delta}_{i-1})}{2}=\frac{\sqrt{2}|X_0|(|X_{0.5}|-|X_{-0.5}|)}{4|X_{0.5}||X_{-0.5}|\cos\frac{\pi}{4N}-\sqrt{2}|X_0|(|X_{0.5}|+|X_{-0.5}|)} \tag{2.28}$$

通过反正切计算，即可得到更加准确的偏移量估计值。

$$\hat{\delta}_i=\hat{\delta}_{i-1}+\frac{2}{\pi}\arctan\frac{\sqrt{2}|X_0|(|X_{0.5}|-|X_{-0.5}|)}{4|X_{0.5}||X_{-0.5}|\cos\frac{\pi}{4N}-\sqrt{2}|X_0|(|X_{0.5}|+|X_{-0.5}|)} \tag{2.29}$$

根据偏移量估计值，迭代计算式(2.20)~式(2.25)和式(2.27)，重新构造参考信号，减去更多的负频率成分，抑制频谱泄漏的影响，得到精确的偏移量和复幅值估计值。因此，利用式(2.30)和式(2.31)得到的信号频率、幅值和初相位估计值受频谱泄漏影响小，具有更高的估计精度。

$$\hat{\omega}=(k_0+\hat{\delta}_I)\omega'_s \tag{2.30}$$

$$\begin{cases}\hat{a}=2|\hat{A}_{I+1}|\\ \hat{\theta}=\angle\hat{A}_{I+1}\end{cases} \tag{2.31}$$

综上所述，所提参数估计算法的计算流程如下。

1）利用式(2.18)对采样信号进行补零，并利用式(2.19)和式(2.20)对补零信号进行预处理，得到补零信号的频谱索引值与复幅值粗估计值；

2）利用式(2.21)生成只含有负频率成分的参考信号，并利用式(2.22)对参考信号进行补零；

3）利用式(2.23)将补零采样信号和参考信号相减，得到复信号，实现频谱泄漏校正；

4）利用式(2.24)和式(2.25)对复信号频谱进行插值计算，利用式(2.29)对插值点频谱进行计算，得到较为精确的偏移量估计值，并迭代计算式(2.20)~式(2.25)和式(2.29)，得到精确的偏移量估计值，最后利用式(2.30)和式(2.31)得到精确的信号频率、幅值和初相位估计值。

5）相位差估计。为抑制频谱泄漏对相位差估计的影响，在频谱泄漏校正参数估计算法的基础上，估计式(1.8)中的相位差。具体步骤为：

① 针对第一路信号 $x(n)$，根据频谱泄漏校正参数估计算法的流程步骤计算出信号精确的频率估计值 $\hat{\omega}$ 和相位差估计值 $\hat{\theta}_1$。

② 根据第一路信号的频率估计值 $\hat{\omega}$，结合式(2.20)求出第二路信号的粗略复幅值 $\hat{B}(B=0.5be^{j\theta_2})$，利用式(2.21)构造只含有负频率的参考信号，并将采样信号和参考信号相减，实现频谱泄漏校正。再次利用式(2.20)求出不受负频率影响的复幅值 $\hat{B}$，利用式(2.28)求得第二路信号的初相位估计值 $\hat{\theta}_2$。

③ 将两路信号初相位估计值相减，即可得到相位差估计值。

2.2.3 性能分析

所提算法属于迭代算法，为分析所提算法性能，首先分析了迭代次数，并对计算量进行了分析。

(1) 迭代次数

为说明所提算法在不同迭代次数下的频率估计性能，设 $N=128$，$SNR=30\text{dB}$，频谱索引值从 2 以 1 为步长增加到 32，偏移量 $\delta=0.2$，分别在迭代次数为 1、2、3 和 4 的条件下进行了仿真实验，结果如图 2.11 所示。

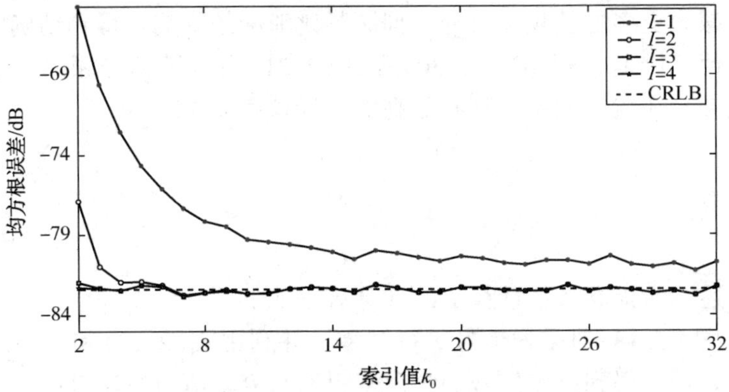

图 2.11　不同迭代次数下的频率估计结果

经由 1 次迭代计算，算法的估计效果较差。迭代 2 次时，算法的估计性能得到了极大提升，但在低频时的估计效果不理想。在全频率范围内，3 次和 4 次迭代具有相当的估计性能，且在低频时的估计精度远高于 2 次迭代的估计精度，接近 CRLB。综合考虑算法的估计性能和计算量，所提算法推荐使用 3 次迭代计算。

(2) 计算复杂度

分析算法计算复杂度时，省略简单的运算，只统计计算量较大的运算。下面，对频域的 LF 法[60]、SINW 法[148]、Djukanovic 法[69]、Ye 法[71]、解析解法[47]以及本节算法进行计算复杂度分析。根据相关文献，LF 法、Djukanovic 法和 Ye 法属于迭代算法，迭代次数分别取 3 次、3 次和 2 次。经统计，各算法的计算复杂度如表 2.1 所示，仿真结果如图 2.12 所示。

表 2.1　计算复杂度分析

算法	加法	乘法
LF 法	$6N\log_2^{2N}+18N$	$4N\log_2^{2N}+27N$
SINW 法	$3N\log_2^{N}$	$2N\log_2^{N}+2N$
Djukanovic 法	$8N\log_2^{N}+21N$	$8N\log_2^{N}+34N$
Ye 法	$3N\log_2^{N}+12N$	$2N\log_2^{N}+18N$
解析解法	$3N\log_2^{N}+14N$	$2N\log_2^{N}+32N$
本节算法	$6N\log_2^{2N}+60N$	$4N\log_2^{2N}+120N$

注：$M=[\log_2^{2N}]$。

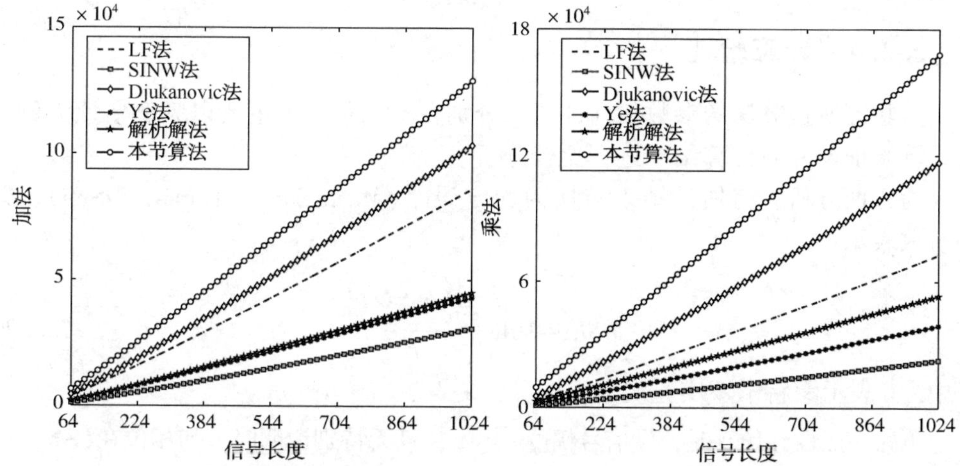

(a)加法计算量　(b)乘法计算量

图 2.12　计算复杂度分析

SINW 法通过时域加窗抑制频谱泄漏的影响，在频域仅进行一次插值计算，因此具有最小的加法计算量和乘法计算量。Ye 法使用了迭代插值计算，增加了计算量，比 SINW 法更加复杂。LF 法对信号进行了补零和迭代计算，因此计算量有所增加。Djukanovic 法采取了计算复杂的频率粗估计算法，且进行了 3 次迭代，计算量较大。为提高计算分辨率，本节算法对采样信号进行了补零，增加了算法的计算量，其计算量略高于所选的频域法。可以看出，所有算法的计算量均处于同一数量级。所提算法的计算量虽略有增加，但随着数字信号处理器的发展，并不影响本节算法实时性。且所提算法在未大幅度增加计算量的基础上，提高了低频条件下的参数估计精度，算法的参数估计性能将在下一部分进行计算验证。

(3) 与 NFC-DTFT 法比较分析

文献[80]提出一种计及负频率法(NFC-DTFT 法)，是一种非常具有代表性的频域相位差估计算法。与之相比，所提算法主要有两个优势。一是所提算法只需利用标准的矩形窗截取数据，简单且容易实现，而 NFC-DTFT 法需要利用复杂的窗函数来抑制频谱泄漏，导致相位差计算公式推导复杂。二是所提算法采用实复转换式参数估计原理，抑制了频谱泄漏的影响，可同时得到精确的信号频率估计值和相位差估计值。而 NFC-DTFT 法只考虑了信号在 DTFT 展开时频谱泄漏的影响，即负频率频谱 X^- 的影响，而忽略了信号频率估计也受频谱泄漏的影响，导致信号频率估计值存在偏差。因此，NFC-DTFT 法的相位差估计精度依赖于频率的估计精度。在低频或中高信噪比条件下时，受频谱泄漏的影响，频率的估计值存在偏差，降低了相位差的估计精度，导致 NFC-DTFT 法的估计性能低于所提算法。

2.2.4 计算验证

为验证所提算法的参数估计性能，分别在不同条件下主要以频率估计为例进行计算验证，并对计算结果进行比较分析。

为方便分析，将估计结果转换为均方误差(Mean Square Errors，MSEs)，并用对数表示。

$$MSEs = 10\lg \frac{\sum_{l=1}^{L}(\hat{\omega}_l-\omega)^2}{L} \tag{2.32}$$

式中，L 表示蒙特卡罗实验次数。

不失一般性，仿真时，设信号幅度 $a=\sqrt{2}$，且无特别说明时，初相位在$(-\pi,\ \pi)$随机取值。为减少随机误差，每组实验分别进行 1000 次蒙特卡罗实验。

(1) 频率估计

为检验所提算法的频率估计精度，分别在无噪声、不同信噪比、不同信号频率以及不同信号长度条件下对本节算法、上述算法以及 CRLB 进行仿真对比分析。

1) 无噪声。为检验所提算法对频谱泄漏的抑制能力，在无噪声条件下进行仿真实验。仿真时，设 $N=128$，频率由 0.02π 以 0.02π 为步长增长到 0.5π，结果如图 2.13 所示。

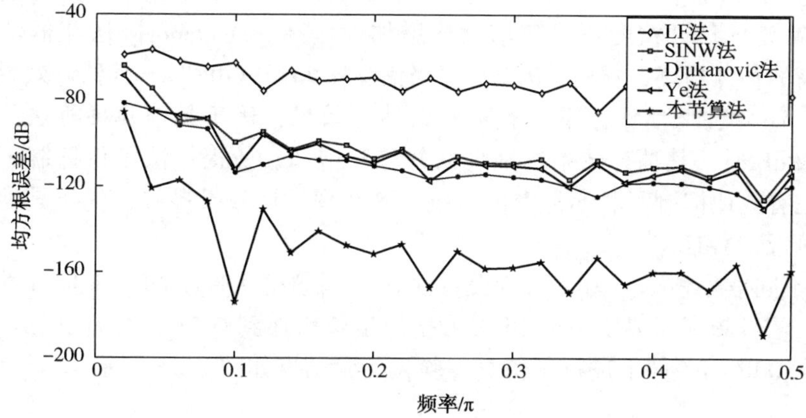

图 2.13　无噪声下的频率估计结果

由于 LF 法是针对复信号设计的参数估计算法，处理实信号时，完全受频谱泄漏的影响，其频率估计精度最低。Ye 法的频谱抑制能力强于 SINW 法，Djukanovic 法的频谱抑制能力强于 LF 法、SINW 法和 Ye 法。全频率范围内，本节算法具有不错的频谱泄漏抑制能力，远高于其他几种频域法，达到了算法的设计目的。

2）不同信噪比。为检验噪声对所提算法的影响，在不同信噪比条件下进行仿真实验。仿真时，设 $N=128$，索引值 $k_0=3$，偏移量 δ 在$(-0.5, 0.5)$内随机取值，信噪比由-10dB 以步长 2dB 递增到 50dB，结果如图 2.14 所示。

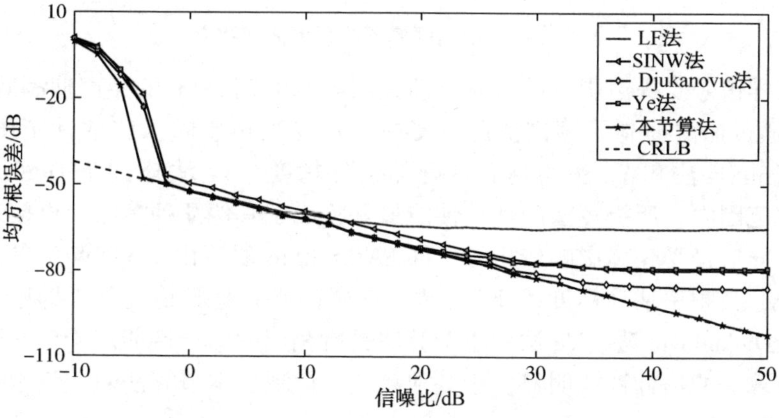

图 2.14　不同信噪比下的频率估计结果

采样信号频率较低，频率估计精度受频谱泄漏影响严重。由于 LF 法没有频谱泄漏抑制能力，当信噪比高于 10dB 时，LF 法的估计效果逐渐趋于饱和，估计精度最差。SINW 法在低信噪比下的估计精度较好，但受所加余弦窗主瓣干涉的影响，与 CRLB 存在约 3.3dB 的偏差，当信噪比高于 26dB 时，受频谱泄漏的影响，SINW 法的估计精度不再随信噪比增加而提高。Djukanovic 法在低信噪比下具有较高的估计精度，接近 CRLB，但当信噪比大于 24dB 时，其估计效果逐渐趋于饱和。Ye 法在低信噪比下具有很好的估计效果，优于其他几种算法，当信噪比大于 18dB 时，其估计效果逐渐降低并趋于饱和。所提算法不仅抑制了噪声的影响，也有效地抑制了频谱泄漏的影响，其频率估计效果最好，优于其他几种算法，最接近于 CRLB。

3）不同信号频率。为说明所提算法在不同频率条件下的频率估计性能，设 $N=128$，信号频率 ω 从 0.02π 以 0.02π 为步长增加到 0.5π，分别在 $SNR=10\text{dB}$ 和 $SNR=30\text{dB}$ 的条件下进行了仿真实验，实验结果如图 2.15 所示。

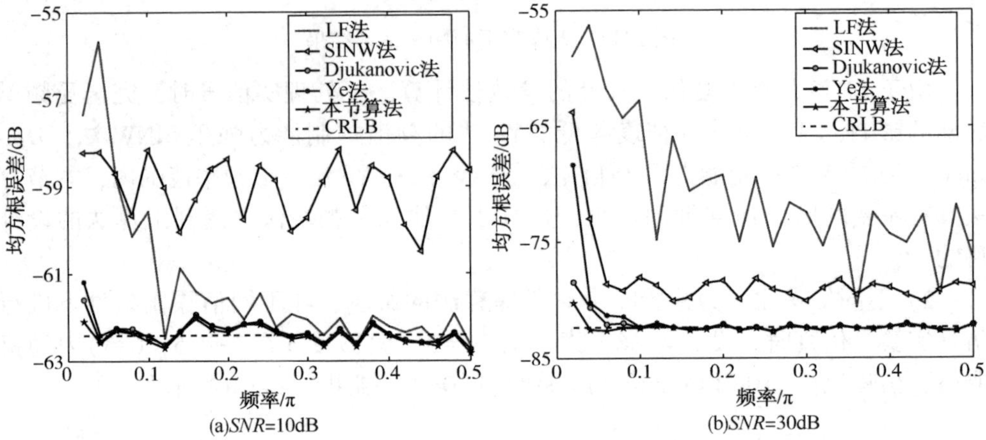

图 2.15　不同频率下的频率估计结果

在采样信号受噪声影响严重时，即 $SNR=10\text{dB}$ 时，LF 的噪声抑制效果较好，SINW 法通过加窗抑制了频谱泄漏的影响，但受噪声影响大，估计精度低于 LF 法。Djukanovic 法和 Ye 法均具有良好的估计精度，Ye 法略优于 Djukanovic 法。在全频率范围内，所提算法的估计性能最好，优于其他几种算法，更接近 CRLB。

当采样信号受噪声影响较小时，即 $SNR=30\text{dB}$ 时，由于 SINW 法的频谱抑制能力较强，其频率估计精度优于 LF 法。在中频或者高频情况下，即频谱泄漏不严重时，Djukanovic 法、Ye 法和本节算法具有相当的估计性能。当信号频率较低时，本节算法的估计性能明显优于其他算法，体现了本节算法对频谱泄漏的抑制能力。

4）不同信号长度。为说明所提算法在不同信号长度下的频率估计性能，设 $SNR=30\text{dB}$，$\omega=0.146\pi$，在信号长度 N 由 32 以 8 为步长递增到 256 的条件下进行了仿真实验，结果如图 2.16 所示。

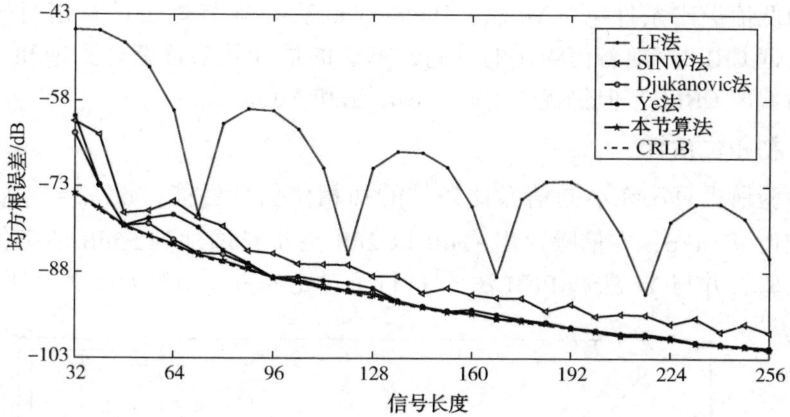

图 2.16　不同信号长度下的频率估计结果

所有算法的估计精度均随信号长度的增加而升高，LF 法在信号整周期采样时的估计精度最好，估计结果呈周期性波动。SINW 法存在估计误差，与 CRLB 存在约 3.7dB 的估计误差。在不同信号长度下，本节算法的频率估计精度均优于 LF 法、SINW 法、Djukanovic 法和 Ye 法，当信号长度较短时，本节算法的性能具有明显的优势。

经算法计算复杂度分析可知，所提算法虽略微增加了计算量，但算法的参数估计性能得到了明显提升。且所提算法能够利用少量的采样点高精度地估计出信号参数，因此所提算法可适用于短时信号或片段信号的参数估计。

（2）幅值估计

为检验所提算法在不同信噪比条件的幅值估计性能，设 $k_0=3$，δ 随机取值，在信噪比由−5dB 以 2dB 为步长递增到 55dB 的条件下进行了仿真实验，并与 Djukanovic 法和 Ye 法进行对比分析，如图 2.17 所示。

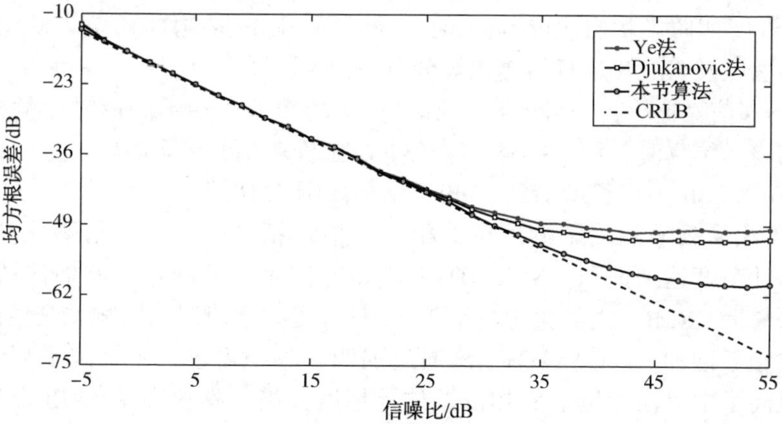

图 2.17　不同信噪比下的幅值估计结果

在中低信噪比条件下，Ye 法、Djukanovic 法与本节算法具有相当的估计精度，均接近 CRLB，随着信噪比的升高，算法的估计效果逐渐达到饱和，所提算法也逐渐偏离 CRLB，但仍优于 Djukanovic 法和 Ye 法。

(3) 初相位估计

为检验所提算法在不同信噪比条件的初相位估计性能，设 $k_0=3$，δ 随机取值，初相位 $\theta=\pi/6$，在信噪比由-5dB 以 2dB 为步长增加到 55dB 的条件下进行了仿真实验，并与 Ye 法和 PFM 法[38]进行了对比分析，结果如图 2.18 所示。

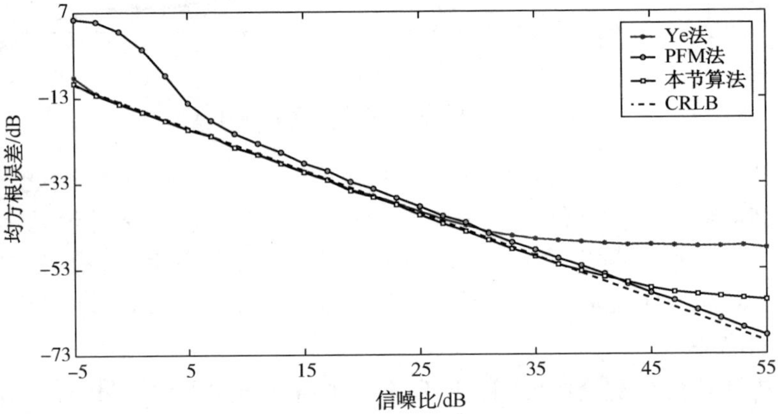

图 2.18　不同信噪比下的初相位估计结果

在中低信噪比条件下，频域法的估计精度均高于时域法 PFM 法，Ye 法和本节算法具有相当的估计精度，更接近 CRLB，随着信噪比升高，二者的估计效果逐渐达到饱和，本节算法优于 Ye 法。

(4) 相位差估计

为验证所提算法的相位差估计性能，在不同条件下对 DTFT 法[73]，NFC-DTFT 法[80]，四阶卷积窗法(4 oders Converlution Window-DTFT，4oCW-DTFT)[82]和所提算法以及 CRLB 进行仿真比较分析。

1) 不同信噪比。为检验噪声对所提算法的影响，在不同信噪比的条件下进行仿真实验。仿真时，设 $N=64$，$k_0=3$，δ 随机取值，$\theta_1=\pi/6$、$\theta_2=\pi/3$，信噪比由-5dB 以 2dB 为步长增加到 55dB，结果如图 2.19 所示。

DTFT 法受频谱泄漏影响严重，相位差估计精度较差，当信噪比高于 20dB 时，其估计精度达到饱和。NFC-DTFT 法在低信噪比下的相位差估计精度较好，估计结果靠近 CRLB，当信噪比高于 25dB 时，受频谱泄漏的影响，其估计精度逐渐减低并趋于饱和。4oCW-DTFT 法通过加四阶卷积窗进一步抑制了频谱泄漏的影响，提高了中等信噪比下的相位差估计精度，当信噪比高于 45dB 以后，其估计精度呈下降趋势。由于信号频率设置较低，4oCW-DTFT 法使用的四阶卷积窗

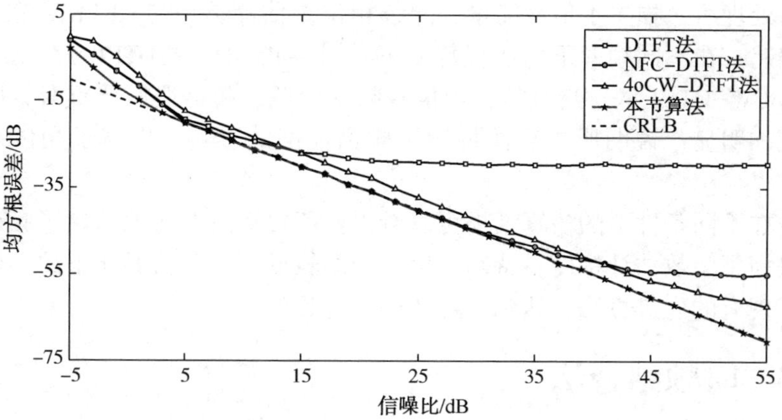

图 2.19　不同信噪比下的相位差估计结果

容易发生主瓣干涉，使得 4oCW-DTFT 法的相位差估计结果存在偏差，与 CRLB 相差约 3.2dB。在不同信噪比条件下，所提算法均有良好的估计性能，优于其他几种方法，抑制了频谱泄漏的影响，提高了中高信噪比条件下的相位差估计精度，使得相位差估计值的均方根误差接近 CRLB，且具有更好的抗噪性。

2）不同信号频率。为说明所提算法在不同频率条件下的相位差估计性能，设 $N=64$，$SNR=40$dB、$\theta_1=\pi/6$、$\theta_2=\pi/3$，在信号频率由 0.02π 以步长 0.02π 递增到 0.5π 的条件下进行了仿真实验，结果如图 2.20 所示。

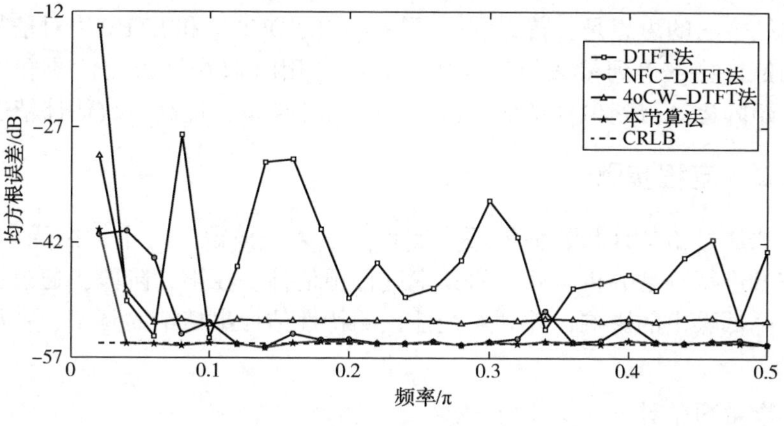

图 2.20　不同频率下的相位差估计结果

由于信噪比设置较高，则相位差的估计精度受频谱泄漏影响更加严重。DTFT 法的相位差估计精度较低，呈波动状态。当信号频率较低、小于 0.12π 时，NFC-DTFT 法的估计精度随着信号频率升高、频谱泄漏降低而逐渐得到提高，当信号频率高于 0.12π 时，频谱泄漏减少，说明 NFC-DTFT 法具有较好的估计性能。在全频率范围内，4oCW-DTFT 法均具有相当的估计精度，由于信号长度较短，加窗处理后，损失了信号能量，导致相位差估计结果与 CRLB 存在约 2.7dB 的估计偏差。在不同频率下，所提算法的估计性能均优于 DTFT 法、NFC-DTFT 法以及 4oCW-DTFT 法。特别地，当信号频率较低、频谱泄漏严重时，所提算法的优势更加明显，说明所提算法抑制了频谱泄漏的影响，提高了相位差的估计精度。

通过在不同条件下的仿真结果可以看出：所提算法有效地抑制了频谱泄漏的影响，提高了参数估计精度，特别是信号频率较低和中高信噪比下的参数估计精度，优于现有的先进算法，达到了算法的设计目的。

2.3 时频结合法

为抑制频域法受频谱泄漏对中高信噪比时参数估计的影响和时域法计算量大的缺点，结合了频域法抗噪性好和时域法计算精度高的优势，针对平稳信号，介绍了一种新的参数估计算法。下面，分别从算法思想、流程步骤、性能分析和计算验证四个方面对本算法进行介绍。

2.3.1 算法思想

现有频域法计算速度快，但参数估计精度受限；而时域法估计精度高，却计算量大。针对此问题，本文算法结合频域法和时域法的优点，在频谱分析的基础上，利用时域法线性预测性质，实现了衰减实信号参数高精度估计。

时频结合法的思想是：首先利用频域法中的 DFT 法和 DTFT 法对信号频谱进行两点插值计算，得到参数粗估计值；其次利用时域线性预测性质和增强滤波器，通过矩阵运算得到参数精估计值。以降低计算量，提高参数估计精度。

2.3.2 流程步骤

该方法通过粗估计和精估计两步实现。在第一阶段，为了抑制噪声的影响，对采样信号进行频谱分析，并对粗频率进行预估计。在第二阶段，通过去噪滤波器进一步降低噪声的影响，并利用线性预测特性估计出精细的频率、初始相位和幅值。

(1) 参数粗估计

为了增加计算分辨率，首先对采样信号进行补零一倍，补零信号为 $x_{2N}=(x_0, x_1, \cdots, x_{N-1}, \underbrace{0, 0, \cdots, 0}_{N})$，其次对 x_{2N} 进行 $2N$ 点 FFT 计算，可得到频谱最大值的索引 k_0。

$$Y_0(k)=FFT(x_{2N}) \quad k=1, 2, \cdots, N-1 \tag{2.33}$$

$$k_0=\mathrm{argmax}\ |Y_0(k)|^2 \tag{2.34}$$

式中，argmax(t)表示取 t 中最大值的索引。

因此，粗频率可以通过下式计算：

$$\hat{\omega}_0 = k_0 \frac{\pi}{N} \tag{2.35}$$

式中，$\hat{t}$ 表示参数 t 的估计值。

对采样信号补零，会增加频率粗估计精度，但也会增加计算成本。为此，可用式(2.36)快速求出信号索引，降低计算复杂度。首先对采样信号直接进行 N 点 FFT 处理，取指数为 k_1。

$$Y_1(k) = FFT(x_n) \quad k=1,\ 2,\ \cdots,\ N/2-1 \tag{2.36}$$

$$k_1 = \text{argmax}\ |Y_1(k)|^2 \tag{2.37}$$

可以得到：k_0 为$[2(k_1-0.5),\ 2k_1,\ 2(k_1+0.5)]$中一值。

然后可以通过求取$[Y_2(k_1-0.5),\ Y_2(k_1),\ Y_2(k_1+0.5)]$中的最大值索引，从而得到采样信号的索引。

(2) 参数精估计

根据正弦信号的线性预测性质可得：

$$s_n = as_{n-1} - s_{n-2} \tag{2.38}$$

式中，$a=2\cos(\omega)$表示预测系数，$2\cos(\hat{\omega}_0)$表示预测系数估计值。

对式(2.38)两边进行 Z 变化：

$$(1-az^{-1}+z^{-2})S(z)=0 \tag{2.39}$$

式中，$S(z)=\dfrac{b_0+b_1z^{-1}}{1-az^{-1}+z^{-2}}$，$b_0=A\cos\theta$，$b_1=-A\cos(\omega-\theta)$。

根据式(2.39)，设计了一种通过增加有用信号能量来抑制噪声影响的去噪滤波器，其传递函数为：

$$H(z)=\frac{1}{1-az^{-1}+z^{-2}} \tag{2.40}$$

滤波流程如图 2.21 所示，采样信号经滤波后的信号为：

$$v_n = x_n + av_{n-1} - v_{n-2} \tag{2.41}$$

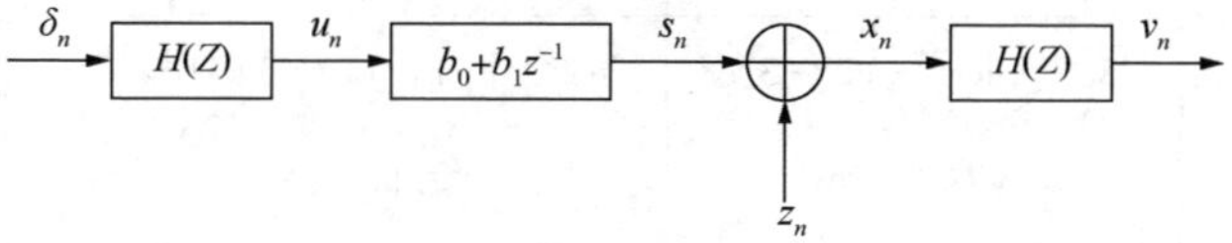

图 2.21　滤波流程

根据式(2.40)，无噪声的信号 s_n 可以表示为：

$$s_n = b_0u_n + b_1u_{n-1} \tag{2.42}$$

式中，u_n 表示单位冲击响应 δ_n 的滤波结果。

结合式(2.33)、式(2.41)和式(2.42)，预测方程可表示为：

$$v_n+v_{n-2}=av_{n-1}+b_0u_n+b_1u_{n-1}+z_n \tag{2.43}$$

对于 N 点采样信号，可以利用线性预测特性构造预测矩阵。

$$\begin{bmatrix} v_0+0 \\ v_1+0 \\ \vdots \\ v_{N-1}+v_{N-3} \end{bmatrix}=\begin{bmatrix} 0 & u_0 & 0 \\ v_0 & u_1 & u_0 \\ \vdots & \vdots & \vdots \\ v_{N-2} & u_{N-1} & u_{N-2} \end{bmatrix}\begin{bmatrix} a \\ b_0 \\ b_1 \end{bmatrix}+\begin{bmatrix} z_0 \\ z_1 \\ \vdots \\ z_{N-1} \end{bmatrix} \tag{2.44}$$

通过滤波，噪声值很小，因此可以用最小二乘法估计预测系数，并估计出精细频率。

$$\hat{\omega}=\cos^{-1}(a/2) \tag{2.45}$$

根据频率的估计值，通过迭代计算信号复振幅，以抑制频谱泄漏的影响。

$$c=\frac{1}{N}\sum_{n=0}^{N-1}\left(x_n-c^*\mathrm{e}^{-i\hat{\omega}n}\right)\mathrm{e}^{-i\hat{\omega}n} \tag{2.46}$$

式中，$c=0.5A\mathrm{e}^{i\theta}$，$c^*=0.5A\mathrm{e}^{-i\theta}$，且 c^* 初始值为零。

因此，可得到信号幅值和初相位估计值。

$$\begin{cases} \hat{a}=2|c| \\ \hat{\theta}=\angle c \end{cases} \tag{2.47}$$

该算法的具体步骤可概括如下：

1）由式(2.35)计算频率粗估计值，从而得到初始预测系数。

2）由式(2.44)得到精确的预测系数。

3）最后由式(2.45)和式(2.47)得到信号精确的频率、初相位和幅值。

2.3.3 性能分析

为说明所提算法的性能，分析了算法的计算复杂度，并与其他优秀算法 PCA 法[38]、Ye 法[71]和 STMB 法[125]的比较结果如表 2.2 和图 2.22 所示。

表 2.2 计算复杂度分析

算法	加法	乘法	Sine/cosine
PCA 法	$3\times2^M[\log_2^{2N}]+2^M+3N$	$2^{M+1}[\log_2^{2N}]+2^{M+1}+41N/3$	N
Ye 法	$3N\log_2^N+18N$	$2N\log_2^N+27N$	18N
STMB 法	$63N$	$66N$	6
本节算法	$3N\log_2^N+25N$	$2N\log_2^N+28N$	4N

注：表中 $M=[\log_2^{2N}]+1$。

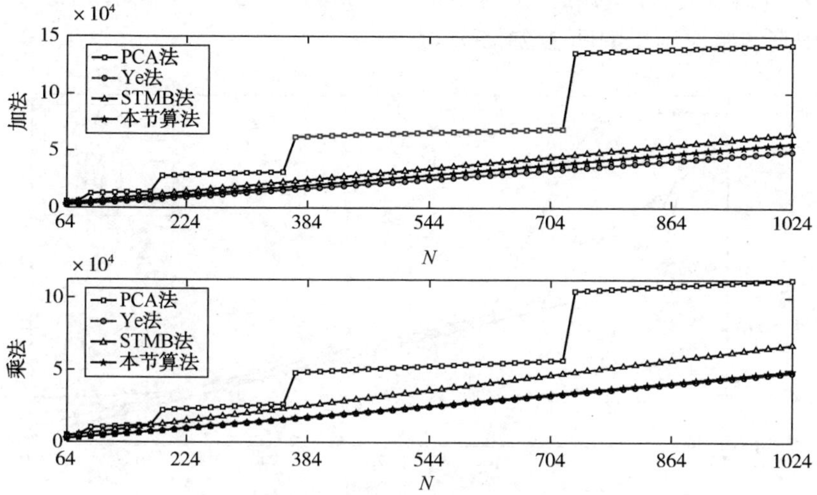

图 2.22　算法复杂度比较分析

统计计算量时，省略计算量为 $o(1)$ 的运算。首先，分析了 $2N$ 点 FFT 算法和 N 点 *FFT* 算法求索引 k_0 的计算量。对于 $2N$ 点 FFT 法，加法次数为 $6N\log_2^{2N}$，乘法次数为 $4N\log_2^{2N}$。而对于 N 点 FFT 过程，加法次数是 $3N\log_2^{N}+4N$，乘法次数是 $2N\log_2^{N}+6N$。因此，N 点 FFT 过程大大降低了计算成本。由于自相关函数需要更多的加法和乘法运算，PCA 法的计算复杂度比其他算法大。另外，PCA 算法需要构造参考信号，因此计算了 $2N$ 个正余弦函数。Ye 算法和 STMB 算法属于迭代算法，根据参考文献，Ye 算法和 STMB 算法的迭代次数分别为 3 和 2。Ye 算法采用了 FFT 算法，并计算了一些迭代插值过程，因此加法和乘法都比 PCA 算法小。然而，Ye 算法需要计算复值指数，一次运算需要两次正余弦运算，因此复杂度较高。由于 STMB 法需要计算预测矩阵，所以加法和乘法比 Ye 算法略高，也比 PCA 算法小。虽然该算法采用了 STMB 法的思想，但不需要迭代计算。新算法的计算量略大于 Ye 算法，但小于 PCA 法和 STMB 算法。因此，所介绍的算法在计算上是有效的。

2.3.4　计算验证

为了验证所提算法的参数估计精度，在不同条件下进行了仿真测试。并与 PCA 法、Ye 法和 STMB 法以及 CRLB 进行了比较。仿真时，设 $A=1$，$N=128$，初相位随机取值。为降低随机误差的影响，各进行了 1000 次蒙特卡罗实验。

(1) 不同信噪比

为检验所提算法的抗噪性，在不同信噪比条件下进行了频率估计。仿真时，

$k_0=2$，频谱偏移量随机取值，在信噪比从-10dB 以 2dB 为步长增加到 50dB 条件下进行仿真实验，结果如图 2.23 所示。

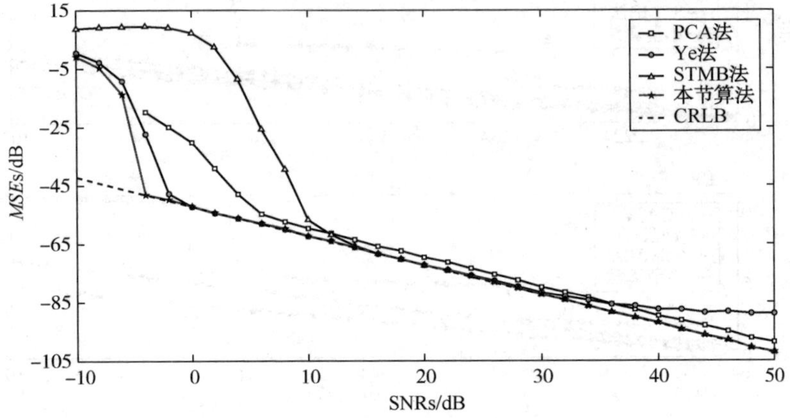

图 2.23　不同信噪比条件下的频率估计精度

可以看出，所设计算法优于其他算法，并且当 *SNRs*>4dB 时，RMSE 最接近 CRLB。针对衰减信号设计的 STMB 法在中、高信噪比下的估计结果接近 CRLB，但当 *SNRs*<15dB 时，抗干扰能力很差。Ye 法在低信噪比下表现良好，但当信噪比大于 30dB 时，表现为 RMSEs 饱和。PCA 算法受干扰影响，与 CRLB 存在 3dB 左右的估计偏差。

(2) 不同频率

为验证频率估计性能与频率的关系，设频率从 0.025π 到 0.5π 变化，步长为 0.025π，且信噪比为 10dB，结果如图 2.24 所示。

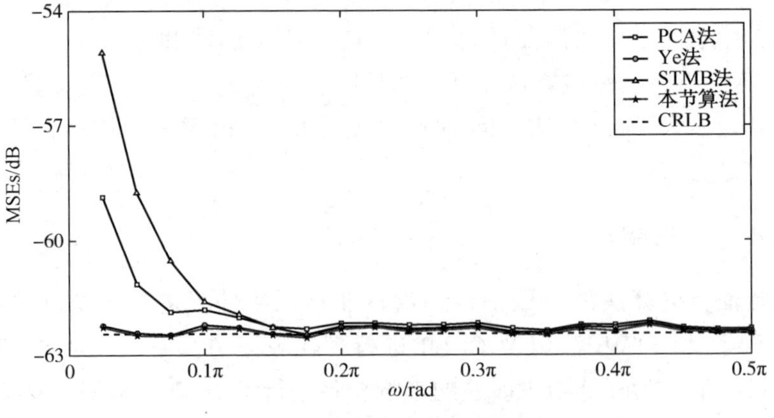

图 2.24　不同频率条件下的频率估计结果

可以看出，所提算法具有相当高的频率估计精度，且在所有频率下都优于其他方法。STMB 法在低频率下的估计效果并不好。当 $\omega \leqslant 0.1\pi$ 时，PCA 法在低频段的估计精度较低，在中、高频段存在估计偏差。而且 Ye 法有很好的估计性能，但是，略差于所提算法。

（3）不同初相位

为验证所提算法的初相位估计性能，仿真时，设初相位从 $-\pi$ 到 π 变化，步长为 $\pi/30$，$k_0=2$ 和 $\delta=0.2$。此外，信噪比分别为 5dB 和 40dB，仿真结果如图 2.25 所示。

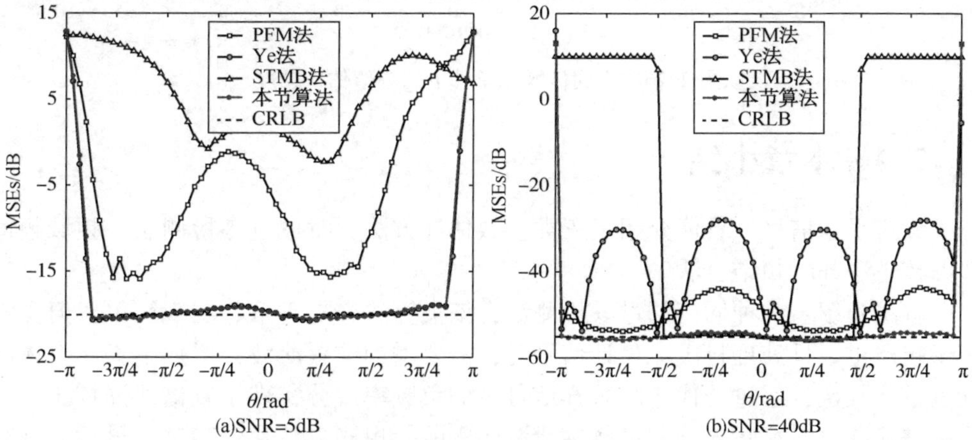

图 2.25　不同初相位条件下的初相位估计精度

在高信噪比条件下，所提算法比其他算法具有更好的初相位估计精度。初相位的估计范围随着 SNR 的减小而略有减小，但估计结果比其他估计结果更接近 CRLB。STMB 的相位估计范围在高 SNR 时受到限制，而在低 SNR 时估计性能急剧下降。文献[37]中提出的 PFM 是一种很好的初相位估计时域算法，但当信号频率较小时，估计效果不佳。当 SNR 较低时，频域算法 Ye 由于具有良好的抗干扰性能而接近 CRLB，但在高 SNR 时，估计结果呈周期性变化。

（4）不同信噪比

最后，验证不同信噪比条件下的幅值估计精度，仿真时，设信噪比从 -10dB 到 50dB，步长为 2dB。此外 $k_0=2$，$\delta=0.2$，初相位随机取值，结果如图 2.26 所示。

在低信噪比下，所提算法与 Ye 法的估计差距很小，但是随着信噪比的增加，所提算法比其他算法具有更好的性能。同时，由于高信噪比下的频谱泄漏，Ye 法的估计效果较差。PCA 法和 STMB 法的估计结果受噪声影响，STMB 法与 CRLB 存在估计偏差。

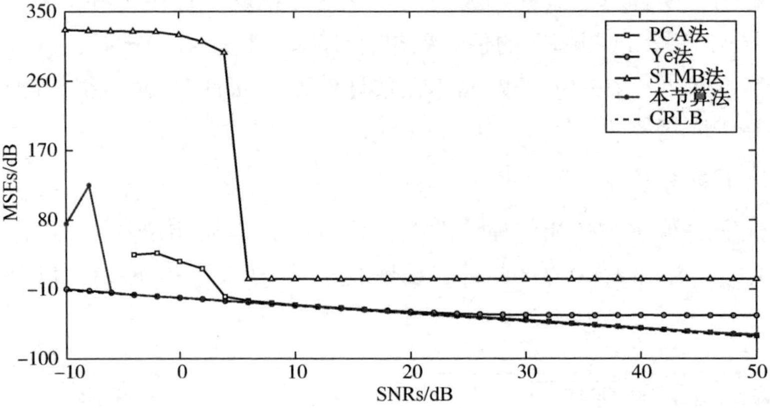

图 2.26　不同信噪比条件下的幅值估计精度

2.4　本章小结

针对平稳信号，具体介绍了三类参数估计方法，时域过零检测法、频域频谱泄漏校正法和时频结合法。

首先介绍了三种插值的过零检测法，该类算法容易理解、实现简单，但受噪声影响严重。且处理科氏流量计信号时，需要增加前置滤波，增加了算法整体的计算量。其次，通过迭代相减采样信号中的负频率成分实现了频谱泄漏校正，给出频谱泄漏校正算法，抑制了频谱泄漏的影响，提高参数估计精度。最后，结合时域和频域的优势，给出了时频结合法，在保证参数估计精度的同时，进一步减少计算量。

3 时变信号处理算法

在科氏流量计实际应用中，学者在不同的实验平台发现，采样信号不完全为幅值和频率不变的平稳信号。因此，学者们构造了时变信号模型。对时变信号的处理，主要有陷波器法和相频匹配法，下面分别进行论述。

3.1 陷波器法

3.1.1 误差函数分析

设 ANF 输入信号为：

$$\begin{cases} x(k)=A\cos(\omega_0 k+\theta)+v_0(k) \\ \omega_0=2\pi\dfrac{f_0}{f_s} \end{cases} \tag{3.1}$$

其中，A、ω_0、θ 分别为信号幅值、频率和相位，f_0为信号真实频率，f_s为采样频率。相位 θ 在$[0, 2\pi)$上服从均匀分布，噪声 $v_0(k)$是均值为零、方差为 σ^2的加性高斯白噪声，$[v \sim WGN(0, \sigma^2)]$，$N$ 为数据段长度。

自适应陷波滤波器传递函数为：

$$H(z, \omega)=N(z, \omega)\frac{1}{D(z, \omega)}=(1-2\cos\omega z^{-1}+z^{-2})\frac{1}{1-2\rho\cos\omega z^{-1}+\rho^2 z^{-2}} \tag{3.2}$$

其中，ρ 为极半径，控制陷波宽度，且 $0\ll\rho<1$，ω 为 ω_0的估计值。

则信号 $x(k)$通过 $N(z, \omega)$和 $H(z, \omega)$的信号 $e_1(k)$和 $e_2(k)$分别为：

$$\begin{aligned} e_1(k)&=x(k)-2\cos\omega x(k-1)+x(k-2) \\ e_2(k)&=e_1(k)+2\rho\cos\omega e_2(k-1)-\rho^2 e_2(k-2) \end{aligned} \tag{3.3}$$

为了自适应迭代估计信号频率值 ω_0，需选择误差函数 $J(\omega)$进行梯度计算，于是可得：

当选择 $J(\omega)=E[e_1^2(k)]$，实际计算时，可选择 $\hat{J}(\omega)=\dfrac{1}{N}\left[\sum\limits_{k=1}^{N} e_1^2(k)\right]$，则自适应陷波滤波器为 FIR-ANF；

当选择 $J(\omega)=E[e_2^2(k)]$，实际计算时，可选择 $\hat{J}(\omega)=\dfrac{1}{N}\left[\sum\limits_{k=1}^{N} e_2^2(k)\right]$，则自

适应陷波滤波器为 IIR-ANF。

由此可知，FIR-ANF 传递函数为：

$$N(z,\ \omega)=1-2\cos\omega z^{-1}+z^{-2} \tag{3.4}$$

求取 FIR-ANF 传递函数在 $z=e^{j\omega_0}$处幅值与相角分别为：

$$\begin{aligned}|N(z,\ \omega)|&=|1-2\cos\omega\cos\omega_0+\cos2\omega_0-j(-2\cos\omega\sin\omega_0+\sin2\omega_0)|\\&=2(\cos\omega_0-\cos\omega)\end{aligned} \tag{3.5}$$

$$\varphi_1=\begin{cases}-\omega_0 & \omega_0\leqslant\pi/2\\-\pi-\omega_0 & \omega_0>\pi/2\end{cases} \tag{3.6}$$

所以

$$e_1(k)=A|N(z,\ \omega)|\cos(\omega_0k+\theta+\varphi_1)+v_N(k) \tag{3.7}$$

故 FIR-ANF 误差函数为：

$$\begin{aligned}J_{\text{FIR}}(\omega)&=E[e_1^2(k)]\\&=A^2(2\cos\omega_0-2\cos\omega)^2\frac{1}{2\pi}\int_0^{2\pi}\cos^2(\omega_0k+\theta+\varphi_1)d\theta+E[v_N^2(k)]\\&=2A^2(\cos\omega_0-\cos\omega)^2+2\sigma^2(1+2\cos^2\omega)\end{aligned} \tag{3.8}$$

忽略噪声 $v_N(k)$，令$\dfrac{\mathrm{d}J_{\text{FIR}}(\omega)}{\mathrm{d}\omega}=0$可得，

$$\frac{\mathrm{d}J_{\text{FIR}}(\omega_0)}{\mathrm{d}\omega}=4A^2(\cos\omega_0-\cos\omega)\sin\omega=0 \tag{3.9}$$

由式(3.9)可知 $\omega=\omega_0$为最优解。

IIR-ANF 传递函数如式(3.2)所示，即为 ANF 的传递函数。故由此可知，根据式(3.2)，其幅值与相角分别为：

$$|H(z,\ \omega)|=\frac{|2\cos\omega_0-2\cos\omega|}{|D(z,\ \omega)|}=\frac{|2\cos\omega_0-2\cos\omega|}{\sqrt{[(1+\rho^2)\cos\omega_0-2\rho\cos\omega]^2+[(1-\rho^2)\sin\omega_0]^2}} \tag{3.10}$$

$$\varphi_2=\begin{cases}-\arctan\dfrac{(1-\rho^2)\sin\omega_0}{(1+\rho^2)\cos\omega_0-2\rho\cos\omega} & \omega_0\leqslant\pi/2\\-\pi-\arctan\dfrac{(1-\rho^2)\sin\omega_0}{(1+\rho^2)\cos\omega_0-2\rho\cos\omega} & \omega_0>\pi/2\end{cases} \tag{3.11}$$

计入噪声 $v_0(k)$：

$$e_2(k)=A|H(z,\ \omega)|\cos(\omega_0k+\theta+\varphi_2)+v_H(k) \tag{3.12}$$

故 IIR-ANF 误差函数为：

$$J_{\mathrm{IIR}}(\omega_0)=E[e_2^2(k)]$$

$$=A^2\frac{(2\cos\omega_0-2\cos\omega)^2\frac{1}{2\pi}\int_0^{2\pi}\cos^2(\omega_0 k+\theta+\varphi_2)\mathrm{d}\theta}{[(1+\rho^2)\cos\omega_0-2\rho\cos\omega]^2+[(1-\rho^2)\sin\omega_0]^2}+E[v_H^2(k)]$$

$$=2A^2\frac{(\cos\omega_0-\cos\omega)^2}{[(1+\rho^2)\cos\omega_0-2\rho\cos\omega]^2+[(1-\rho^2)\sin\omega_0]^2}+E[v_H^2(k)]$$

$$=2A^2\frac{(\cos\omega_0-\cos\omega)^2}{[(1+\rho^2)\cos\omega_0-2\rho\cos\omega]^2+[(1-\rho^2)\sin\omega_0]^2}$$

$$+\sigma^2\left(\frac{1}{\rho^2}-\frac{1-\rho}{1+\rho}\frac{(1+\rho^2)(1+\rho)^2-8\rho^2\cos^2\omega}{\rho^2(\rho^4-2\rho^2\cos2\omega+1)}\right) \tag{3.13}$$

忽略噪声 $v_H(k)$，令 $\frac{\mathrm{d}J_{\mathrm{IIR}}(\omega_0)}{\mathrm{d}\omega}=0$ 得：

$$\sin\omega(\cos\omega_0-\cos\omega)(1-\rho)^2J=0 \tag{3.14}$$

其中，$J=2\rho\cos\omega_0(\cos\omega_0+\cos\omega)-(1+\rho)^2$。容易证明 $J\neq0$，于是可知：$\omega=\omega_0$ 为最优解。

3.1.2 FIR-ANF 陷波器法

FIR-ANF 频率估计迭代算法为[91]：

$$\omega(k+1)=\omega(k)-\frac{\mu}{2}\frac{\partial e_1^2(k)}{\partial\omega(k)}=\omega(k)-\mu e_1(k)g_1(k) \tag{3.15}$$

其中，$g_1(k)=\partial e_1(k)/\partial\omega(k)=2\sin\omega(k)x(k-1)$，为 $x(k)$ 通过 $G_1(z,\omega)=2\sin\omega(k)z^{-1}$ 后的信号。

由式(3.2)可知：

$$N(\mathrm{e}^{j\omega_0},\omega)=2(\cos\omega_0-\cos\omega)e^{j\varphi_1}\approx2\sin\omega_0\delta e^{j\varphi_1} \tag{3.16}$$

其中，$\delta=\omega-\omega_0$，计入噪声 $v_0(k)$，由式(3.3)和式(3.16)可得：

$$e_1(k)=2A\sin\omega_0\delta(k)\cos(\omega_0k+\theta+\varphi_1)+v_1(k) \tag{3.17}$$

$$g_1(k)=2A\sin\omega_0\cos(\omega_0k+\theta-\omega_0)+v_2(k) \tag{3.18}$$

其中，$\delta(k)=\omega(k)-\omega_0$，$v_1(k)$ 和 $v_2(k)$ 为噪声 $v_0(k)$ 分别通过 $N(z,\omega)$ 和 $G_1(z,\omega)$ 后所产生，根据 Parseval 定理，可知：

$$\sigma_{v_1}^2=E[v_1^2(k)]=\frac{\sigma^2}{2\pi}\int_{-\pi}^{\pi}|N(\mathrm{e}^{j\omega_0},\omega)|^2\mathrm{d}\omega_0=2\sigma^2(1+2\cos^2\omega) \tag{3.19}$$

$$\sigma_{v_2}^2=E[v_2^2(k)]=\frac{\sigma^2}{2\pi}\int_{-\pi}^{\pi}|G_1(\mathrm{e}^{j\omega_0},\omega)|^2\mathrm{d}\omega_0=4\sigma^2\sin^2\omega \tag{3.20}$$

式(3.15)两边同减去 ω_0，可得：

$$\delta(k+1)=\delta(k)-\mu e_1(k)g_1(k) \tag{3.21}$$

对式(3.21)两边求取期望：

$$\begin{aligned}E[\delta(k+1)]&=E[\delta(k)]-\mu E[e_1(k)g_1(k)]\\&\approx E[\delta(k)]-2\mu A^2\sin^2\omega_0\cos(\omega_0+\varphi_1)E[\delta(k)]-\mu E[v_1(k)v_2(k)]\end{aligned} \tag{3.22}$$

其中，应用留数定理，求解可得：

$$R_{1,2}=E[v_1(k)v_2(k)]=\frac{\sigma^2}{2\pi j}\oint_C N(z,\ \omega)G_1(z^{-1},\ \omega)z^{-1}dz=-2\sigma^2\sin2\omega \tag{3.23}$$

所以，

$$E[\delta(k+1)]=[1-2\mu A^2\ \sin^2\omega_0\cos(\omega_0+\varphi_1)]E[\delta(k)]+\mu2\sigma^2\sin2\omega_0 \tag{3.24}$$

由于 σ^2 的未知性，故在稳态时可利用下式计算：

$$E[x(k)e_1(k)]\approx E[v(k)v_1(k)]\approx\sigma^2\Rightarrow\sigma^2(k)=x(k)e_1(k) \tag{3.25}$$

在稳态下，一般有：

$$E[\delta(k+1)]\big|_{k\to\infty}=E[\delta(k)]\big|_{k\to\infty}=E[\delta(\infty)] \tag{3.26}$$

于是可知，FIR-ANF 频率估计误差为：

$$E[\delta(\infty)]=\frac{\sigma^2\sin2\omega_0}{A^2\ \sin^2\omega_0\cos(\omega_0+\varphi_1)} \tag{3.27}$$

由式(3.27)可见 FIR-ANF 估计是有偏差的，且当待估频率靠近零或 π 时会导致误差增大。

求取 FIR-ANF 频率估计的均方误差，

$$\begin{aligned}E[\delta^2(k+1)]&=E[\{\delta(k)-\mu e_1(k)g_1(k)\}^2]\\&=E[\delta^2(k)]-2\mu E[\delta(k)e_1(k)g_1(k)]+\mu^2E[\{e_1(k)g_1(k)\}^2]\end{aligned} \tag{3.28}$$

式(3.28)中：

$$E[\delta(k)e_1(k)g_1(k)]=2A^2\ \sin^2\omega_0\cos(\omega_0+\varphi_1)E[\delta(k)]+R_{1,2}E[\delta(k)] \tag{3.29}$$

$$\begin{aligned}&E[\{e_1(k)g_1(k)\}^2]\\&=E[\{2A\sin\omega_0\delta(k)\cos(\omega_0k+\theta+\varphi_1)+v_1(k)\}^2\{2\sin\omega_0\cos(\omega_0k+\theta-\omega_0)+v_2(k)\}^2]\\&\approx2A^4\sin^4\omega_0\{2+\cos[2(\omega_0+\varphi_1)]\}E[\delta^2(k)]+2A^2\sigma_{v_2}^2\sin^2\omega_0E[\delta^2(k)]\\&+8A^2R_{1,2}\sin^2\omega_0\cos(\omega_0+\varphi_1)E[\delta(k)]\\&+2A^2\sigma_{v_1}^2\sin^2\omega_0+\sigma_{v_1}^2\sigma_{v_2}^2+2R_{1,2}^2\end{aligned} \tag{3.30}$$

由式(3.28)~式(3.30)可知：

$$E[\delta^2(k+1)]=(1-\mu P_1+\mu^2P_2)E[\delta^2(k)]+(\mu^2P_3-\mu P_4)E[\delta(k)]+\mu^2P_5 \tag{3.31}$$

其中：

$$\begin{aligned}
&P_1=4A^2\sin^2\omega_0\cos(\omega_0+\varphi_1)\\
&P_2=2A^4\sin^4\omega_0\{2+\cos[2(\omega_0+\varphi_1)]\}+2A^2\sin^2\omega_0\sigma_{v_2}^2\\
&P_3=8A^2\sin^2\omega_0\cos(\omega_0+\varphi_1)R_{1,2}\\
&P_4=2R_{1,2}\\
&P_5=2A^2\sin^2\omega_0\sigma_{v_1}^2+\sigma_{v_1}^2\sigma_{v_2}^2+2R_{1,2}^2
\end{aligned}\tag{3.32}$$

稳态下可得：

$$E[\delta^2(k+1)]|_{k\to\infty}=E[\delta^2(k)]|_{k\to\infty}=E[\delta^2(\infty)]\tag{3.33}$$

则 FIR-ANF 频率估计的均方误差为：

$$E[\delta^2(\infty)]=\frac{(\mu P_3-P_4)E[\delta(\infty)]+\mu P_5}{P_1-\mu P_2}\tag{3.34}$$

3.1.3 IIR-ANF 陷波器法

IIR-ANF 频率估计迭代算法为[101]：

$$\omega(k+1)=\omega(k)-\frac{\mu}{2}\frac{\partial e_2^2(k)}{\partial\omega(k)}=\omega(k)-\mu e_2(k)g_2(k)\tag{3.35}$$

其中：

$$g_2(k)=\frac{\partial e_2(k)}{\partial\omega(k)}\approx 2[x(k-1)-\rho e_2(k-1)]\sin\omega(k)\tag{3.36}$$

令 $G_2(z,\ \omega)=2z^{-1}[1-\rho H(z,\ \omega)]\sin\omega(k)$，则 $g_2(k)$ 为 $x(k)$ 通过 $G_2(z,\ \omega)$ 后的信号。

对于 $H(z,\ \omega)=\dfrac{1-2\cos\omega z^{-1}+z^{-2}}{1-2\rho\cos\omega z^{-1}+\rho^2z^{-2}}$，用泰勒级数展开，可得到[102]：

$$H(z,\ \omega)\approx\left(B\delta+\frac{\cos\omega_0}{2\sin\omega_0}B\delta^2\right)\mathrm{e}^{-j\varphi}-\rho B^2\delta^2\mathrm{e}^{-j2\varphi}\tag{3.37}$$

其中：

$$B=\frac{2\sin\omega_0}{(1-\rho)\sqrt{(1+\rho)^2-4\rho\cos^2\omega_0}}\tag{3.38}$$

$$\varphi=\begin{cases}\tan^{-1}\dfrac{(1+\rho)\sin\omega_0}{(1-\rho)\cos\omega_0} & \omega_0\leqslant\pi/2\\[2ex] \pi+\tan^{-1}\dfrac{(1+\rho)\sin\omega_0}{(1-\rho)\cos\omega_0} & \omega_0>\pi/2\end{cases}\tag{3.39}$$

由式(3.3)和式(3.37)可得：

$$e_2(k) \approx A\left[B\delta(k)+\frac{\cos\omega_0}{2\sin\omega_0}B\delta^2(k)\right]\cos(\omega_0 k+\theta-\varphi)$$

$$-\rho AB^2\delta^2(k)\cos(\omega_0 k+\theta-2\varphi)+\upsilon_3(k) \tag{3.40}$$

$$g_2(k) \approx 2\sin\omega(k)\left[x(k-1)-\rho e_2(k-1)\right]$$

$$=2\sin\omega(k)A\cos(\omega_0 k+\theta-\omega_0)-2\sin\omega(k)\rho AB\delta(k)\cos(\omega_0 k+\theta-\varphi-\omega_0)$$

$$+2\sin\omega(k)\rho A\frac{\cos\omega_0}{2\sin\omega_0}B\delta^2(k)\cos(\omega_0 k+\theta-\varphi-\omega_0)$$

$$+2\sin\omega(k)\rho^2AB^2\delta^2(k)\cos(\omega_0 k+\theta-2\varphi-\omega_0)+\upsilon_4(k) \tag{3.41}$$

其中，$\upsilon_3(k)$、$\upsilon_4(k)$为噪声$\upsilon(k)$分别通过$H(z, \omega)$和$G_2(z, \omega)$后所产生，同样根据 Parseval 定理，可知：

$$\sigma_{\upsilon_3}^2=E\left[\upsilon_3^2(k)\right]=\frac{\sigma^2}{2\pi}\int_{-\pi}^{\pi}\left|H(e^{j\omega_0}, \omega)\right|^2\mathrm{d}\omega_0$$

$$=\frac{\sigma^2}{\rho^2}-\frac{1-\rho}{1+\rho}\frac{(1+\rho^2)(1+\rho)^2-8\rho^2\cos^2\omega}{\rho^2(\rho^4-2\rho^2\cos2\omega+1)}\sigma^2 \tag{3.42}$$

$$\sigma_{\upsilon_4}^2=E\left[\upsilon_4^2(k)\right]=\frac{\sigma^2}{2\pi}\int_{-\pi}^{\pi}\left|G_2(e^{j\omega_0}, \omega)\right|^2\mathrm{d}\omega_0$$

$$=\frac{8\rho(1-\rho)\sin^2\omega}{1+\rho}\sigma^2+\frac{4(1-\rho)^3}{1+\rho}\frac{1+\rho^2}{\rho^4-2\rho^2\cos2\omega+1}\sin^2\omega\sigma^2 \tag{3.43}$$

$$R_{3,4}=E\left[\upsilon_3(k)\upsilon_4(k)\right]=\frac{\sigma^2}{2\pi j}\oint_C H(z, \omega)G_2(z^{-1}, \omega)z^{-1}\mathrm{d}z$$

$$=-\frac{4\rho(1-\rho)\sin\omega\cos\omega}{1+\rho}\sigma^2-\frac{4\quad(1-\rho)^3\sin\omega\cos\omega}{1+\rho\;\rho^4-2\rho^2\cos2\omega+1}\sigma^2 \tag{3.44}$$

式(3.35)两边同减去ω_0，可得：

$$\delta(k+1)=\delta(k)-\mu e_2(k)g_2(k) \tag{3.45}$$

对式(3.45)两边求取期望：

$$E\left[\delta(k+1)\right]=E\left[\delta(k)\right]-\mu E\left[e_2(k)g_2(k)\right]$$

$$\approx\left[1-\mu A^2B\sin\omega_0\cos(\omega_0-\varphi)\right]E\left[\delta(k)\right]$$

$$+\mu\left\{\rho A^2B^2\sin\omega_0\left[\cos\omega_0+\cos(\omega_0-2\varphi)\right]\right.$$

$$\left.-\frac{1}{2}A^2B\cos\omega_0\cos(\omega_0-\varphi)\right\}E\left[\delta^2(k)\right]-\mu R_{3,4} \tag{3.46}$$

根据式(3.26)可知 IIR-ANF 频率估计误差为：

$$E\left[\delta(\infty)\right]=\frac{M_1E\left[\delta^2(\infty)\right]-M_3}{M_2} \tag{3.47}$$

其中：

$$
\begin{aligned}
&M_1=\rho A^2B^2\sin\omega_0[\cos\omega_0+\cos(\omega_0-2\varphi)]-\frac{1}{2}A^2B\cos\omega_0\cos(\omega_0-\varphi)\\
&M_2=A^2B\sin\omega_0\cos(\omega_0-\varphi)\\
&M_3=R_{3,4}
\end{aligned}
\tag{3.48}
$$

同样 IIR-ANF 估计是有偏差的，且其误差依赖于均方误差值。

求取 IIR-ANF 频率估计的均方误差值：

$$
\begin{aligned}
E[\delta^2(k+1)]&=E[\{\delta(k)-\mu e_2(k)g_2(k)\}^2]\\
&=E[\delta^2(k)]-2\mu E[\delta(k)e_2(k)g_2(k)]+\mu^2E[\{e_2(k)g_2(k)\}^2]
\end{aligned}
\tag{3.49}
$$

其中：

$$
\begin{aligned}
&E[\delta(k)e_2(k)g_2(k)]\\
&\approx A^2B\sin\omega_0\cos(\omega_0-\varphi)E[\delta^2(k)]+2\sin\omega_0R_{3,4}E[\delta(k)]
\end{aligned}
\tag{3.50}
$$

$$
\begin{aligned}
&E[\{e_2(k)g_2(k)\}^2]\\
&\approx A^4B^2\sin^2\omega_0[1+\frac{1}{2}\cos(2\omega_0-2\varphi)]E[\delta^2(k)]+\frac{1}{2}A^2B^2\sigma_{v_4}^2E[\delta^2(k)]\\
&+4A^2B\cos(\omega_0-\varphi)R_{3,4}E[\delta(k)]\\
&+2A^2B\cos(\omega_0-\varphi)\cos\omega_0R_{3,4}E[\delta^2(k)]\\
&-4\rho A^2B^2\sin\omega_0\cos(\omega_0-2\varphi)R_{3,4}E[\delta^2(k)]\\
&-4\rho A^2B^2\sin\omega_0\cos\omega_0R_{3,4}E[\delta^2(k)]+2A^2\sin^2\omega_0\sigma_{v_3}^2\\
&-4\rho A^2B\sin^2\omega_0\cos\varphi\sigma_{v_3}^2E[\delta(k)]\\
&-2\rho A^2B\sin\omega_0\cos\omega_0\cos\varphi\sigma_{v_3}^2E[\delta^2(k)]+4\rho A^2B^2\sin^2\omega_0\cos2\varphi\sigma_{v_3}^2E[\delta^2(k)]\\
&+2\rho A^2B^2\sin^2\omega_0\sigma_{v_3}^2E[\delta^2(k)]\\
&+\sigma_{v_3}^2\sigma_{v_4}^2+2R_{3,4}^2
\end{aligned}
\tag{3.51}
$$

由式(3.49)～式(3.51)和式(3.33)，可得 IIR-ANF 频率估计的均方误差为：

$$
E[\delta^2(\infty)]=\frac{(Q_3+\mu Q_4)E[\delta(\infty)]+\mu Q_5}{Q_1+\mu Q_2}
\tag{3.52}
$$

其中：

$$
\begin{aligned}
&Q_1=2A^2B\sin\omega_0\cos(\omega_0-\varphi)\\
&Q_2=-A^4B^2\sin^2\omega_0[1+\frac{1}{2}\cos(2\omega_0-2\varphi)]-\frac{1}{2}A^2B^2\sigma_{v_4}^2-2A^2B\cos(\omega_0-\varphi)\cos\omega_0R_{3,4}\\
&\quad+4\rho A^2B^2\sin\omega_0\cos(\omega_0-2\varphi)R_{3,4}+4\rho A^2B^2\sin\omega_0\cos\omega_0R_{3,4}\\
&\quad+2\rho A^2B\sin\omega_0\cos\omega_0\cos\varphi\sigma_{v_3}^2-4\rho A^2B^2\sin^2\omega_0\cos2\varphi\sigma_{v_3}^2-2\rho A^2B^2\sin^2\omega_0\sigma_{v_3}^2\\
&Q_3=-4\sin\omega_0R_{3,4}\\
&Q_4=-4A^2B\sin\omega_0\cos(\omega_0-\varphi)R_{3,4}-4\rho A^2B\sin^2\omega_0\cos\varphi\sigma_{v_3}^2\\
&Q_5=2A^2\sin^2\omega_0\sigma_{v_3}^2+\sigma_{v_3}^2\sigma_{v_4}^2+2R_{3,4}^2
\end{aligned}
\tag{3.53}
$$

3.1.4 频率跟踪方法

ANF 传递函数为：

$$H(z^{-1})=\frac{A(z^{-1})}{A(\rho z^{-1})}=\frac{1+\alpha z^{-1}+z^{-2}}{1+\rho\alpha z^{-1}+\rho^2 z^{-2}} \tag{3.54}$$

其中，ρ 为极点控制因子，且 $0\leqslant\rho<1$，$\alpha=-2\cos\omega$。

ANF 输入信号为：

$$x(k)=A\cos(\omega_0 k+\theta)+v(k)\quad k=1, 2, \cdots, N \tag{3.55}$$

其中，A 为信号幅值，ω_0为待估频率，θ 为相位，$v(k)$为加性零均值白噪声，其方差为 σ^2，N 为数据段长度。

ANF 各级输出为：

$$e_1(k)=A(z^{-1})x(k)=(1+\alpha z^{-1}+z^{-2})x(k) \tag{3.56}$$

$$e_2(k)=\frac{A(z^{-1})}{A(\rho z^{-1})}x(k)=\frac{1+\alpha z^{-1}+z^{-2}}{1+\rho\alpha z^{-1}+\rho^2 z^{-2}}x(k) \tag{3.57}$$

所以，在进行频率估计过程中，需选取合适的误差函数取最小值，进而取得频率估计值。为此，基于本文所提新误差函数，对式(3.58)求取最小值，则有：

$$\min_{\omega}[e_1(k)+e_2(k)]^2 \tag{3.58}$$

令 $e(k)=[e_1(k)+e_2(k)]^2$，为求 $e(k)$的最小值，需求得 $\partial e_1(k)/\partial\omega$，$\partial e_2(k)/\partial\omega$。

$$\frac{\partial e_1(k)}{\partial\omega}=\frac{\partial e_1(k)}{\partial\alpha}\frac{\partial\alpha}{\partial\omega}=2x(k-1)\sin\omega \tag{3.59}$$

$$\frac{\partial e_2(k)}{\partial\omega}=\frac{\partial e_2(k)}{\partial\alpha}\frac{\partial\alpha}{\partial\omega} \tag{3.60}$$

下面进行$\frac{\partial e_2(t)}{\partial\alpha}$的求取：

$$e_2(k)=\frac{A(z^{-1})}{A(\rho z^{-1})}x(k)\Rightarrow e_2(k)A(\rho z^{-1})=A(z^{-1})x(k) \tag{3.61}$$

式(3.61)两边对 α 求导可得：

$$A(\rho z^{-1})\frac{\partial e_2(k)}{\partial\alpha}+e_2(k)\frac{\partial A(\rho z^{-1})}{\partial\alpha}=\frac{\partial A(z^{-1})}{\partial\alpha}x(k)$$

$$\Rightarrow A(\rho z^{-1})\frac{\partial e_2(k)}{\partial\alpha}+e_2(k)\rho z^{-1}=z^{-1}x(k)$$

$$\Rightarrow A(\rho z^{-1})\frac{\partial e_2(k)}{\partial\alpha}=x(k-1)-\rho e_2(k-1)$$

$$\Rightarrow\frac{\partial e_2(k)}{\partial\alpha}=\frac{x(k-1)}{A(\rho z^{-1})}-\frac{\rho e_2(k-1)}{A(\rho z^{-1})} \tag{3.62}$$

令

$$x_A(k)=\frac{x(k)}{A(\rho z^{-1})},\quad e_A(k)=\frac{e_2(k)}{A(\rho z^{-1})} \tag{3.63}$$

结合式(3.59)、式(3.62)和式(3.63)，可得：

$$\begin{aligned}\frac{\partial e(k)}{\partial \omega}&=-\Phi_\omega(k)\\&=4\sin\omega[x(k-1)+x_A(k-1)-\rho e_A(k-1)][e_1(k)+e_2(k)]\end{aligned} \tag{3.64}$$

综上，求得$\Phi_\omega(k)$后，基于新误差函数的时变信号频率跟踪的快速 ANF 方法实现步骤为：

Step 1：获得 $\lambda(k)$，$\rho(k)$

$$\lambda(k)=\lambda_\infty-[\lambda_\infty-\lambda(k-1)]\lambda_0$$

$$\rho(k)=\rho_\infty-[\rho_\infty-\rho(k-1)]\rho_0$$

Step 2：计算 ANF 输出及$\Phi_\omega(k)$

$$e_1(k)=x(k)+\alpha(k-1)x(k-1)+x(k-2)$$

$$e_2(k)=x(k)+x(k-2)-\rho^2 e_2(k-2)+\alpha(k-1)[x(k-1)-\rho e_2(k-1)]$$

$$\Phi_\omega(k)=-4\sin\omega[x(k-1)+x_A(k-1)-\rho e_A(k-1)][e_1(k)+e_2(k)]$$

Step 3：计算增益$\Gamma(k)$

$$\Gamma(k)=\frac{\mathrm{I}(k-1)\Phi_\omega(k)}{\lambda(k)+\Phi_\omega^2(k)\mathrm{I}(k-1)}$$

$$\mathrm{I}(k)=\mathrm{I}(k-1)\frac{1-\Gamma(k)\Phi_\omega(k)}{\lambda(k)}$$

Step 4：更新 $\omega(k)$

$$\omega(k)=\omega(k-1)+\Gamma(k)e(k)$$

上述算法求得的 ω 的协方差满足下式：

$$\mathrm{cov}(\omega)\geqslant J_\omega^{-1} \tag{3.65}$$

式(3.65)中，J_ω 为 ω 的 Fisher 信息矩阵：

$$J_\omega=\frac{N}{\sigma^2}E[\Phi_\omega^2(k)] \tag{3.66}$$

式(3.66)中，N 为采样数据点数，$E[\cdot]$表示求取期望，利用式(3.66)可得：

$$J_\omega=\frac{N}{\sigma^2}D^T E[\Phi_\alpha^2(k)]D=D^T J_\alpha D \tag{3.67}$$

式(3.67)中，$D=\frac{\partial\alpha}{\partial\omega}=2\sin\omega$，$\Phi_\alpha(k)=\frac{\partial e(k)}{\partial\alpha}$，$J_\alpha=\frac{N}{\sigma^2}E[\Phi_\alpha^2(k)]$

由文献[142]可知：

$$J_\alpha^{-1}=\frac{\sigma^2}{Nb^T(T_1T_1^T-T_2T_2^T)^{-1}b} \tag{3.68}$$

$$b=(\rho-r)\left[1 \quad 0 \quad -r\rho \quad 0 \quad 0\right]^T,\ \rho<r<1 \tag{3.69}$$

$$C(z^{-1})=A(rz^{-1})A(\rho z^{-1})=1+\sum_{i=1}^{4} c_i z^{-i} \tag{3.70}$$

$$T_1=\begin{bmatrix}1 & & & & \\ c_1 & 1 & & & \\ c_2 & c_1 & 1 & & \\ c_3 & c_2 & c_1 & 1 & \\ c_4 & c_3 & c_2 & c_1 & 1\end{bmatrix},\quad T_2=\begin{bmatrix}0 & & & & \\ c_4 & 0 & & & \\ c_3 & c_4 & 0 & & \\ c_2 & c_3 & c_4 & 0 & \\ c_1 & c_2 & c_3 & c_4 & 0\end{bmatrix} \tag{3.71}$$

故可知 ω 的 Cramer-Rao 下限为：

$$\mathrm{cov}(\omega)\geqslant J_\omega^{-1}=\frac{\sigma^2}{4N\sin^2\omega b^T\left(T_1T_1^T-T_2T_2^T\right)^{-1}b} \tag{3.72}$$

3.1.5 计算验证

(1) 一般 ANF 分析

1) 误差函数分析。当选择 $A=\sqrt{2}$，$\theta=\pi/6$，$\rho=0.95$，噪声 $\sigma^2=0$ 和 $SNR=$ 5dB，信号频率 ω_0 分别为 π/3、π/2、2π/3 时，独立运行 20 次，FIR-ANF 和 IIR-ANF 的误差函数如图 3.1 所示。其中，图 3.1(a)为噪声 $\sigma^2=0$ 的情况，而图 3.1(b)为 $SNR=5$dB 的情况。

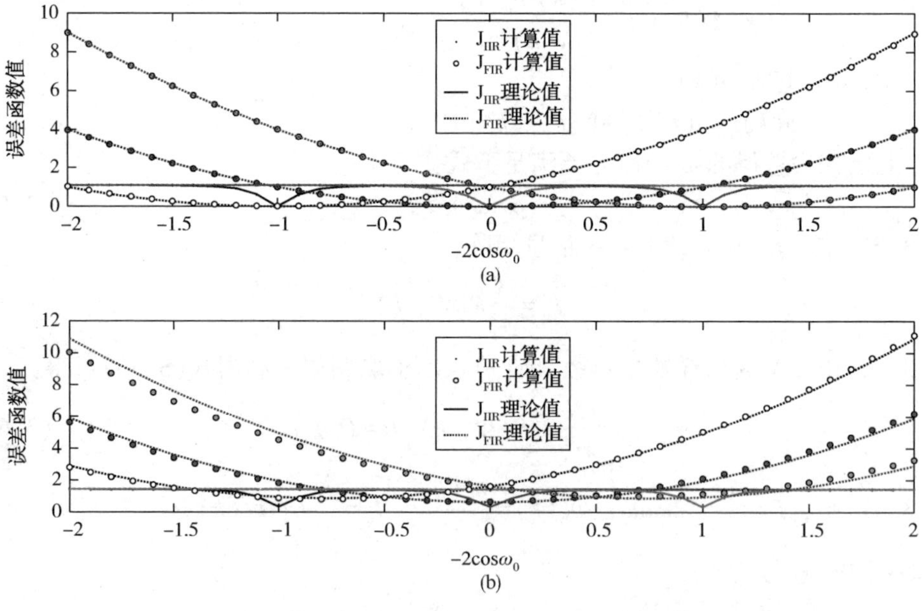

图 3.1　不同信号频率下的 FIR-ANF 和 IIR-ANF 误差函数

由图 3.1 可知，FIR-ANF 的误差函数类似于二次曲线，收敛速度虽然较快，但其受噪声影响较大，当 $SNR=5\text{dB}$ 时，误差函数出现明显变化，全局极值点发生了移动。而 IIR-ANF 误差函数基本保持不变，抑制噪声的能力较强，但对初值的选择较为敏感，合适的初值将极大提升其收敛速度。

2）不同 ρ 值对 IIR-ANF 误差函数影响分析。由前述分析可知，ρ 值对 FIR-ANF 误差函数无影响。为了分析 ρ 值对 IIR-ANF 误差函数的影响，特选择 $\rho\in[0.2, 1)$，$A=\sqrt{2}$，$\theta=\pi/6$，$\omega_0=\pi/2$，$SNR=5\text{dB}$ 时，独立运行 20 次，IIR-ANF 的误差函数如图 3.2 所示。

由图 3.2 可知，当获得信号的频率 ω_0 的大致范围后，较大的 ρ 值可以使 IIR-ANF 收敛较快；当无法获得信号的频率 ω_0 的先验知识时，需取较小的 ρ 值，保证适当的收敛速度，否则会导致收敛速度过慢。

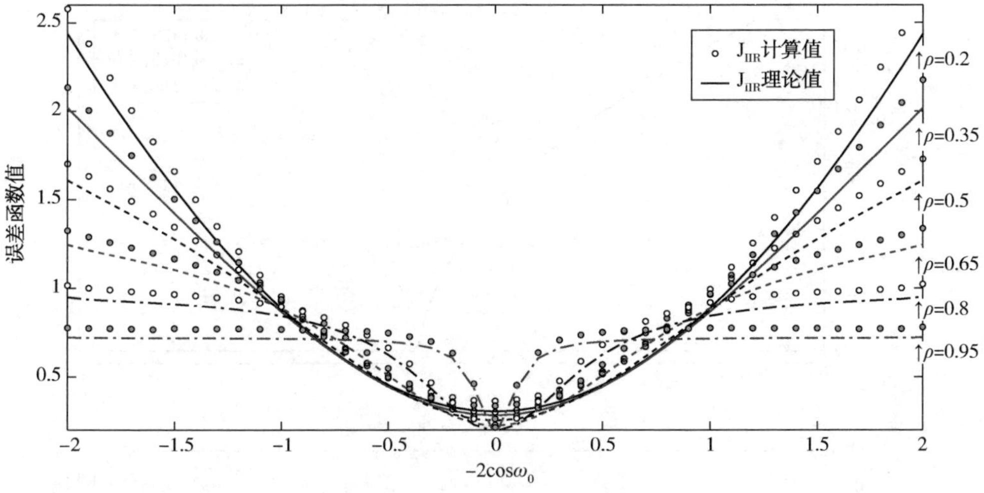

图 3.2　不同 ρ 值的 IIR-ANF 误差函数

3）不同频率下 ANF 的频率估计结果分析。设信号的频率 ω_0 分别为 0.1π、0.2π、0.3π 时，信号频率初值设为 $\omega=0.5\pi$，信号 $A=\sqrt{2}$，$\theta=\pi/6$，$SNR=5\text{dB}$，迭代步长 $\mu=0.0002$，IIR-ANF 的 $\rho=0.95$ 时，独立运行 20 次，FIR-ANF 和 IIR-ANF 的频率估计效果如图 3.3 所示。

由图 3.3 可看出，FIR-ANF 的收敛速度比较快，但由于噪声影响，其频率估计的精度较差；而 IIR-ANF 受噪声影响有限，但其收敛速度较慢，当信号的频率 ω_0 与初始频率较远时，此种情况尤其严重，且 IIR-ANF 的频率估计结果存在一定偏差。

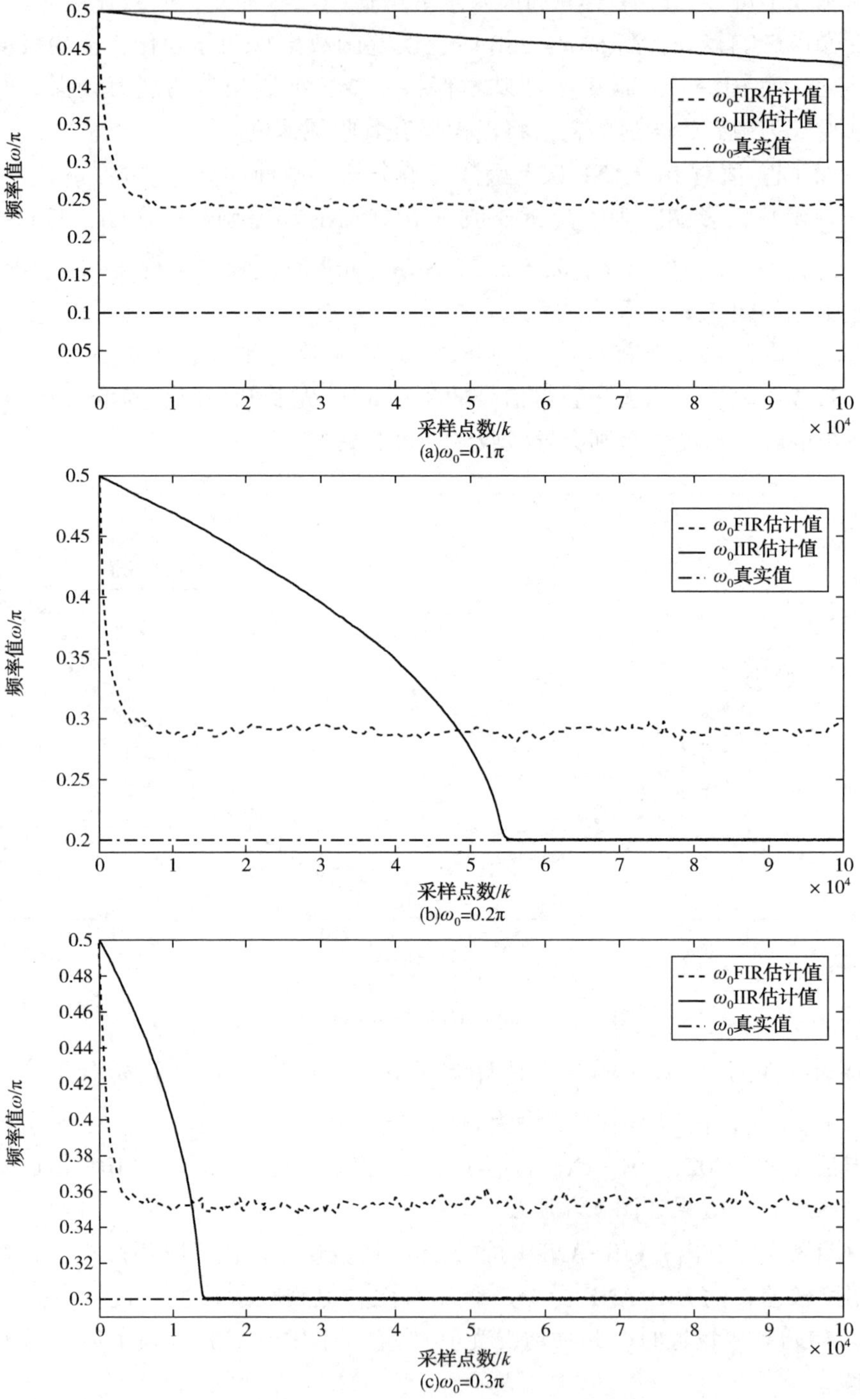

图 3.3　不同信号频率下的 FIR-ANF 和 IIR-ANF 频率估计值

4）不同步长 μ 对 ANF 频率估计结果影响分析。设信号的频率 ω_0 为 0.3π，信号频率初值设为 $\omega=0.5\pi$，IIR-ANF 的 $\rho=0.95$，$A=\sqrt{2}$，$\theta=\pi/6$，$SNR=5\text{dB}$ 时，独立运行 20 次，不同的步长 μ 对 FIR-ANF 和 IIR-ANF 频率估计的影响如图 3.4 所示。

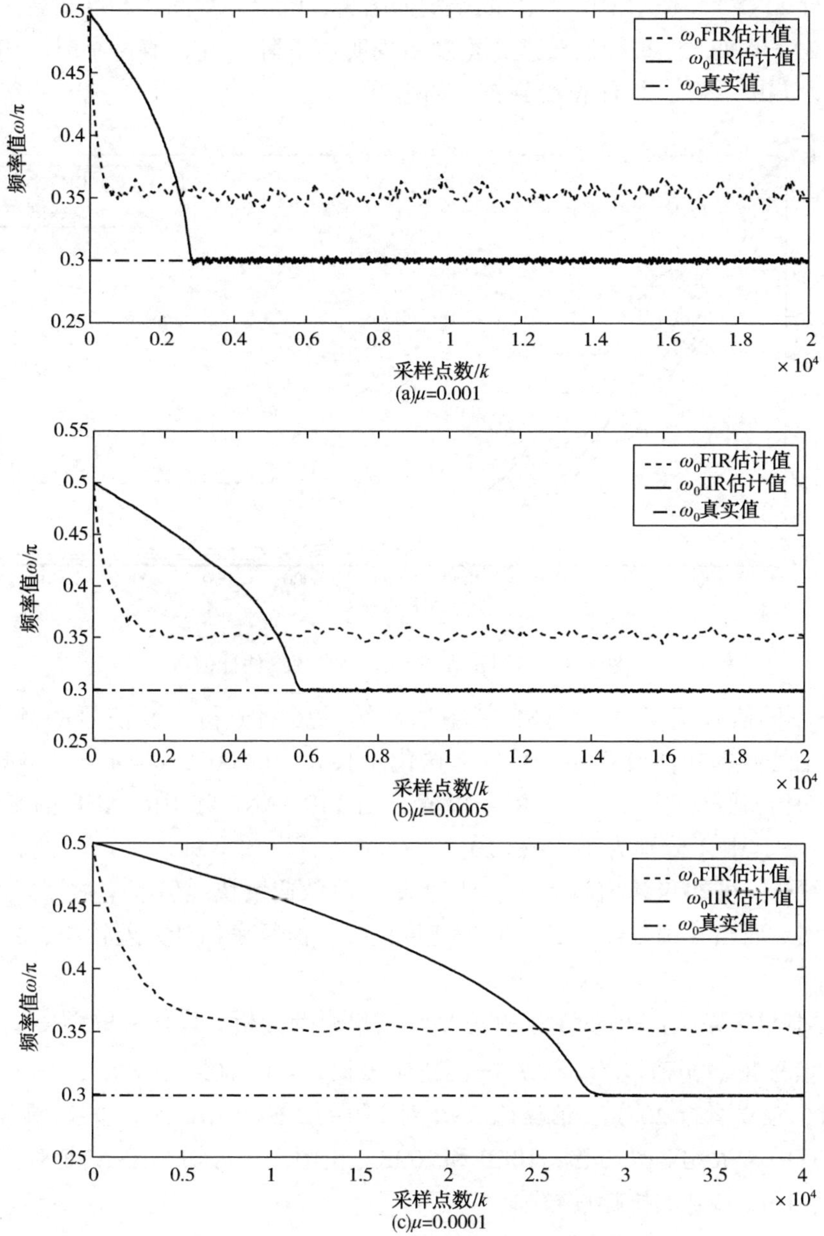

图 3.4　不同 μ 值的 FIR-ANF 和 IIR-ANF 频率估计值

由图 3.4 可知，当 μ 较小时，收敛速度慢，但估计值上下起伏较小；μ 较大时，收敛速度快，但估计值上下起伏较大，故需根据实际情况折中选择。

5）不同 ρ 值对 IIR-ANF 频率估计结果影响分析。设信号的频率 ω_0 为 0.3π，信号频率初值设为 $\omega=0.5\pi$，迭代步长 $\mu=0.0002$，$A=\sqrt{2}$，$\theta=\pi/6$，$SNR=5\text{dB}$ 时，独立运行 20 次，ρ 值对 IIR-ANF 的影响如图 3.5 所示。由图 3.5 可知当 ρ 值较小时，收敛速度快，但抗噪性较差，精度出现明显下降。且 ρ 值过小时，IIR-ANF 将退化为 FIR-ANF，性能将受到较大的影响。

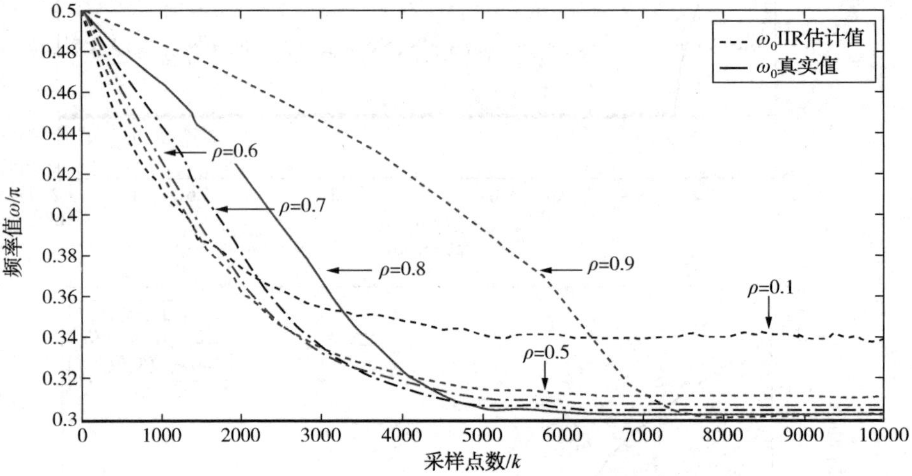

图 3.5　不同 ρ 值的 IIR-ANF 频率估计值

6）不同信号幅值 A 对 ANF 频率估计结果影响分析。设信号的频率 ω_0 为 0.3π，信号频率初值设为 $\omega=0.5\pi$，迭代步长 $\mu=0.0002$，$\theta=\pi/6$，$SNR=5\text{dB}$，$\rho=0.95$ 时，独立运行 20 次，信号幅值 A 对 FIR-ANF 和 IIR-ANF 的影响如图 3.6 所示，其中 A 分别为 1、5 和 10。

由图 3.6 可知当 A 值较大时，两种 ANF 收敛速度快，但频率估计方差较大，振荡强烈。而当 A 值较小时，则收敛速度变慢，但频率估计方差较小，精度有所提高。

7）不同信噪比 SNR 对 ANF 频率估计结果影响分析。设信号的频率 ω_0 分别为 0.3π，信号频率初值设为 $\omega=0.5\pi$，迭代步长 $\mu=0.0002$，$A=\sqrt{2}$，$\theta=\pi/6$，$\rho=0.95$ 时，独立运行 20 次，信噪比 SNR 对 FIR-ANF 和 IIR-ANF 的影响如图 3.7 所示，其中 SNR 分别为 0dB，10dB 和 20dB。由图 3.7 可知 FIR-ANF 对信噪比要求较高，IIR-ANF 的抗噪性较强。

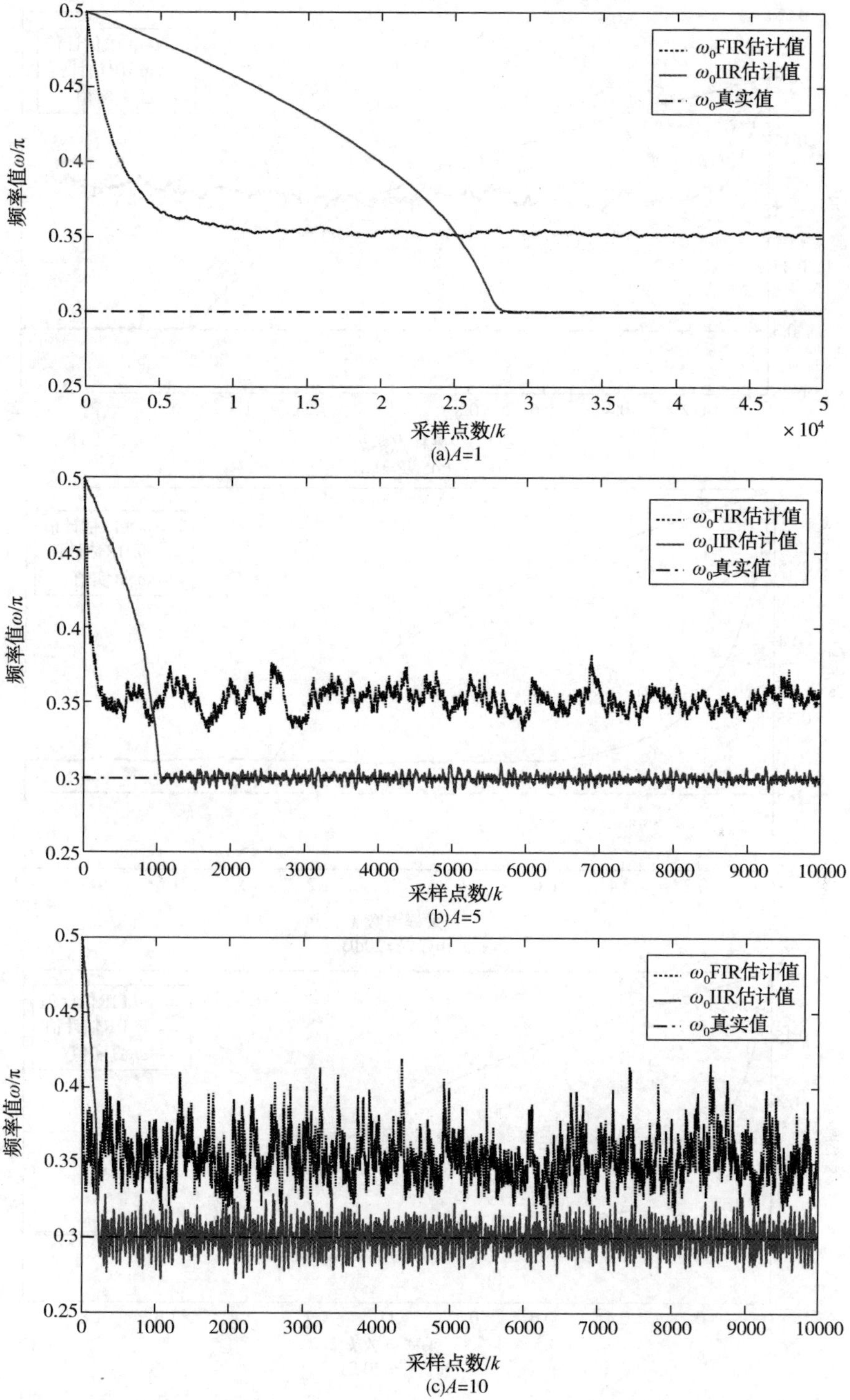

图 3.6　不同 A 值的 FIR-ANF 和 IIR-ANF 频率估计值

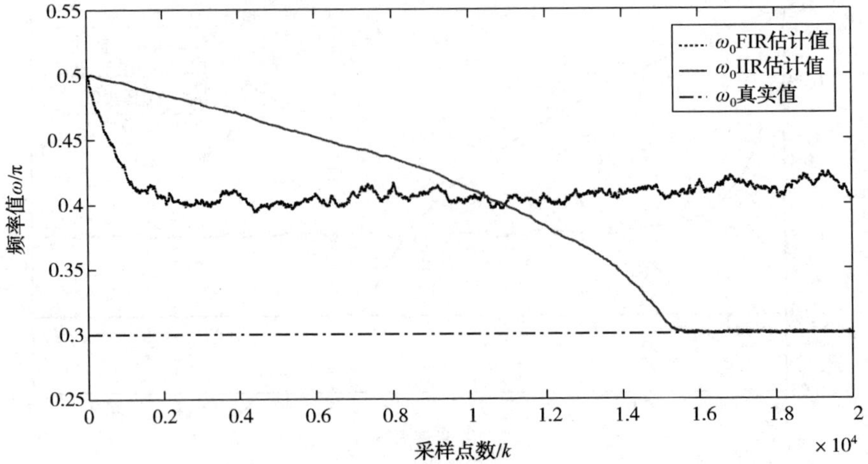

(a)SNR=0dB

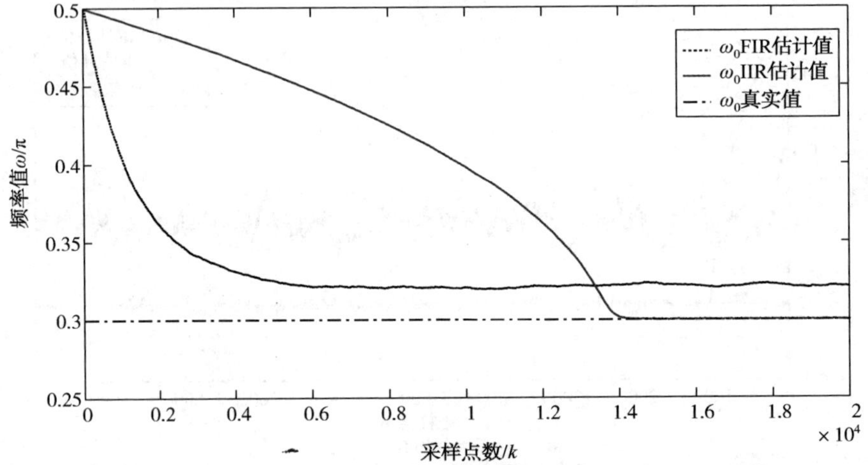

(b)SNR=10dB

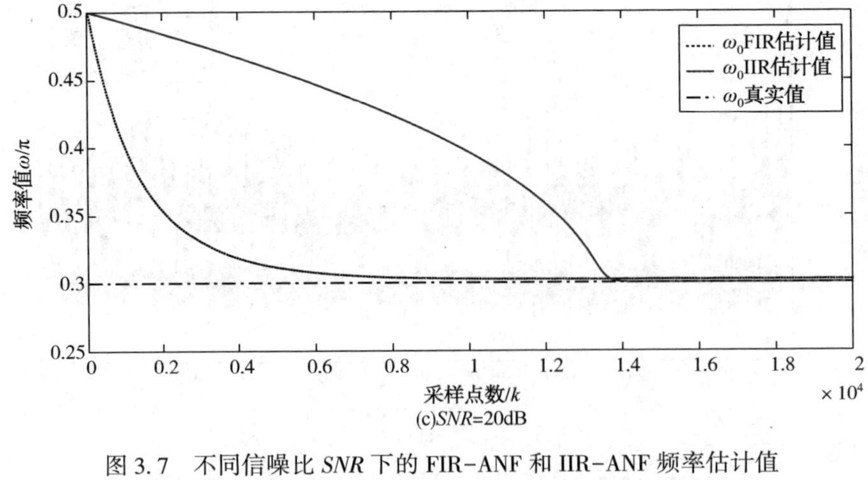

(c)SNR=20dB

图 3.7　不同信噪比 SNR 下的 FIR-ANF 和 IIR-ANF 频率估计值

8）两种 ANF 在全频率段下的频率估计 $E[\delta(\infty)]$ 和 $E[\delta^2(\infty)]$。设信号频率初值为 $\omega=0.5\pi$，迭代步长 $\mu=0.0002$，$A=\sqrt{2}$，$\theta=\pi/6$，$SNR=5\text{dB}$，$\rho=0.95$ 时，独立运行 20 次，且 N 取足够大，保证 ANF 收敛，FIR-ANF 和 IIR-ANF 在不同频率值下的频率估计 $E[\delta(\infty)]$ 和 $E[\delta^2(\infty)]$ 如图 3.8 所示。

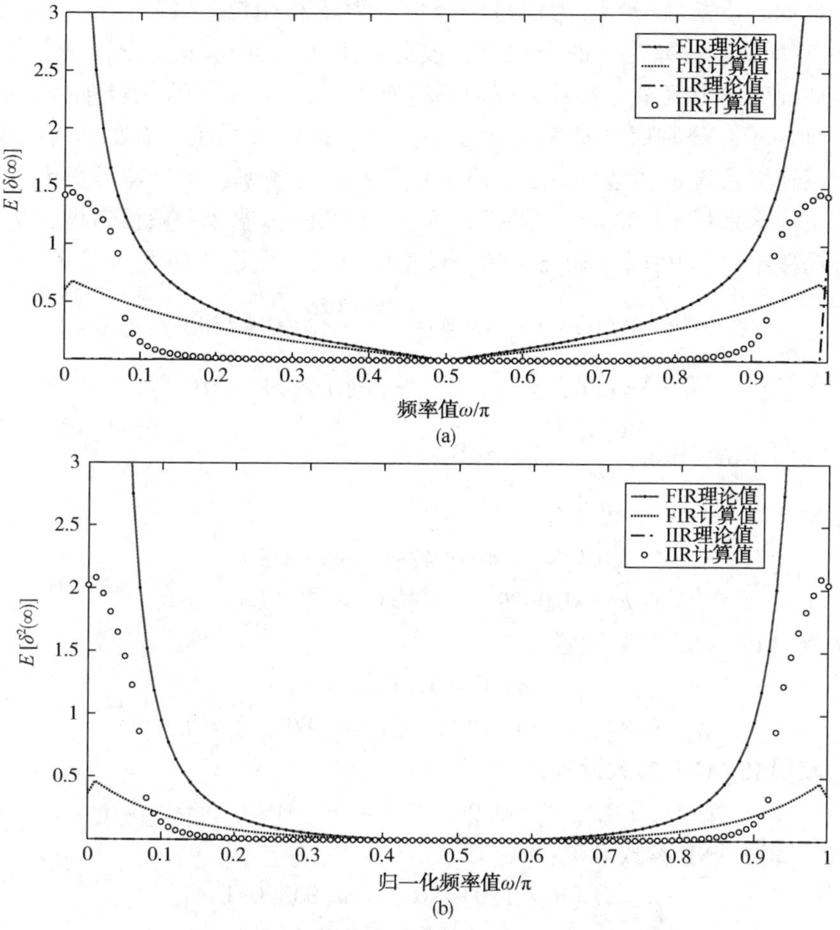

图 3.8　FIR-ANF 和 IIR-ANF 频率估计 $E[\delta(\infty)]$ 和 $E[\delta^2(\infty)]$

由图 3.8 可知，当信号频率接近信号频率的两端，即 0 或 π 时，其频率估计误差会增大，特别是 FIR-ANF 受此影响最大。

（2）时变信号分析

鉴于应用实验时所采用的时变信号由罗斯蒙特 FS200 型科氏流量计产生，且频率在 198Hz 上下浮动，故计算时采用文献[143]所提如式（3.77）所示的时变信号模型：

$$
\begin{aligned}
&y(k)=A(k)\sin[k\omega(k)+\varphi(k)]+\sigma e(k)\\
&A(k)=A(k-1)+\delta_A\sigma_A e_A(k)\\
&\omega(k)=\omega(k-1)+\delta_\omega\sigma_\omega e_\omega(k)\\
&\varphi(k)=\varphi(k-1)+\delta_\varphi\sigma_\varphi e_\varphi(k)
\end{aligned}
\tag{3.73}
$$

其中，$A(k)$、$\omega(k)$、$\varphi(k)$为信号的幅值、频率和相位。$e(k)$、$e_A(k)$、$e_\omega(k)$、$e_\varphi(k)$为零均值、方差为1的白噪声，彼此互不相关。σ、σ_A、σ_ω、σ_φ为相应参数的游动幅度，由流量计型号和应用环境所决定，且与采样频率f_s有关。δ_A、δ_ω、δ_φ为游动因子，分别服从概率为P_A、P_ω、P_φ的0~1分布，P的大小依流量特性、应用环境及流量计型号而定，决定信号幅度、频率、相位是否变化。

单次仿真采样100000点，采样频率$f_s=2000\text{Hz}$。鉴于一般性考虑，仿真信号模型游动概率$P_A=P_\omega=P_\varphi=0.5$，信号模型的有关参数设置如下：

$$A(0)=10,\ \omega(0)=\frac{2\pi\times198}{f_s}=0.6220$$

$$\sigma=0.6,\ \sigma_A=10^{-3},\ \sigma_\omega=10^{-6},\ \sigma_\varphi=10^{-3}$$

信噪比$SNR=10\lg\dfrac{A^2(0)}{2\sigma^2}=21.4\text{dB}$

文献[144] ANF参数设置：

$$\rho(k)=0.9980642-0.195\times0.99^{k-1}$$

$$\lambda(k)=0.99991-0.03\times0.99^{k-1},\ \hat{k}_0(0)=0$$

文献[145]ANF参数设置：

$$a(0)=0,\ P(0)=1$$

$$\lambda_r=0.82,\ \lambda_\infty=0.99995,\ \rho_r=0.978,\ \rho_\infty=0.9782$$

文献[146]ANF参数设置：

$$\mu_h=0.0012,\ T_h=0.99,\ \delta_\lambda=4.99\times10^{-5},\ \delta_\rho=0.046$$

本节算法ANF参数设置：

$$\Gamma(0)=\mathrm{I}(0)=10^{-3},\ \omega(0)=0.1$$

$$\lambda_0=0.88,\ \lambda_\infty=0.999996,\ \rho_0=0.95,\ \rho_\infty=0.9646$$

收敛性分析：图3.9给出了原始仿真信号和经文献[144-146]方法及本节算法滤波后的增强信号。

由图3.9可见，本节算法相比于其他三种方法收敛速度较快，稳定性较高。

频率跟踪精度：进行100次独立仿真验证，每次独立验证的真实频率随机生成。取收敛后(200点后)的真实频率ω_0与其估计值ω按下式计算其均方误差MSE。

$$MSE=\frac{1}{99800}\sum_{k=201}^{100000}[\omega_0(k)-\omega(k)]^2 \tag{3.74}$$

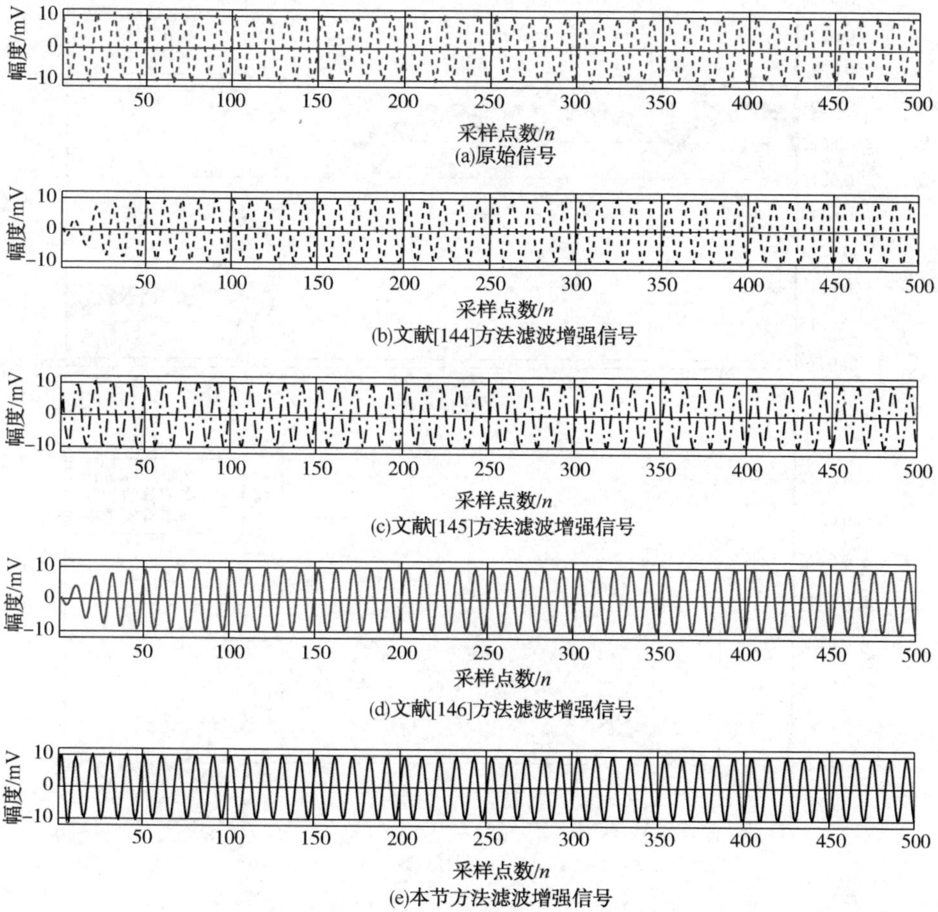

图 3.9　原始信号与经几种 ANF 陷波滤波得到的增强信号比较

然后求取总共 100 次独立仿真验证的平均值 MSE_{100}，计算结果如表 3.1 所示。

表 3.1　MSE_{100} 值的比较

ANF	MSE_{100}	ANF	MSE_{100}
文献[144]算法	1.0071×10^{-8}	文献[146]算法	1.3450×10^{-9}
文献[145]算法	7.2384×10^{-9}	本节算法	5.1817×10^{-11}

表明本节算法的均方误差 *MSE* 明显小于前述三种 ANF。图 3.10~图 3.12 分别给出了两次仿真验证中，文献[144-146]算法同本节算法的频率跟踪比较结果。

由图 3.10~图 3.12 可知，本节算法具备较高的频率跟踪能力，特别在信号采样点数大于 20000 点时，前述三种 ANF 存在不同程度的偏离，而本节算法仍具有较高的跟踪精度，表明本节算法具有优越性。

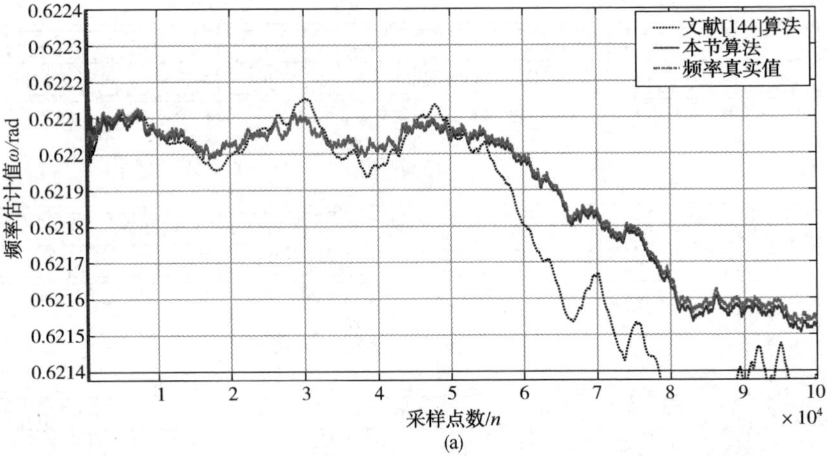

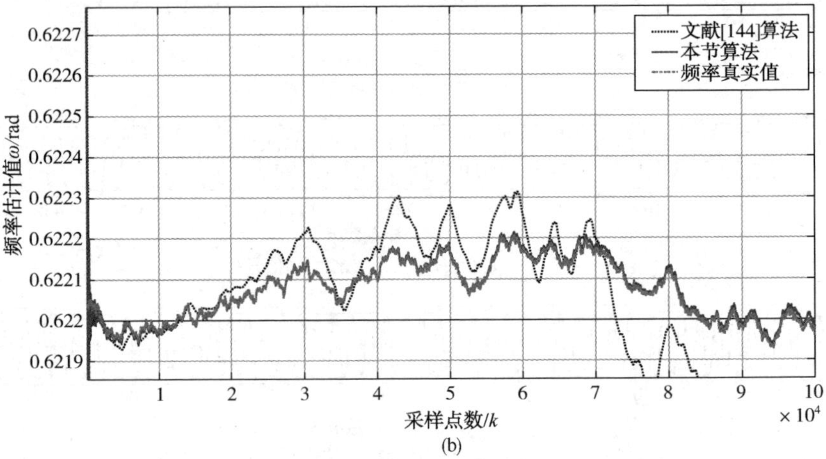

图 3.10 文献[144]算法与本节算法的估计频率值

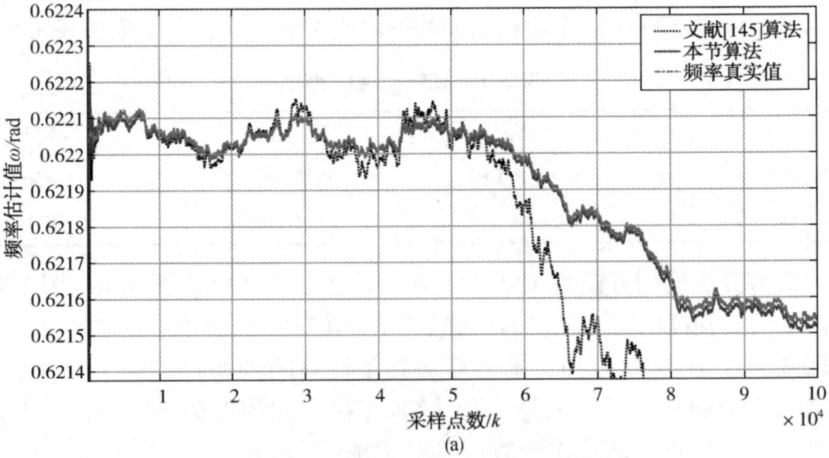

图 3.11 文献[145]算法与本节算法的估计频率值

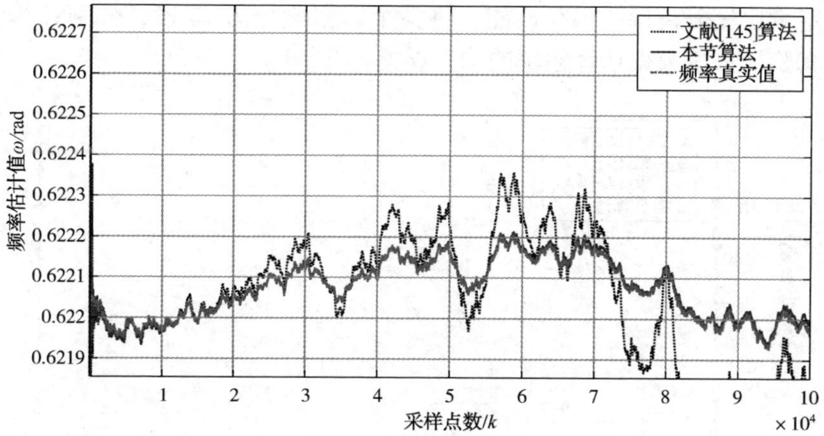

(b)

图 3.11　文献[145]算法与本节算法的估计频率值(续)

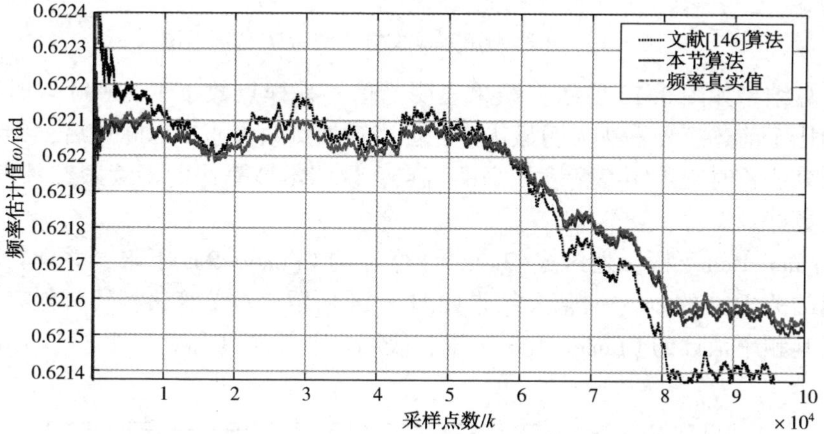

(a)

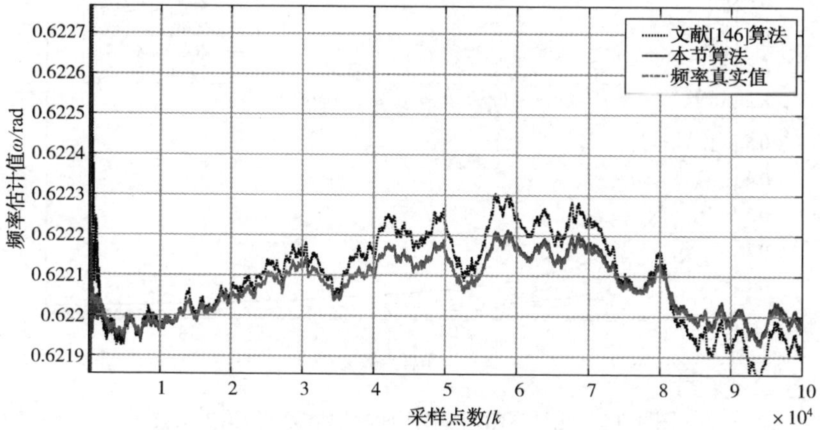

(b)

图 3.12　文献[146]算法与本节算法的估计频率值

为定量比较分析持续跟踪性能，将整个数据段分为 10 段，分别计算 100 次独立仿真验证每段数据估计频率的均方误差。

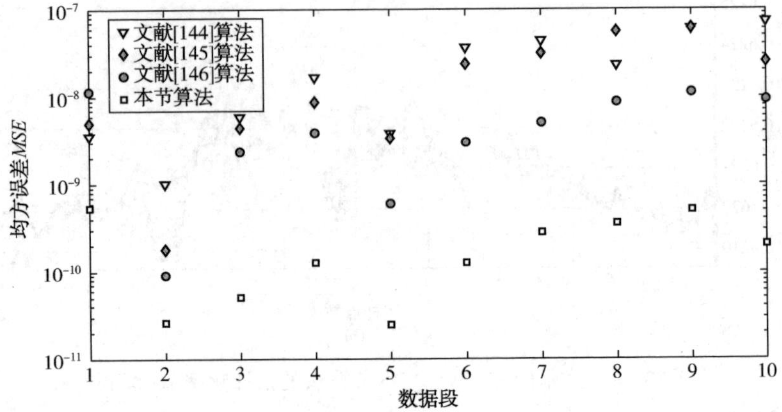

图 3.13　几种 ANF 和本文方法的 *MSE* 值离散图

计算结果如图 3.13 所示，结果表明当信号采样点数小于 20000 点时，本节算法相比于前述三种算法无明显优势，但当数据点数大于 20000 点后，则凸显出了本节算法长时跟踪频率精度较高的特点，说明本节算法的持续跟踪精度更高、稳定性更好。

Cramer-Rao 下限：通过式(3.72)计算 ω 的 Cramer-Rao 下限，并计算不同方法取得的关于 ω 的 $\text{cov}(\omega)$值，结果如图 3.14 所示。本节算法相较其他三种算法最接近其频率估计的 Cramer-Rao 下限，表明本节算法具有优越性。

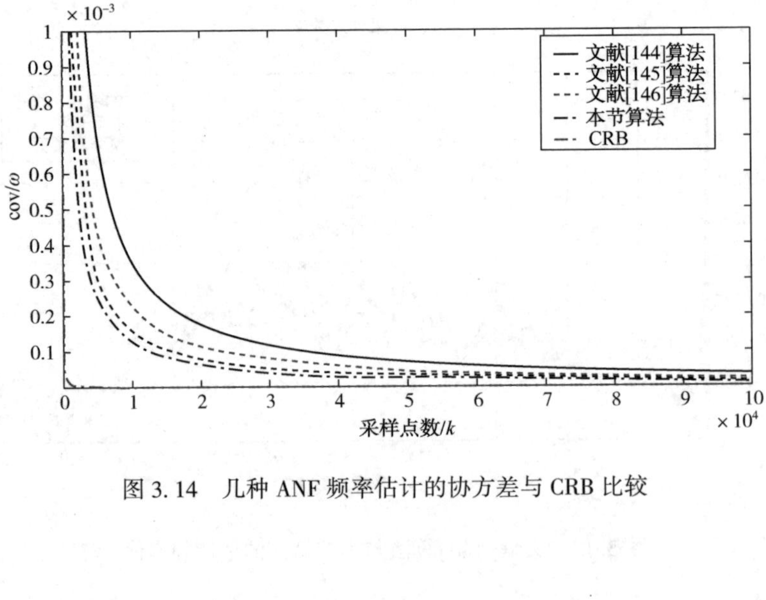

图 3.14　几种 ANF 频率估计的协方差与 CRB 比较

信噪比对频率跟踪精度的影响分析：保持参数不变，在不同信噪比条件下进行频率跟踪验证，不同算法的均方误差如图 3.15 所示。

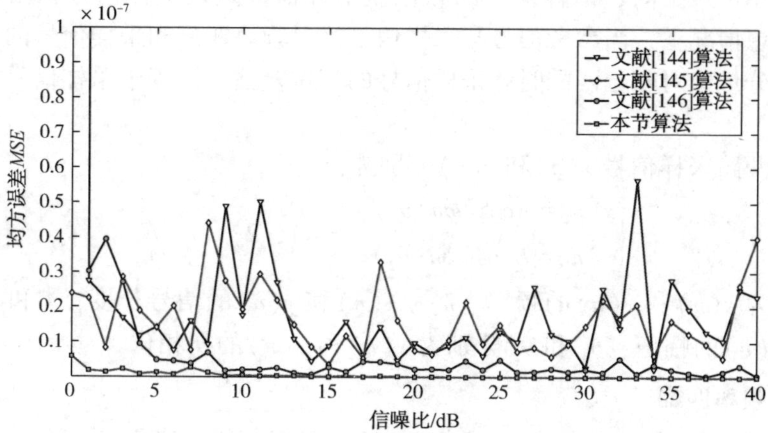

图 3.15　不同信噪比下几种 ANF 和本节算法的 *MSE*

由图 3.15 可知，本节算法误差最小，文献[146]算法次之，文献[145]算法和文献[144]算法误差较大。且本节算法频率跟踪的精度变化起伏较小，表明本节算法具备较好的抗噪特性。

3.2　相频匹配法

3.2.1　方法原理

针对采样信号的相位差估计给出先频率匹配、后相位匹配的相位差估计相频匹配方法原理，如图 3.16 所示。

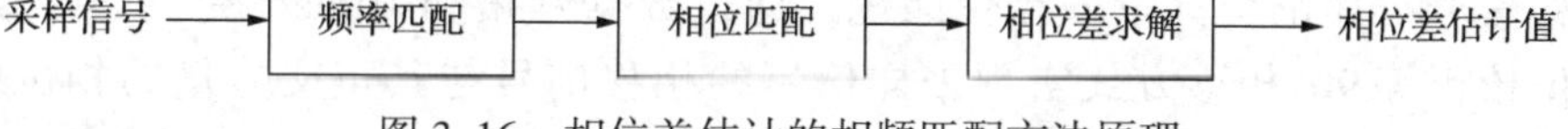

图 3.16　相位差估计的相频匹配方法原理

1）频率匹配：为实现采样信号与参考信号的频率匹配，利用频谱泄漏校正等方法对采样信号进行频率估计，并根据频率估计值生成两路相互正交的参考信号，为相位匹配和相位差求解奠定基础。

2）相位匹配：为消除采样信号的相移信号与其正交分量的相位匹配对整周期采样或者采样频率的依赖性，对采样信号进行 90°相移，实现采样信号的相移信号与其正交分量的相位匹配。

3）相位差求解：利用采样信号及其相移信号、参考信号计算两路信号的相位差，获得采样信号的相位差估计值。采样信号的相位差估计精度取决于参考信号与采样信号的频率匹配程度以及采样信号的相移信号与其正交分量的相位匹配程度。当参考信号与采样信号最接近频率匹配和采样信号的相移信号与其正交分量最接近相位匹配时，采样信号的相位差估计值最逼近采样信号相位差的真实值。在理想情况下，当参考信号与采样信号绝对频率匹配和采样信号的相移信号与其正交分量绝对相位匹配时，采样信号的相位差估计值等于采样信号相位差的真实值。

设有两路采样信号 $x(n)$ 和 $y(n)$ 分别为：

$$\begin{cases} x(n)=A\cos(\omega n+\theta_1) \\ y(n)=B\cos(\omega n+\theta_2) \end{cases} \quad n=1,\ 2,\ \cdots,\ N \tag{3.75}$$

式中，ω 为 $x(n)$ 和 $y(n)$ 的频率，n 为 $x(n)$ 和 $y(n)$ 的信号长度，A 和 B 分别为 $x(n)$ 和 $y(n)$ 的幅值，θ_1 和 θ_2 分别为 $x(n)$ 和 $y(n)$ 的初相位。

(1) 频率匹配

由相位差估计的相频匹配方法原理可知，参考信号与采样信号的频率匹配是准确实现采样信号的相移信号与其正交分量相位匹配的前提和基础。为实现参考信号与采样信号的频率匹配，利用频率估计的相频匹配方法等对采样信号进行频率估计，并根据采样信号的频率估计值 $\hat{\omega}$ 生成两路相互正交的参考信号 $h(k)$ 和 $\hat{h}(k)$，$h(k)$ 和 $\hat{h}(k)$ 分别如式(3.76)和式(3.77)所示。

$$h(k)=\cos(k\hat{\omega}) \tag{3.76}$$

$$\hat{h}(k)=\sin(k\hat{\omega}) \tag{3.77}$$

(2) 相位匹配

由相位差估计的相频匹配方法原理可知，采样信号的相移信号与其正交分量的相位匹配程度直接关系到采样信号的相位差估计精度。采样信号的相移信号与其正交分量的相位匹配可以通过采样信号 90°相移的方式实现。为实现采样信号的相移信号与其正交分量的相位匹配，通过数据延拓和 Hilbert 变换、信号时移和相位校正等 90°相移方式实现采样信号的相移信号与其正交分量的相位匹配，其基本思想为：

1）利用数据延拓和 Hilbert 变换实现采样信号的相移信号与其正交分量的相位匹配。

Hilbert 变换能够实现采样信号的 90°相移，但前提是保证采样信号满足整周期采样。因此，为借助 Hilbert 变换准确实现采样信号的 90°相移，利用正弦信号的线性预测性质对采样信号进行数据延拓，使经过数据延拓得到的信号（简称数据延拓信号）接近整周期采样信号。数据延拓信号 $x(n+k)$ 的计算公式如式(3.78)所示。

$$x(n+k)=2h(k)x(n)-x(n-k) \tag{3.78}$$

当数据延拓信号为整周期采样信号时，数据延拓信号的 Hilbert 变换与采样信号的正交分量相位匹配。

2）利用信号时移和相位校正实现采样信号的相移信号与其正交分量的相位匹配。

三角函数的恒等变换如式(3.79)所示。

$$A\cos(n\omega+\theta-k\omega)=A\cos(n\omega+\theta)\cos(k\omega)+A\sin(n\omega+\theta)\sin(k\omega) \tag{3.79}$$

根据式(3.78)可得：

$$x(n-k)=x(n)h(k)+\hat{x}(n)\hat{h}(k) \tag{3.80}$$

由式(3.80)可知，采样信号 $x(n-k)$ 可以分解为其时移信号 $x(n)$ 及其正交分量 $\hat{x}(n)$、参考信号 $h(k)$ 和 $\hat{h}(k)$ 的乘积，利用采样信号 $x(n)$ 及其时移信号 $x(n-k)$、$h(k)$ 和 $\hat{h}(k)$ 可以获得采样信号 $x(n)$ 的正交分量 $\hat{x}(n)$。

当 $x(n)$ 和 $y(n)$ 的相移信号与其正交分量绝对相位匹配时，其相移信号 $\hat{x}(n)$ 和 $\hat{y}(n)$ 的期望值分别为：

$$\begin{cases}E[\hat{x}(n)]=A\sin(\omega n+\theta_1)\\E[\hat{y}(n)]=B\sin(\omega n+\theta_2)\end{cases} \tag{3.81}$$

(3) 相位差求解

利用两路采样信号及其相移信号、参考信号计算 $x(n)$ 和 $y(n)$ 的初相位，得到两路采样信号的初相位计算公式分别为：

$$\theta_1=\tan^{-1}\left(\frac{\hat{x}(n)h(n)-x(n)\hat{h}(n)}{x(n)h(n)+\hat{x}(n)\hat{h}(n)}\right) \tag{3.82}$$

$$\theta_2=\tan^{-1}\left(\frac{\hat{y}(n)h(n)-y(n)\hat{h}(n)}{y(n)h(n)+\hat{y}(n)\hat{h}(n)}\right) \tag{3.83}$$

利用两路采样信号及其相移信号计算 $x(n)$ 和 $y(n)$ 的相位差，得到两路采样信号的相位差计算公式为：

$$\Delta\theta=\tan^{-1}\left(\frac{\hat{x}(n)y(n)-\hat{y}(n)x(n)}{x(n)y(n)+\hat{x}(n)\hat{y}(n)}\right) \tag{3.84}$$

由式(3.82)~式(3.84)可知：利用两路信号的相频匹配既可以实现两路信号的相位差估计，又可实现采样信号的初相位估计。

综上，相位差估计相频匹配方法的实现流程为：

1）利用频率估计的相频匹配方法等对采样信号 $x(n)$ 和 $y(n)$ 进行频率估计，得到采样信号的频率估计值 $\hat{\omega}$，根据频率估计值 $\hat{\omega}$ 生成两路相互正交的参考信号 $h(k)$ 和 $\hat{h}(k)$，实现参考信号与采样信号的频率匹配。

2）通过采样信号的数据延拓和 Hilbert 变换或者信号时移和相位校正等方式对采样信号进行 90°相移，获得相移信号 $\hat{x}(n)$ 和 $\hat{y}(n)$，实现采样信号的相移信号与其正交分量的相位匹配。

3）利用采样信号 $x(n)$ 和 $y(n)$ 及其相移信号 $\hat{x}(n)$ 和 $\hat{y}(n)$、参考信号 $h(k)$ 和 $\hat{h}(k)$ 计算两路采样信号的相位差。

3.2.2 算法思想

针对时变信号的相位差估计问题，基于相位差估计的相频匹配方法原理，介绍基于变频 DTFT 的相位差估计相频匹配算法。该算法通过时变信号的频率估计值、时变信号及其时移信号实现时变信号的 90°相移，确保相移信号和时变信号正交分量的相位匹配，利用参考信号与时变复信号的频率匹配以及时变复信号的变频 DTFT 计算时变信号的相位差，其目标是消除采样信号非 90°相移对相位差估计的影响，提高时变信号的相位差估计精度，改善相位差估计的实时性。算法的基本思想如图 3.17 所示。

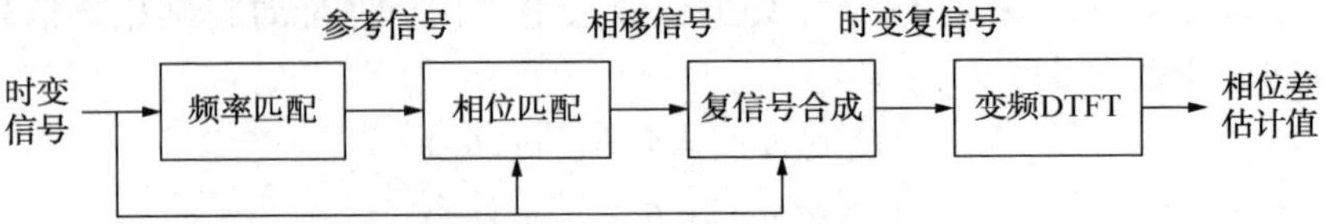

图 3.17 算法的基本思想

首先，对时变信号进行频率估计，获得时变信号的频率估计值。

其次，根据时变信号的频率估计值生成参考信号，实现参考信号和时变信号的频率匹配。

再次，利用时变信号的频率估计值、时变信号及其时移信号对时变信号进行 90°相移，实现相移信号与时变信号正交分量的相位匹配，并利用时变信号及其相移信号构造时变复信号。

最后，利用时变复信号的变频 DTFT 计算时变信号的初相位和相位差。

3.2.3 流程步骤

不失一般性，设在 t 时刻采样得到两路时变信号 $x(n)$ 和 $y(n)$ 分别为：

$$\begin{cases} x(n)=A(n)\cos[n\omega(n)+\theta_1]+z_x(n) \\ y(n)=B(n)\cos[n\omega(n)+\theta_2]+z_y(n) \end{cases} \tag{3.85}$$

式中，$\omega(n)$ 表示第 n 时刻时变信号的频率，$\varphi_\omega(n)=n\omega(n)$，$A(n)$ 和 $B(n)$ 分别表示两路信号的幅值，θ_1 和 θ_2 分别表示两路时变信号的初相位，$z_x(n)$ 和 $z_y(n)$ 分别是均值为零、方差为 σ^2 的高斯白噪声。

(1) 参考信号与时变信号的频率匹配

分析可知，利用采样信号的时移和相位校正实现采样信号的 90°相移需要已知采样信号的频率信息。因此，为了实现采样信号的 90°相移，利用频率估计的自适应陷波滤波器算法或者频率估计的相频匹配方法估计时变信号的频率 $\hat{\omega}(n)$。

根据 $\hat{\omega}(n)$，生成参考信号 $h(n)$ 为：

$$h(n) = e^{j\varphi_{\hat{\omega}}(n)} = e^{jn\hat{\omega}(n)} \tag{3.86}$$

当 $\hat{\omega}(n)=\omega(n)$ 时，参考信号与时变信号具有相同的频率，即频率匹配，这有助于计算两路时变信号的相位差。

（2）相移信号与时变信号正交分量的相位匹配

对于正弦信号 $s(n)=a\cos(\omega n+\theta)$，$n=1, 2, \cdots, N$，其正交分量为 $a\sin(\omega n+\theta)$，为了获得 $s(n)$ 的正交分量，通过式(3.87)～式(3.93)对 $s(n)$ 进行 90°相移，获得其正交分量 $\hat{s}(n)$。

1）当 $n \leqslant N-b$ 时，对于时移信号 $s(n+b)$，有：

$$s(n+b) = s(n)\cos b\omega - \hat{s}(n)\sin b\omega \tag{3.87}$$

根据式(3.87)计算 $s(n)$ 的 90°相移信号 $\hat{s}(n)$，得：

$$\hat{s}(n) = \frac{s(n)\cos b\omega - s(n+b)}{\sin b\omega} \tag{3.88}$$

2）当 $N-b \leqslant n \leqslant b+1$ 时，对于 $s(n-b)$ 和 $s(n+b)$，有：

$$s(n-b) - s(n+b) = 2\hat{s}(n)\sin b\omega \tag{3.89}$$

根据式(3.89)计算 $s(n)$ 的 90°相移信号 $\hat{s}(n)$，得：

$$\hat{s}(n) = \frac{s(n-b) - s(n+b)}{2\sin b\omega} \tag{3.90}$$

3）当 $n \geqslant b+1$ 时，对于时移信号 $s(n-b)$，有：

$$s(n-b) = s(n)\cos b\omega + \hat{s}(n)\sin b\omega \tag{3.91}$$

根据式(3.91)计算 $s(n)$ 的 90°相移信号 $\hat{s}(n)$，得：

$$\hat{s}(n) = \frac{s(n-b) - s(n)\cos b\omega}{\sin b\omega} \tag{3.92}$$

因此，根据式(3.88)、式(3.90)、式(3.92)计算 $s(n)$ 的 90°相移信号 $\hat{s}(n)$，得：

$$\hat{s}(n) = \begin{cases} \dfrac{s(n)\cos b\omega - s(n+b)}{\sin b\omega} & n \leqslant N-b \\ \dfrac{s(n-b) - s(n+b)}{2\sin b\omega} & N-b \leqslant n \leqslant b+1 \\ \dfrac{s(n-b) - s(n)\cos b\omega}{\sin b\omega} & n \geqslant b+1 \end{cases} \tag{3.93}$$

由上述分析可知，本节给出的 90°相移方法能够准确实现正弦信号的 90°相移，消除了 90°相移对整周期采样或者采样频率的依赖性，有助于实现正弦信号相位差的无偏估计。

为了实现相移信号与时变信号正交分量的相位匹配，利用时变信号的频率估计值 $\hat{\omega}(n)$、$x(n)$、$x(n+b)$ 及 $x(n-b)$ 计算 $x(n)$ 的相移信号 $\hat{x}(n)$，得：

$$\hat{x}(n)=\begin{cases}\dfrac{x(n)\cos[\varphi_{\hat{\omega}}(n+b)-\varphi_{\hat{\omega}}(n)]-x(n+b)}{\sin[\varphi_{\hat{\omega}}(n+b)-\varphi_{\hat{\omega}}(n)]} & 1\leqslant n\leqslant N-b\\ \dfrac{x(n-b)-x(n)\cos[\varphi_{\hat{\omega}}(n)-\varphi_{\hat{\omega}}(n-b)]}{\sin[\varphi_{\hat{\omega}}(n)-\varphi_{\hat{\omega}}(n-b)]} & n>N-b\end{cases} \tag{3.94}$$

式中，$\varphi_{\hat{\omega}}(n)=n\hat{\omega}(n)$。

对于 $x(n)$，当 b 取值比较小时，可近似认为 $A(n)\simeq A(n-b)$，所以 $\hat{x}(n)$ 的期望值 $E[\hat{x}(n)]$ 为：

$$E[\hat{x}(n)]=A(n)\sin[n\omega(n)+\theta_1] \tag{3.95}$$

因此，当 $A(n)\simeq A(n-b)$ 和 $\hat{\omega}(n)\simeq\omega(n)$ 时，$\hat{x}(n)$ 与 $x(n)$ 的正交分量相位匹配。

同理，计算时变信号 $y(n)$ 的相移信号 $\hat{y}(n)$，得：

$$\hat{y}(n)=\begin{cases}\dfrac{y(n)\cos[\varphi_{\hat{\omega}}(n+b)-\varphi_{\hat{\omega}}(n)]-y(n+b)}{\sin[\varphi_{\hat{\omega}}(n+b)-\varphi_{\hat{\omega}}(n)]} & 1\leqslant n\leqslant N-b\\ \dfrac{y(n-b)-y(n)\cos[\varphi_{\hat{\omega}}(n)-\varphi_{\hat{\omega}}(n-b)]}{\sin[\varphi_{\hat{\omega}}(n)-\varphi_{\hat{\omega}}(n-b)]} & n>N-b\end{cases} \tag{3.96}$$

对于 $y(n)$，当 b 取值比较小时，可近似认为 $B(n)\simeq B(n-b)$，所以 $\hat{y}(n)$ 的期望值 $E[\hat{y}(n)]$ 为：

$$E[\hat{y}(n)]=B(n)\sin[n\omega(n)+\theta_2] \tag{3.97}$$

(3) 时变复信号的变频 DTFT

为了获得 $x(n)$ 的初相位，利用 $x(n)$ 及 $\hat{x}(n)$ 进行复信号合成，得到时变复信号 $x_h(n)$ 为：

$$x_h(n)=x(n)+j\hat{x}(n) \tag{3.98}$$

由于 $h(n)$ 与 $x_h(n)$ 频率匹配，所以为获得 $x_h(n)$ 的初相位，计算 $x_h(n)$ 的变频 DTFT，得：

$$X(\hat{\omega})=\sum_{n=1}^{N}[h^*(n)x_h(n)] \tag{3.99}$$

根据 $X(\hat{\omega})$ 计算 $x(n)$ 的初相位 $\hat{\theta}_1$，得：

$$\hat{\theta}_1=\text{angle}[X(\hat{\omega})] \tag{3.100}$$

利用 $y(n)$ 及 $\hat{y}(n)$ 进行复信号合成，得到时变复信号 $y_h(n)$ 为：

$$y_h(n)=y(n)+j\hat{y}(n) \tag{3.101}$$

计算 $y_h(n)$ 的变频 DTFT，得：

$$Y(\hat{\omega})=\sum_{n=1}^{N}[h^*(n)y_h(n)] \tag{3.102}$$

根据 $Y(\hat{\omega})$ 计算 $y(n)$ 的初相位 $\hat{\theta}_2$，得：

$$\hat{\theta}_2=\text{angle}[Y(\hat{\omega})] \tag{3.103}$$

因此，$x(n)$和$y(n)$的相位差$\Delta\theta$为：

$$\Delta\theta=\text{angle}[Y(\hat{\omega})]-\text{angle}[X(\hat{\omega})] \tag{3.104}$$

需要指出的是，本节算法既可以实现频率、幅值不变条件下采样信号的相位差估计，又可以实现时变信号的相位差估计。

由上述分析可知，本节算法的计算流程如下所示：

1）计算时变信号$x(n)$和$y(n)$的频率估计值$\hat{\omega}(n)$，并根据频率估计值$\hat{\omega}(n)$生成参考信号$h(n)$；

2）分别利用式(3.94)和式(3.96)计算相移信号$\hat{x}(n)$和$\hat{y}(n)$；

3）分别利用式(3.98)和式(3.101)进行复信号合成，得到时变复信号$x_h(n)$和$y_h(n)$；

4）分别利用式(3.99)和式(3.102)计算时变复信号$x_h(n)$和$y_h(n)$的变频DTFT，得到$X(\hat{\omega})$和$Y(\hat{\omega})$，并利用式(3.104)计算两路时变信号的相位差。

3.2.4 计算验证

为验证本节所提算法的有效性，对本节算法、Hilbert 变换算法(HT)、正交时延估计算法(QDE)、正交解调算法(DQD)、NFC-DTFT 进行仿真比较实验。仿真实验中，时变信号的幅值$A(n)$和$B(n)$、频率$\omega(n)$按随机游动模型变化[147]，即：

$$\omega(n)=\omega(n-1)+\delta_{\omega}\sigma_{\omega}e_{\omega}(n) \tag{3.105}$$

$$A(n)=A(n-1)+\delta_{A}\sigma_{A}e_{A}(n) \tag{3.106}$$

$$B(n)=B(n-1)+\delta_{B}\sigma_{B}e_{B}(n) \tag{3.107}$$

设定$A(0)=B(0)=1$，$\theta_1\in[-\pi,\ \pi)$，$\theta_2=\theta_1+\Delta\theta$，$\omega(0)=0.146\pi$，实验中所加噪声为高斯白噪声，$\sigma_{\omega}=10^{-5}$，$\sigma_A=\sigma_B=10^{-5}$，每组实验各进行 1000 次蒙特卡罗实验，考虑到自适应陷波滤波器的收敛速度，每次实验从第 4000 个采样点起计算两路时变信号的相位差。

(1) 不同噪声条件下

为了说明本节算法在不同噪声条件下的相位差估计性能，在无噪声($SNR=+\infty$、$\delta_{\omega}=\delta_A=\delta_B=0$)、$N=300$ 和加噪声($SNR=30\text{dB}$、$\delta_{\omega}=\delta_A=\delta_B=0.5$)、$N=300$ 两种条件下对本节算法、Hilbert 变换算法、正交时延估计算法、正交解调算法、计及负频率影响的 DTFT 算法进行仿真实验，图 3.18 和图 3.19 给出了五种算法的相位差估计值。

在无噪声条件下，受采样信号非半周期采样、非整周期采样的影响，正交解调算法和 Hilbert 变换算法的相位差估计值在相位差真实值附近周期波动，为有偏估计。受采样信号相移角度不等于 90°的影响，正交时延估计算法的相位差估计值小于相位差真实值，为有偏估计。相比 Hilbert 变换算法、正交解调算法和正交时延估计算法，本节算法和计及负频率影响的 DTFT 算法的相位差估计值更接近相位差真实值。

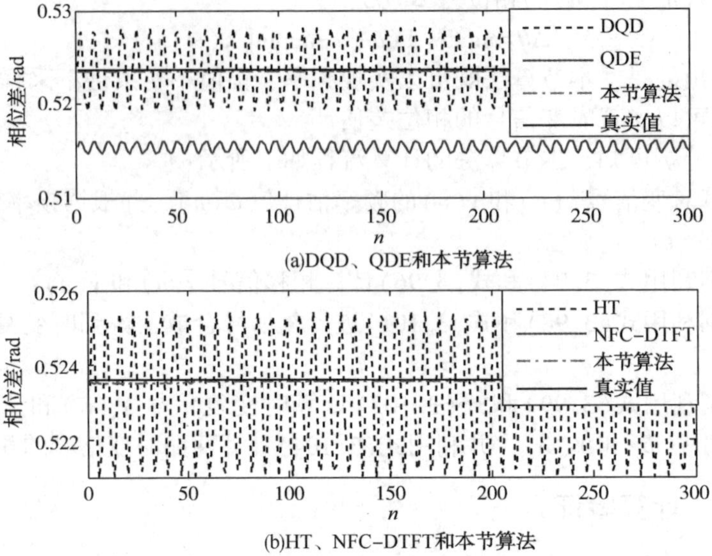

图 3. 18　无噪声条件下的相位差估计值

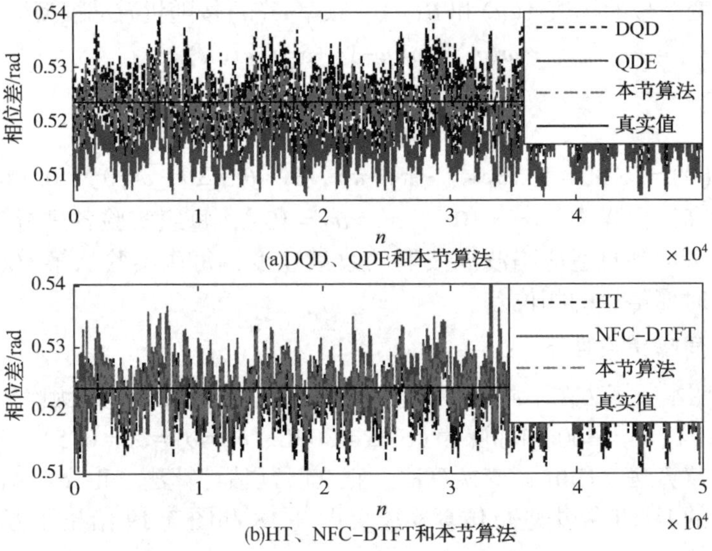

图 3. 19　加噪声条件下的相位差估计值

在加噪声条件下，五种算法的相位差估计值均在相位差真实值附近波动，本节算法相位差估计值的波动范围明显小于正交解调算法、正交时延估计算法和 Hilbert 变换算法、计及负频率影响的 DTFT 算法相位差估计值的波动范围。本节算法相位差估计值的均方误差为-48. 97dB，而正交解调算法、正交时延估计算法和 Hilbert 变换算法、计及负频率影响的 DTFT 算法相位差估计值的均方误差依次为-45.97dB、-39.87dB、-47.57dB 和-47.88dB。因此，本节算法相位差估计值的均方误差小于其他四种算法相位差估计值的均方误差，其相位差估计值更接近相位差真实值。

（2）不同信号长度条件下

为了说明本节算法在不同信号长度条件下的相位差估计性能，在 $SNR=30\text{dB}$ 的条件下进行仿真实验，实验结果如图 3.20 所示。

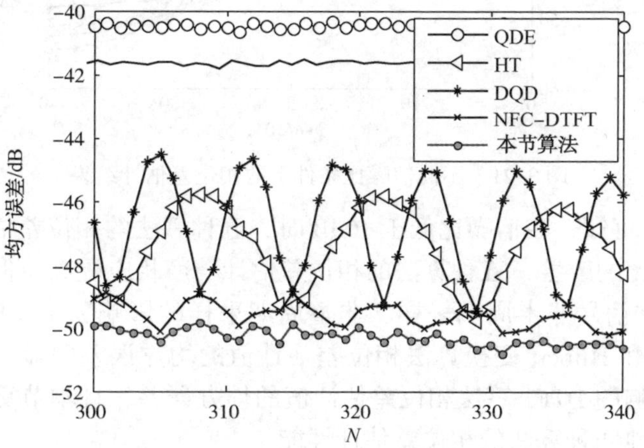

图 3.20　不同信号长度条件下的相位差估计结果

由图 3.20 可知，受采样信号相移角度不等于 90°的影响，正交时延估计算法相位差估计值的均方误差基本保持在-40.50dB 左右。当信号长度满足半周期采样，即 $N\omega=q_l\pi$（q_l 为整数）时，如 $N=308$、315 等，正交解调算法相位差估计值的均方误差较小；反之，当信号长度不满足半周期采样，即 $N\omega\neq q_l\pi$（q_l 为整数）时，如 $N=305$、312 等，正交解调算法相位差估计值的均方误差较大。当信号长度满足整周期采样，即 $N\omega=2q_l\pi$（q_l 为整数）时，如 $N=315$、329 等，Hilbert 变换算法相位差估计值的均方误差较小；反之，当信号长度不满足整周期采样，即 $N\omega\neq 2q_l\pi$（q_l 为整数）时，如 $N-308$、322 等，Hilbert 变换算法相位差估计值的均方误差较大。本节算法不受采样信号非半周期采样的影响，在不同信号长度条件下均具有较好的相位差估计性能。在信号长度 $N\in[300,\ 340]$ 区间，本节算法相位差估计值的均方误差平均值为-50.28dB，而正交时延估计算法、Hilbert 变换算法、正交解调算法和计及负频率影响的 DTFT 算法相位差估计值的均方误差平均值分别为-40.49dB、-47.44dB、-46.73dB 和-49.60dB。

（3）不同信噪比条件下

为了说明本节算法在不同信噪比条件下的相位差估计性能，在 $N=300$ 的条件下进行仿真实验，实验结果如图 3.21 所示。

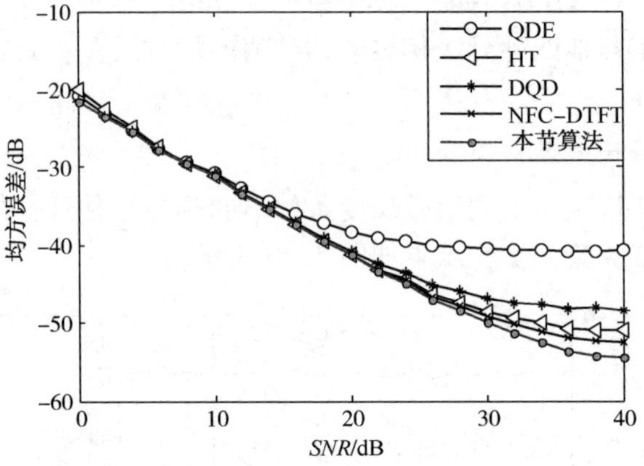

图 3.21　不同信噪比条件下的相位差估计结果

由图 3.21 可知，在信噪比低于 10dB 时，五种算法的相位差估计精度基本相同。随着信噪比的改善，五种算法的相位差估计精度相应提高，但受相移角度不等于 90°、采样信号非半周期采样、非整周期采样的影响，正交时延估计算法、正交解调算法和 Hilbert 变换算法相位差估计值的均方误差明显大于本节算法和计及负频率影响的 DTFT 算法相位差估计值的均方误差，且本节算法的相位差估计性能优于其他四种算法的相位差估计性能。

3.3　本章小结

针对时变信号，首先分析了陷波器法，介绍了具体的两种算法，并进行了计算验证。其次介绍了相频匹配原理，给出了相频匹配算法，通过仿真分析，相频匹配算法具有相当高的相位差估计精度。

4 衰减信号处理算法

针对幅值衰减信号，即 $x(n)=ae^{-\eta n}\cos(\omega n+\theta)+z(n)\quad 0\leqslant n\leqslant N-1$，衰减因子 $\eta>0$ 的实信号，其参数估计精度受频谱泄漏的影响较大。为此，本章介绍了三种参数估计算法，旨在提升抑制频谱泄漏的能力，提高信号参数的估计精度，特别是在低频或中高信噪比条件下的参数估计精度。下面，分别介绍三种算法思想，给出流程步骤，分析算法性能，并进行计算验证。

4.1 相减策略的参数估计算法

为抑制频谱泄漏的影响，提高低频或中、高信噪比下的参数估计精度，介绍一种相减策略的参数估计算法。下面，分别从算法思想、流程步骤、性能分析和计算验证四个方面对本算法进行介绍。

4.1.1 算法思想

根据欧拉公式，采样信号可改写为：

$$x(n)=Ae^{-\eta n}e^{j\omega n}+A^{*}e^{-\eta n}e^{-j\omega n} \tag{4.1}$$

等式左边部分为采样信号，等式右边第一项为只含有正频率成分的复信号，右边第二项为只含有负频率成分的复信号。受等式右边第二项的影响，信号参数估计的精度不高。因此，考虑将等式右边第二项减去，则采样信号中只含有正频率成分，并将这种方式称为相减策略。

在利用相减策略的基础上，所设计的参数估计算法思想如图 4.1 所示。

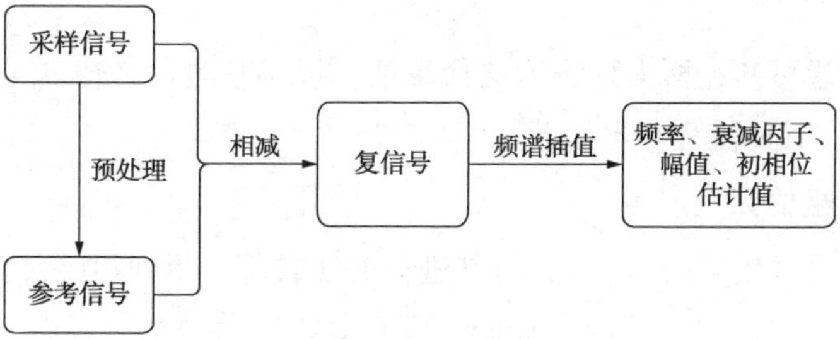

图 4.1　相减策略的参数估计思想

1）对信号进行预处理，构造只含有负频率成分的参考信号，即式(4.1)右边第二项。

2）通过相减策略将实信号和参考信号相减，得到只含有正频率成分的复信号，即式(4.1)右边第一项。

3）设计迭代频谱插值算法对生成的复信号进行处理，得到精确的参数估计值。

根据相减策略思想，设计的算法思想如图 4.2 所示。

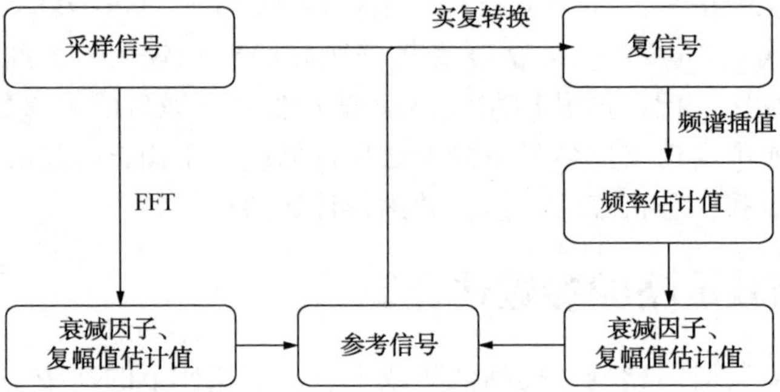

图 4.2　算法思想

1）利用 FFT 法对采样信号进行频谱分析，得到准确的频谱索引值 k_0 和粗略的复幅值估计值。

2）根据参数估计值，构造只含有负频率成分的参考信号。

3）利用相减策略，将采样信号和参考信号相减得到复信号，以减少实信号中负频率成分，抑制频谱泄漏的影响。

4）对复信号频谱进行插值分析，得到较准确的偏移量、衰减因子和复幅值，并重新生成参考信号和复信号，通过迭代计算以进一步抑制频谱泄漏的影响，最终得到精确的频率、衰减因子、初幅值和初相位估计值。

4.1.2　流程步骤

由算法思想可知，所提算法为迭代算法，设偏移量的初值 $\hat{\delta}_0=0$，迭代次数为 i，$1\leqslant i\leqslant I$，具体流程步骤如下。

(1) 参数粗估计

首先，设采样信号为 $x^0(n)$，对其进行 FFT 计算，得到频谱索引值。

$$k_0=\underset{0\leqslant k\leqslant N/2-1}{\operatorname{argmax}}\left|\mathrm{FFT}[x^0(n)]\right|^2 \tag{4.2}$$

其次，在 k_0 两边进行频谱插值，插值间隔为 0.5，则插值点的频谱为：

$$X_p = \sum_{n=0}^{N-1} x^{i-1}(n)\mathrm{e}^{-j(k_0+\hat{\delta}_{i-1}+p)\omega_s n}$$

$$= A\frac{1-\mathrm{e}^{-\eta N+j(\delta_i-\delta_{i-1}-p)\omega_s N}}{1-\mathrm{e}^{-\eta+j(\delta_i-\delta_{i-1}-p)\omega_s}} + A^*\frac{1-\mathrm{e}^{-\eta N-j(2k_0+\delta_i+\delta_{i-1}+p)\omega_s N}}{1-\mathrm{e}^{-\eta-j(2k_0+\delta_i+\delta_{i-1}+p)\omega_s}} + Z_p \quad p=\pm 0.5 \tag{4.3}$$

忽略频谱泄漏和噪声的影响，插值点频谱可表示为：

$$X_p = A\frac{1-\mathrm{e}^{-\eta N+j(\delta_i-\delta_{i-1}-p)\omega_s N}}{1-\mathrm{e}^{-\eta+j(\delta_i-\delta_{i-1}-p)\omega_s}}$$

$$= B_p\frac{\eta-j(\delta_i-\delta_{i-1})\omega_s}{1-\mathrm{e}^{-\eta+j(\delta_i-\delta_{i-1})\omega_s}\mathrm{e}^{-jp\omega_s}} \quad p=\pm 0.5 \tag{4.4}$$

式中，$B_p=\frac{A[1-\mathrm{e}^{-\eta N+j(\delta_i-\delta_{i-1}-p)\omega_s N}]}{\eta-j(\delta_i-\delta_{i-1})\omega_s}$。

由于 $B_{0.5}=B_{-0.5}$，则可利用插值点的频谱构造中间变量：

$$h=\cos\left(\frac{\pi}{N}\right)-j\sin\left(\frac{\pi}{N}\right)\frac{X_{0.5}+X_{-0.5}}{X_{0.5}-X_{-0.5}}$$

$$=\cos\left(\frac{\pi}{N}\right)-j\sin\left(\frac{\pi}{N}\right)\frac{\dfrac{1}{1-\mathrm{e}^{-\eta+j(\delta_i-\delta_{i-1})\frac{2\pi}{N}}\mathrm{e}^{-j\frac{\pi}{N}}}+\dfrac{1}{1-\mathrm{e}^{-\eta+j(\delta_i-\delta_{i-1})\frac{2\pi}{N}}\mathrm{e}^{j\frac{\pi}{N}}}}{\dfrac{1}{1-\mathrm{e}^{-\eta+j(\delta_i-\delta_{i-1})\frac{2\pi}{N}}\mathrm{e}^{-j\frac{\pi}{N}}}-\dfrac{1}{1-\mathrm{e}^{-\eta+j(\delta_i-\delta_{i-1})\frac{2\pi}{N}}\mathrm{e}^{j\frac{\pi}{N}}}}$$

$$=\mathrm{e}^{\eta-j(\delta_i-\delta_{i-1})\frac{2\pi}{N}} \tag{4.5}$$

再次，估计偏移量和衰减因子。

$$\begin{cases}\hat{\eta}_i=\mathrm{Re}[\ln h]\\ \hat{\delta}_i=\hat{\delta}_{i-1}-\dfrac{N}{2\pi}\mathrm{Im}[\ln h]\end{cases} \tag{4.6}$$

最后，对采样信号进行频谱分析，估计信号复幅值。

$$X_k = \sum_{n=0}^{N-1} x^{i-1}(n)\mathrm{e}^{-jk\omega_s n}$$

$$= A\frac{1-\mathrm{e}^{(-\eta+j\omega)N}}{1-\mathrm{e}^{-\eta+j(\omega-k\omega_s)}} + A^*\frac{1-\mathrm{e}^{-(\eta+j\omega)N}}{1-\mathrm{e}^{-\eta-j(\omega+k\omega_s)}} + Z_k$$

$$= X_k^+ + X_k^- + Z_k \quad k=0,1,\cdots,N-1 \tag{4.7}$$

式中，X_k、X_k^+、X_k^- 与 Z_k 分别表示采样信号及其正频率成分、负频率成分和噪声的频谱。

由于频谱分析法具有很强的抗噪性，噪声的频谱值 $|Z_k|\approx 0$，可利用最小二乘法构造误差函数。

$$J_k = \sum_{k=0}^{N-1}(X_k - X_k^+ - X_k^-)^2 \tag{4.8}$$

根据偏移量和衰减因子估计值，通过最小化误差函数，可得到信号复幅值。

$$\hat{A}_i = \frac{\sum_{k=0}^{N-1}(X_k - \hat{A}_i^* C_1/C_2)/C_3^*}{\sum_{k=0}^{N-1} C_1/C_3 C_3^*} \tag{4.9}$$

式中，$C_1=1-\mathrm{e}^{-\hat{\eta}_i N-j(k_0+\hat{\delta}_i)\omega_s N}$，$C_2=1-\mathrm{e}^{-\hat{\eta}_i-j(k_0+\hat{\delta}_i+k)\omega_s}$，$C_3=1-\mathrm{e}^{-\hat{\eta}_i+j(k_0+\hat{\delta}_i-k)\omega_s}$。

(2) 构造参考信号

根据各参数的估计值，利用式(4.10)构造只含有负频率成分的参考信号 $r^i(n)$。

$$r^i(n)=\hat{A}_i^*\,\mathrm{e}^{-\hat{\eta}_i n}\mathrm{e}^{-j(k_0+\hat{\delta}_i)\omega_s n} \quad n=0,\ 1,\ \cdots,\ N-1 \tag{4.10}$$

(3) 相减策略

得到参考信号后，根据相减策略，将采样信号与参考信号相减，减少采样信号中负频率分量的影响。

$$x^i(n)=x^0(n)-r^i(n) \tag{4.11}$$

(4) 参数精估计

得到复信号后，通过迭代计算式(4.3)、式(4.5)~式(4.7)和式(4.9)~式(4.11)，可逐步减少采样信号中的负频率成分，得到精确的偏移量、衰减因子和复幅值估计值。再利用式(4.12)求出精确的信号频率估计值，最后利用式(4.13)计算出精确的初幅值和初相位估计值。

$$\hat{\omega}=(k_0+\hat{\delta}_I)\omega_s \tag{4.12}$$

$$\begin{cases}\hat{a}=2|\hat{A}_I| \\ \hat{\theta}=\angle\hat{A}_I\end{cases} \tag{4.13}$$

综上分析，相减策略的参数估计算法的具体流程如下。

1) 利用式(4.2)得到信号频谱索引值 k_0，利用式(4.3)、式(4.5)和式(4.6)估计偏移量和衰减因子，利用式(4.7)和式(4.9)估计复幅值；

2) 利用式(4.10)构造只含有负频率成分的参考信号；

3) 利用式(4.11)减去采样信号中的负频率成分；

4) 迭代计算步骤1)、2)和3)，得到精确的偏移量、衰减因子和复幅值估计值，并利用式(4.12)和式(4.13)计算精确的频率、初幅值和初相位估计值。

4.1.3 性能分析

所提算法属于迭代类算法，下面分别对迭代次数和计算复杂度进行分析。

(1) 迭代次数

为说明所提算法在不同迭代次数下的频率估计性能，设 $N=128$，$SNR=30\text{dB}$，频谱索引值 k_0 从 2 以步长 1 增加到 32，偏移量 $\delta=0.2$。分别在迭代次数为 1、2、3 和 4 的条件下进行了仿真实验，结果如图 4.3 所示。

经由 1 次迭代计算，算法的估计结果较差。迭代次数 $I\geqslant 2$ 时，算法的估计性能得到了极大提升，但当信号频率较低时，2 次迭代的估计性能略差于 3 次和 4 次迭代的估计性能。在全频率变化范围内，3 次和 4 次迭代具有相当的估计性能。综合考虑算法的估计精度和实时性，本算法推荐使用 3 次迭代计算。

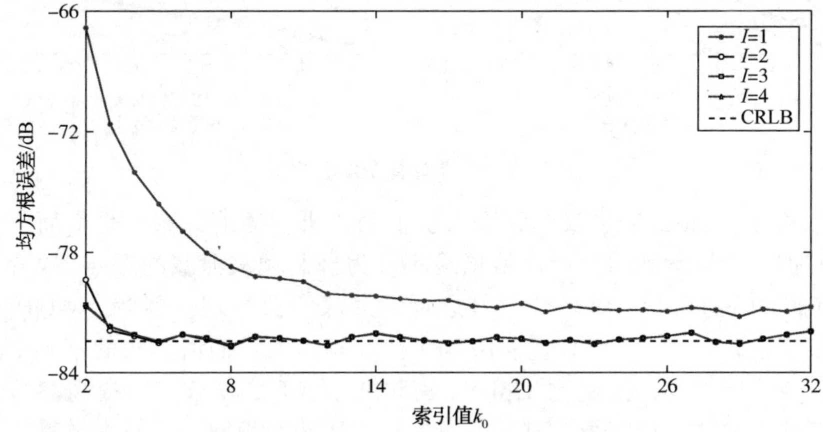

图 4.3 不同迭代次数下的频率估计结果

(2) 计算复杂度

分析计算复杂度时，仍省略简单的操作步骤。下面，对迭代插值法（IIpDFT）[131]、两点插值法（Two Points Interpolated Discrete Fourier Transform，TIpDFT）[132]、加窗插值法（Window Interpolated Discrete Fourier Transform，WIpDFT）[125]以及本节算法进行分析，统计结果如表 4.1 所示，仿真结果如图 4.4 所示。

表 4.1 计算复杂度分析

算法	加法	乘法
IIpDFT 法	$3N\log_2^N+27N$	$2N\log_2^N+63N$
TIpDFT 法	$3N\log_2^N+6N$	$2N\log_2^N+9N$
WIpDFT 法	$3N\log_2^N+6N$	$2N\log_2^N+10N$
本节算法	$9N\log_2^N+36N$	$6N\log_2^N+54N$

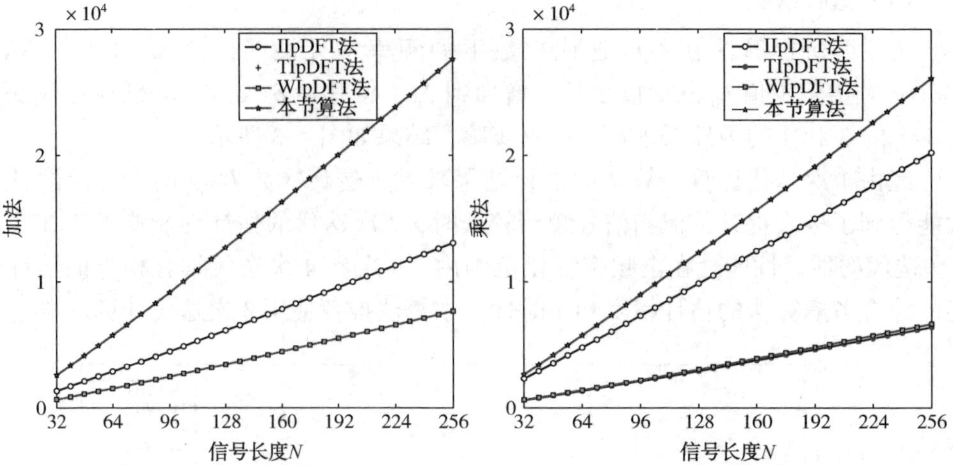

(a)加法计算量　　(b)乘法计算量

图 4.4　计算复杂度分析

可以看出，TIpDFT 法仅对频谱索引值两边进行插值计算，是最简单的插值算法，其加法计算量和乘法计算量均最小。为抑制频谱泄漏的影响，WIpDFT 法在 TIpDFT 法的基础上，对采样信号进行了加汉宁窗处理。因此，WIpDFT 法仅比 TIpDFT 法多 N 次乘法计算量。IIpDFT 法在频谱两点插值算法的基础上，增加了迭代计算，因此其计算量比 TIpDFT 法和 WIpDFT 法复杂。为提高参数估计精度，本节算法增加了计算量，其计算量略高于所选的频域法。但本节算法在未大幅度增加计算量的基础上，抑制了频谱泄漏的影响。

4.1.4　计算验证

为验证所提算法的参数估计性能，分别在不同条件下主要以频率估计为例进行计算验证，并对计算结果进行比较分析。

不失一般性，仿真时，设衰减信号幅度$\sqrt{2}$，且无特别说明时，初相位在$(-\pi,\ \pi)$随机取值。为减少随机误差，每组实验分别进行 1000 次蒙特卡罗实验，并将计算结果与衰减信号参数估计均方误差下限(克拉美罗下限，CRLB)进行对比。

$$\begin{cases}\operatorname{var}(\hat{\omega})=\operatorname{var}(\hat{\eta})\geqslant\dfrac{(1-d^2)^3(1-d^{2N})}{[-N^2d^{2N}(1-d^2)^2+d^2\ (1-d^{2N})^2]SNR}\\[2ex]\operatorname{var}(\hat{\theta})=\operatorname{var}(\hat{a})\geqslant\dfrac{1-d^2}{SNR}\left(1+\dfrac{d^2(1-d^{2N})(d^2+d^{2N})-2Nd^{2N+2}(1-d^2)}{-N^2d^{2N}(1-d^2)^2+d^2\ (1-d^{2N})^2}\right)\end{cases}\tag{4.14}$$

式中，$d=e^{-n}$。

(1) 频率估计

为检验所提算法的频率估计精度，分别在无噪声、不同信噪比、不同信号频率、不同信号长度以及不同衰减程度条件下对本节算法、上述算法以及 CRLB 进行仿真对比分析。

1) 无噪声。为检验所提算法对频谱泄漏的抑制能力，在无噪声干扰条件下进行仿真实验。仿真时，设 $\eta=0.002$，$N=128$，信号频率由 0.02π 以 0.02π 为步长增长到 0.5π，结果如图 4.5 所示。

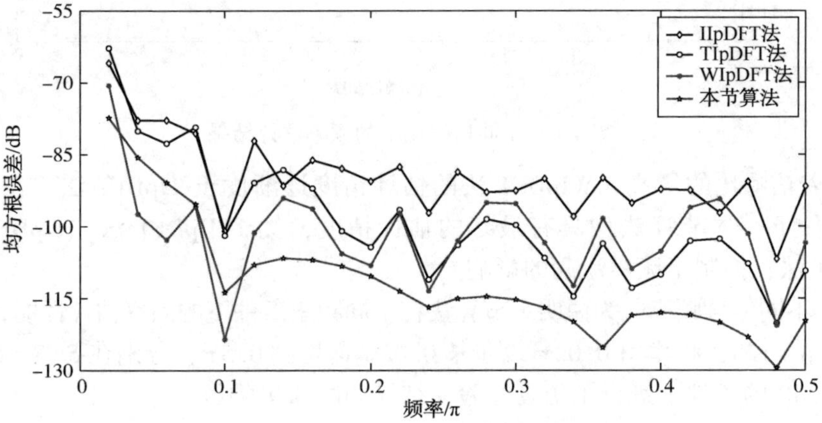

图 4.5　无噪声条件下的频率估计结果

无噪声影响时，频域法的参数估计性能受频谱泄漏的影响。由于 IIpDFT 法是针对复信号设计的参数估计算法，无法抑制实信号中频谱泄漏的影响，其频率估计精度最低。当 $0<\omega\leqslant0.25\pi$ 时，频谱泄漏严重，WIpDFT 法抑制了频谱泄漏的影响，其估计精度优于 TIpDFT 法；当 $0.25\pi<\omega\leqslant0.5\pi$ 时，频谱泄漏减少，但加汉宁窗损失了信号能量，因此 WIpDFT 法的估计精度低于 TIpDFT 法。全频率范围内，本节算法具有良好的频谱泄漏抑制能力，优于其他几种算法，达到了算法的设计目的。当 $0<\omega\leqslant0.1\pi$ 时，WIpDFT 法的频谱抑制能力强于本节算法，但在有噪声干扰的情况，本节算法的参数估计性能更好，将在后续的实验中进行验证。

2) 不同信噪比。为验证噪声对本节算法的影响，在不同信噪比条件下进行仿真实验。仿真时，设 $\eta=0.002$，$N=128$，$\omega=0.191\pi$，信噪比由 -5dB 以步长 2dB 递增到 55dB，结果如图 4.6 所示。

当信噪比低时，信号参数估计性能主要受噪声影响，频谱泄漏的影响较低，所以针对复信号的 IIpDFT 法具有很高的估计精度，估计结果接近 CRLB。当信噪比大于 20dB，频谱泄漏的影响逐渐增大时，IIpDFT 法的估计精度随着信噪比升高而逐渐降低，并达到饱和。TIpDFT 法和 WIpDFT 法均存在估计偏差，分别与 CRLB 存在约 3.15dB 和 6.12dB 的估计偏差。由于加汉宁窗抑制了频谱泄漏的影

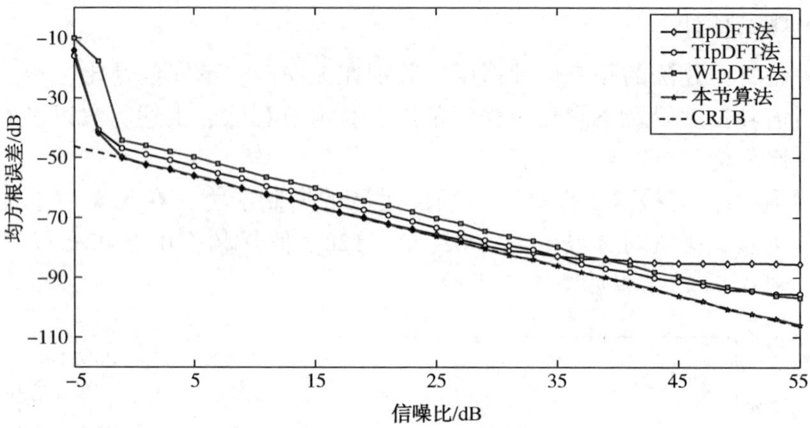

图 4.6　不同信噪比下的频率估计结果

响，随着信噪比的增高，WIpDFT 法的估计精度逐渐优于 TIpDFT 法。在不同信噪比条件下，本节算法均具有最好的估计精度，优于 IIpDFT 法、TIpDFT 法和 WIpDFT 法，抑制了频谱泄漏的影响。

3）不同信号频率。为说明本节算法在不同频率条件下的频率估计性能，设 $\eta=0.002$，$N=128$，频率由 0.02π 以步长 0.02π 递增到 0.5π，分别在 $SNR=10$dB 和 $SNR=30$dB 的条件下进行了仿真实验，结果如图 4.7 所示。

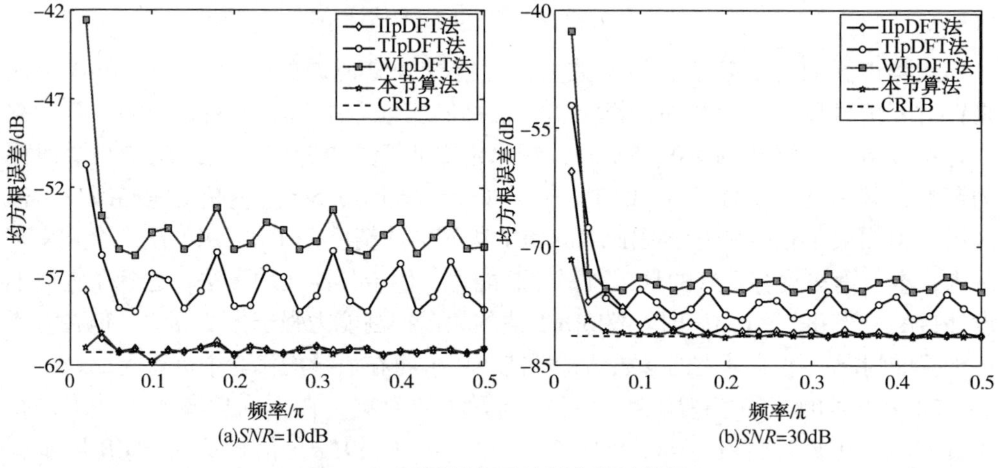

图 4.7　不同频率下的频率估计结果

当噪声干扰严重，即 $SNR=10$dB 时，频域法受噪声影响大于频谱泄漏的影响。TIpDFT 法和 WIpDFT 法的估计精度均较差，波动较大，TIpDFT 法优于 WIpDFT 法，与不同信噪比下的分析结果一致。本节算法和 IIpDFT 法具有较高的估计精度，优于 TIpDFT 法和 WIpDFT 法，更接近 CRLB，在信号频率较低时，本节算法的估计性能更优。

当频谱泄漏严重，即 $SNR=30$dB 时，受频谱泄漏的影响，IIpDFT 法的估计性能随着信号频率减小而下降，仍优于 TIpDFT 法和 WIpDFT 法。本节算法在全频率范围内均优于其他算法，具有最好的估计精度，特别在信号频率较低时，估计优势更加明显。

4）不同信号长度。为说明所提算法在不同信号长度下的频率估计性能，设 $SNR=30$dB，$\omega=0.191\pi$，$\eta=0.002$，在信号长度 N 由 32 以 8 为步长递增到 256 的条件下进行了仿真实验，结果如图 4.8 所示。

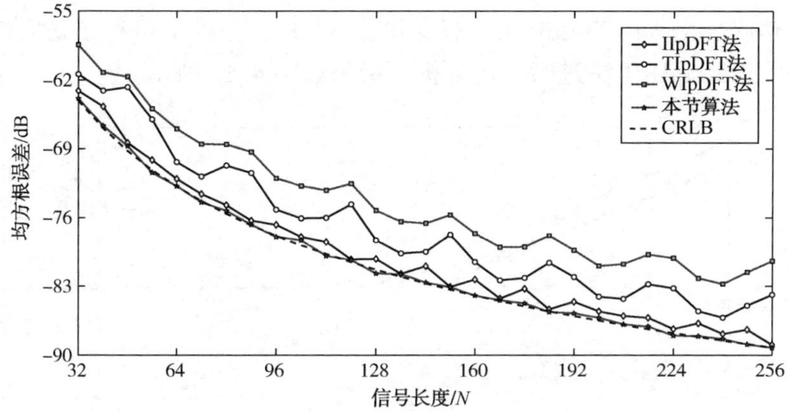

图 4.8　不同信号长度下的频率估计结果

随着信号长度的增加，所有算法的估计精度均得到了提高。在不同信号长度下，本节算法的估计性能均优于 IIpDFT 法、TIpDFT 法和 WIpDFT 法，当信号长度较短时，本节算法的性能具有明显的优势。

5）不同衰减程度。为说明所提算法在不同衰减程度下的频率估计性能，设 $SNR=30$dB，$N=128$，$\omega=0.191\pi$，在 η 由 1×10^{-3} 以 1×10^{-4} 的步长递增到 3×10^{-3} 的条件下进行了仿真实验，结果如图 4.9 所示。

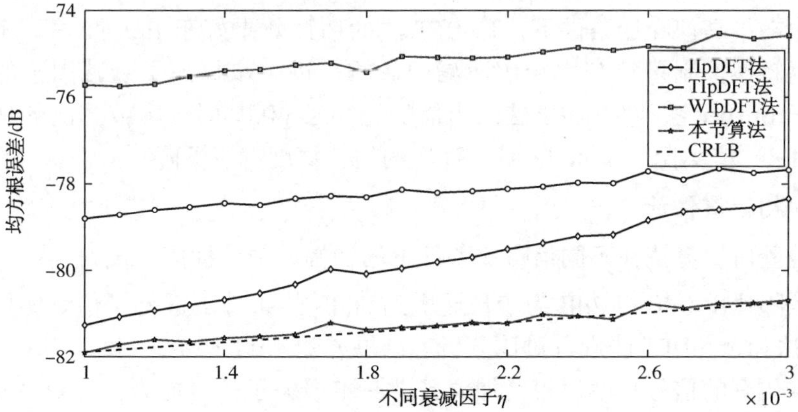

图 4.9　不同衰减程度下的频率估计结果

在不同衰减程度下，IIpDFT 法、TIpDFT 法和 WIpDFT 法均存在估计偏差，IIpDFT 法优于 TIpDFT 法，TIpDFT 法优于 WIpDFT 法。随着衰减程度增加，TIpDFT 法和 WIpDFT 法保持了相当的估计性能，IIpDFT 法的估计性能逐渐下降。所提算法在不同衰减程度下均具有良好的估计精度，估计结果靠近 CRLB，优于其他算法。

（2）衰减因子估计

为检验所提算法在不同信噪比条件下的衰减因子估计性能，设 $k_0=4$，δ 随机取值，在信噪比由 0dB 以 2dB 为步长递增到 50dB 的条件下进行了仿真实验，并与 IIpDFT 法和 TIpDFT 法进行对比分析，结果如图 4.10 所示。

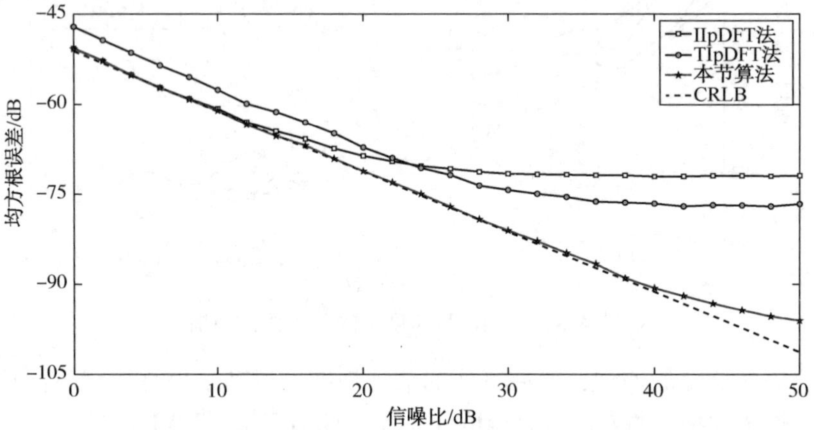

图 4.10　不同信噪比下的衰减因子估计结果

在低信噪比下，频谱泄漏的影响较小，IIpDFT 法的衰减因子估计精度较高，接近 CRLB，随着信噪比增加，频谱泄漏的影响变大，IIpDFT 法的估计效果逐渐饱和。当信噪比低于 20dB 时，两点插值 TIpDFT 法与 CRLB 存在约 3.4dB 的估计误差，但在中高信噪比条件下，TIpDFT 法的估计效果好于 IIpDFT 法。本节算法通过实复转换抑制了负频率频谱泄漏的影响，进一步提高了衰减因子的估计精度，优于 IIpDFT 法和 TIpDFT 法。当信噪比小于 40dB 时，本节算法的估计结果靠近 CRLB，信噪比高于 40dB 时，算法的估计精度有所下降。

（3）初幅值估计

为检验所提算法在不同信噪比条件下的初幅值估计性能，设 $k_0=4$，δ 随机取值，在信噪比由 0dB 以 2dB 为步长递增到 50dB 的条件下进行了仿真实验，并与 TIpDFT 法和 WIpDFT 法进行对比分析，结果如图 4.11 所示。

由于仿真的信号长度较短，加窗又进一步损失了信号能力，导致 WIpDFT 法的初幅值估计效果较差。TIpDFT 法通过四点插值提高了初幅值的估计精度，优于 WIpDFT 法。本节算法通过实复转换，具有更好的初幅值的估计效果，优于 TIpDFT 法和 WIpDFT 法。

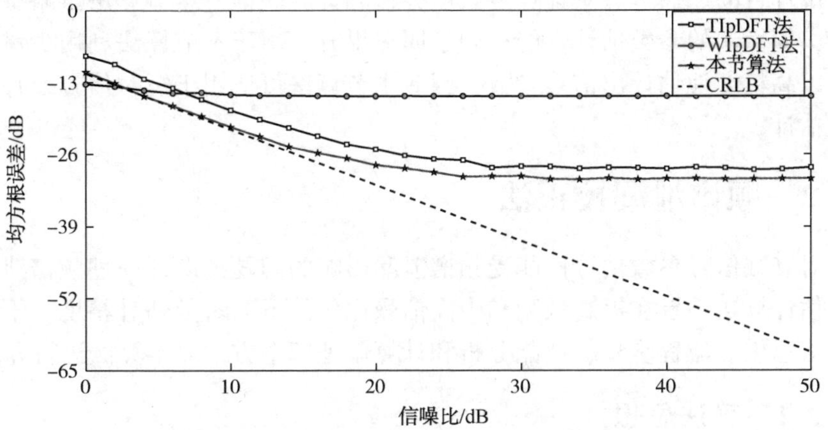

图 4.11　不同信噪比下的幅值估计结果

（4）初相位估计

为检验本节算法在不同信噪比条件下的初相位估计性能，设 $k_0=4$，δ 随机取值，初相位 $\theta=\pi/6$，在信噪比由 0dB 以 2dB 为步长增加到 50dB 的条件下进行了仿真实验，并与 WIpDFT 法和 TIpDFT 法进行了对比分析，结果如图 4.12 所示。

可以看出：WIpDFT 法通过加窗损失了信号能量，其初相位估计误差较高，TIpDFT 法通过两点插值抑制了频谱泄漏的影响，提高了初相位的估计精度。本节算法在低信噪比下的初相位估计精度较高，接近 CRLB，但当信噪比大于 15dB 后，初相位的估计效果逐渐达到饱和，需要进一步提高。

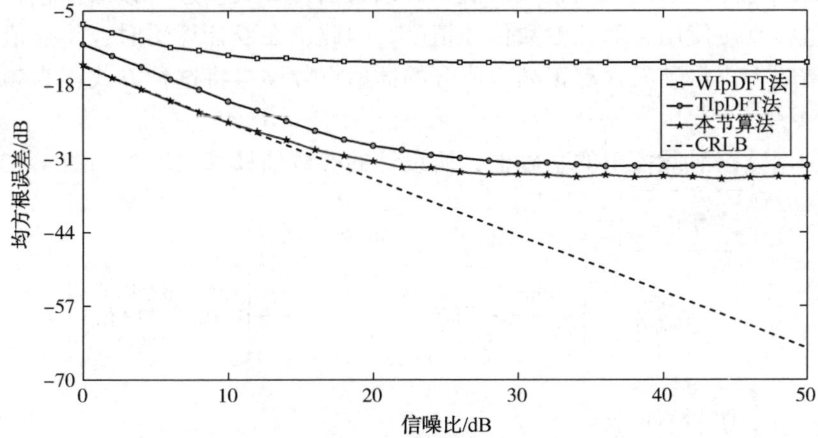

图 4.12　不同信噪比下的初相位估计结果

不同条件下的仿真实验结果表明，本节算法有效地抑制了频谱泄漏的影响，提高了信号参数的估计精度，优于 IIpDFT 法、TIpDFT 法和 WIpDFT 法，达到了算法的设计目的。通过算法计算复杂度分析和计算验证，本节算法虽略微增加了计算量，但算法的参数估计性能得到了明显提升。由于本节算法利用少量的采样点就可以高精度地估计出信号参数，因此本节算法可适用于短时信号或片段信号的参数估计。

4.2 频谱泄漏校正法

针对衰减信号参数估计性能受频谱泄漏影响的问题，设计一种频谱泄漏校正的参数估计算法，旨在提高低频和中高信噪比条件下的参数估计精度。下面，分别从算法思想、流程步骤、性能分析和计算验证四个方面对本算法进行介绍。

4.2.1 算法思想

经分析，针对频域参数估计算法主要受频谱泄漏的影响。因此，可直接通过频谱泄漏校正，抑制频谱泄漏的影响，提高参数估计精度。

为提高参数估计精度，频域法需在频谱索引值两边进行插值计算，插值间隔为 p，则插值点的频谱值为：

$$\begin{aligned} X(k_0+p) &= \frac{1}{N}\sum_{n=0}^{N-1} x(n)\mathrm{e}^{-j(k_0+p)\omega_s n} \\ &= \frac{A}{N}\frac{1-\mathrm{e}^{-N\eta}\mathrm{e}^{jN(\delta-p)\omega_s}}{1-\mathrm{e}^{-\eta}\mathrm{e}^{j(\delta-p)\omega_s}} + \frac{A^*}{N}\frac{1-\mathrm{e}^{-N\eta}\mathrm{e}^{-jN(2k_0+\delta+p)\omega_s}}{1-\mathrm{e}^{-\eta}\mathrm{e}^{-j(2k_0+\delta+p)\omega_s}} \end{aligned} \tag{4.15}$$

等式左边部分为插值点的频谱值，等式右边第一项为插值点的正频率频谱值，第二项为插值点的负频率频谱值。可以看出，等式左边的频谱值包含有负频率频谱值，直接使用会降低参数估计精度。因此，在设计算法时，将插值点的负频率频谱减去，得到只含有正频率成分的插值点频谱，将这种方式称为频谱泄漏校正。

在利用频谱泄漏校正的基础上，所设计的参数估计算法思想如图 4.13 所示。

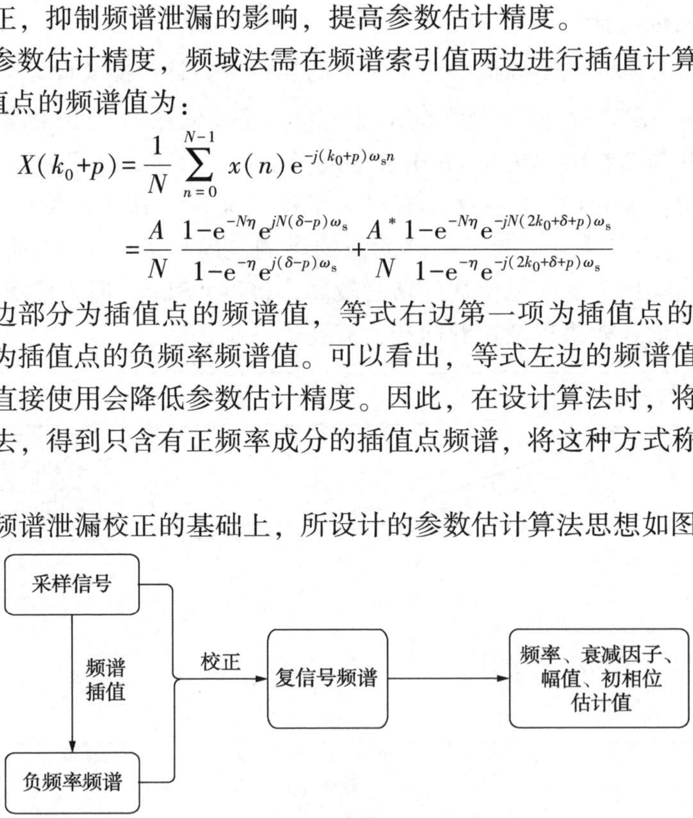

图 4.13 频谱泄漏校正思想

1）对信号进行频谱插值，构造只含有负频率成分频谱的插值点频谱，即式(4.15)右边第二项。

2）通过频谱泄漏校正将实信号频谱和构造的负频率频谱相减，得到只含有正频率频谱的插值点频谱，即式(4.15)右边第一项。

3）设计迭代算法对生成的复信号频谱进行分析，得到精确的参数估计值。

根据频谱泄漏校正思想，设计的算法思想如图4.14所示。

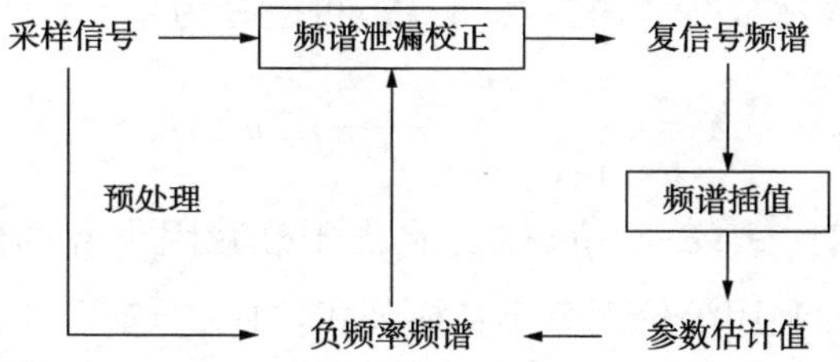

图4.14　算法思想

1）利用FFT法对采样信号进行预处理，得到准确的索引值 k_0，并对信号频谱进行插值分析和利用最小二乘法得到参数的粗估计值。

2）得到参数粗估计值后，构造只含有负频率成分频谱。

3）利用构造的频谱，对频谱泄漏进行校正，将采样信号频谱和构造的负频率频谱相减，得到只含有正频率成分的复信号频谱，以抑制频谱泄漏的影响。

4）对复信号频谱进行两点插值，得到较精确的偏移量、衰减因子和复幅值估计值，重新构造负频率频谱，再次对频谱泄漏进行校正，通过迭代计算以进一步抑制频谱泄漏的影响，得到精确的信号频率、衰减因子、初幅值和初相位估计值。

4.2.2　流程步骤

本算法通过迭代计算实现了频谱泄漏校正，设偏移量、衰减因子和复幅值的初值分别为：$\hat{\delta}_1=0$、$\hat{\eta}_1=0$ 和 $\hat{A}_1=0$，迭代次数为 i：$1\leqslant i\leqslant I$，具体流程步骤如下。

(1) 参数粗估计

首先，对采样信号 $x(n)$ 进行FFT计算，得到信号频谱索引值 k_0。

$$k_0=\underset{0\leqslant k\leqslant N/2-1}{\operatorname{argmax}}\left|\mathrm{FFT}[x(n)]\right|^2 \tag{4.16}$$

其次，忽略噪声的影响，在频谱索引值的两边进行插值，插值间隔为0.5，则插值点的频谱值为：

$$
\begin{aligned}
X_p &= \sum_{n=0}^{N-1} x(n)\mathrm{e}^{-j2\pi(k_0+\hat{\delta}_i+p)n/N} \\
&= A\frac{1+\mathrm{e}^{j2\pi(\delta-\hat{\delta}_i)-N\eta}}{1-\mathrm{e}^{j2\pi(\delta-\hat{\delta}_i-p)/N-\eta}} + A^*\frac{1+\mathrm{e}^{-j2\pi(\delta+\hat{\delta}_i)-N\eta}}{1-\mathrm{e}^{-j2\pi(2k_0+\delta+\hat{\delta}_i+p)/N-\eta}} \quad p=\pm 0.5 \\
&= X_p^+ + X_p^-
\end{aligned}
\tag{4.17}
$$

式中，X_p^+ 和 X_p^- 分别表示信号正频率成分和负频率成分的频谱值。

忽略信号的负频率成分频谱，式(4.17)可改写为：

$$
X_p = A\frac{1+\mathrm{e}^{j2\pi(\delta-\hat{\delta}_{i-1})-N\eta}}{1-\mathrm{e}^{j2\pi(\delta-\hat{\delta}_{i-1}-p)/N-\eta}} \quad p=\pm 0.5 \tag{4.18}
$$

当 N 取值较大时，则 $\delta-\hat{\delta}_i-p<<N$，且由于衰减因子 η 的值很小，则 $j2\pi(\delta-\hat{\delta}_i-p)/N-\eta$ 趋于零。利用等价无穷小替换公式：$1-\mathrm{e}^{-x}$ 趋于 x(当 x 趋于零时)，可将式(4.17)简化为：

$$
X_p = B\frac{\delta-\hat{\delta}_i}{\delta-\hat{\delta}_i-p-\dfrac{\eta N}{j2\pi}} \quad p=\pm 0.5 \tag{4.19}
$$

式中，$B=jNA(1+\mathrm{e}^{j2\pi(\delta-\hat{\delta}_i)-N\eta})/2\pi$。

因此，可利用插值点的频谱值构造中间变量。

$$
\begin{aligned}
h &= \frac{X_{0.5}^+ + X_{-0.5}^+}{X_{0.5}^+ - X_{-0.5}^+} \\
&= \frac{1/(\delta-\hat{\delta}_i-0.5+jN\eta/2\pi)+1/(\delta-\hat{\delta}_i+0.5+jN\eta/2\pi)}{1/(\delta-\hat{\delta}_i-0.5+jN\eta/2\pi)-1/(\delta-\hat{\delta}_i+0.5+jN\eta/2\pi)} \\
&= 2(\delta-\hat{\delta}_i)+jN\eta/\pi
\end{aligned}
\tag{4.20}
$$

则信号衰减因子和偏移量的估计值可由式(4.21)计算得到。

$$
\begin{cases}
\hat{\eta}_i = \pi \mathrm{Im}[h]/N \\
\hat{\delta}_{i+1} = \hat{\delta}_i + 0.5\mathrm{Re}[h]
\end{cases}
\tag{4.21}
$$

对采样信号进行频谱分析可得：

$$
\begin{aligned}
S_k &= \sum_{n=0}^{N-1} s_n \mathrm{e}^{-jk\omega_s n} \\
&= A\frac{1-\mathrm{e}^{(-\eta+j\omega)N}}{1-\mathrm{e}^{-\eta+j(\omega-k\omega_s)}} + A^*\frac{1-\mathrm{e}^{-(\eta+j\omega)N}}{1-\mathrm{e}^{-\eta-j(\omega+k\omega_s)}} \quad k=0,\ 1,\ \cdots,\ N-1
\end{aligned}
\tag{4.22}
$$

利用最小均方误差构造误差函数：

$$
J_k = \sum_{k=0}^{N-1}\left[X_k - A\frac{1-\mathrm{e}^{(-\eta+j\omega)N}}{1-\mathrm{e}^{-\eta+j(\omega-k\omega_s)}} - A^*\frac{1-\mathrm{e}^{-(\eta+j\omega)N}}{1-\mathrm{e}^{-\eta-j(\omega+k\omega_s)}}\right]^2 \tag{4.23}
$$

根据其他参数的估计值，最小化误差函数，即可估计信号的复幅值 $\hat{A}$。

$$\hat{A}_i = \frac{\sum_{k=0}^{N-1}(X_k - \hat{A}_i^* C_1/C_2)/C_3^*}{\sum_{k=0}^{N-1} C_1/C_3 C_3^*} \tag{4.24}$$

式中，$C_1 = 1 - e^{-\hat{\eta}_i N - j(k_0+\hat{\delta}_{i+1})\omega_s N}$，$C_2 = 1 - e^{-\hat{\eta}_i - j(k_0+\hat{\delta}_{i+1}+k)\omega_s}$，$C_3 = 1 - e^{-\hat{\eta}_i + j(k_0+\hat{\delta}_{i+1}-k)\omega_s}$。

(2) 构造负频率频谱

根据各参数的估计值，可构造负频率频谱 $\hat{x}_p^-$。

$$\hat{x}_p^- = \hat{A}_i^* \frac{1+e^{-j4\pi\hat{\delta}_{i+1} - N\hat{\eta}_i}}{1-e^{-j2\pi(2k_0+2\hat{\delta}_{i+1}+p)/N - \hat{\eta}_i}} \tag{4.25}$$

(3) 频谱泄漏校正

根据构造的负频率频谱，通过频谱泄漏校正，利用式(4.25)将采样信号频谱和构造的负频率频谱相减，得到只含有正频率成分的复信号频谱估计值 $\hat{x}_p^+$，抑制负频率频谱泄漏的影响。

$$\hat{x}_p^+ = X_p - \hat{x}_p^- \tag{4.26}$$

(4) 参数精估计

实现实复转换后，通过迭代计算式(4.17)~(4.26)，可逐步抑制频谱泄漏的影响，得到精确的偏移量、衰减因子和复幅值估计值。再利用式(4.27)求出精确的频率估计值，利用式(4.28)计算出精确的初幅值和初相位估计值。

$$\hat{\omega} = (k_0 + \hat{\delta}_{I+1})\omega_s \tag{4.27}$$

$$\begin{cases} \hat{a} = 2|\hat{A}_I| \\ \hat{\theta} = \angle \hat{A}_I \end{cases} \tag{4.28}$$

综上分析，算法的具体流程如下。

1）利用式(4.16)得到信号频谱索引值 k_0，利用式(4.20)和式(4.21)计算出偏移量和衰减因子粗估计值，利用式(4.24)估计复幅值；

2）利用式(4.25)构造负频率频谱；

3）利用式(4.26)实现频谱泄漏校正；

4）迭代计算步骤1)、2)和3)，得到精确的偏移量、衰减因子和复幅值估计值，并利用式(4.27)和式(4.28)计算得到精确的频率、初幅值和初相位估计值。

4.2.3 性能分析

所提算法属于迭代类算法，下面分别从理论分析、收敛性能和算法复杂度分析三方面对所提算法的性能进行分析。

(1) 理论分析

考虑采样信号中噪声的影响，则式(4.20)表示的中间变量可以改写为：

$$\begin{aligned}\hat{h}&=\frac{\hat{x}_{0.5}^{+}+Z_{0.5}+\hat{x}_{-0.5}^{+}+Z_{-0.5}}{\hat{x}_{0.5}^{+}+Z_{0.5}-\hat{x}_{-0.5}^{+}-Z_{-0.5}}\\&=\frac{X_{0.5}-\hat{x}_{0.5}^{-}+Z_{0.5}+X_{-0.5}-\hat{x}_{-0.5}^{-}+Z_{-0.5}}{X_{0.5}-\hat{x}_{0.5}^{-}+Z_{0.5}-X_{-0.5}+\hat{x}_{-0.5}^{-}-Z_{-0.5}}\\&=\frac{X_{0.5}^{+}+X_{-0.5}^{+}+X_{0.5}^{-}-\hat{x}_{0.5}^{-}+X_{-0.5}^{-}-\hat{x}_{-0.5}^{-}+Z_{0.5}+Z_{-0.5}}{X_{0.5}^{+}-X_{-0.5}^{+}+X_{0.5}^{-}-\hat{x}_{0.5}^{-}-X_{-0.5}^{-}+\hat{x}_{-0.5}^{-}+Z_{0.5}-Z_{-0.5}}\\&=\frac{h+\alpha_{+}+\beta_{+}}{1+\alpha_{-}+\beta_{-}}\end{aligned}\tag{4.29}$$

式中，$\alpha_{\pm}=[(X_{0.5}^{-}-\hat{x}_{0.5}^{-})\pm(X_{-0.5}^{-}-\hat{x}_{-0.5}^{-})]/(X_{0.5}^{+}-X_{-0.5}^{+})$，$\beta_{\pm}=(Z_{0.5}\pm Z_{-0.5})/(X_{0.5}^{+}-X_{-0.5}^{+})$。

令：$\Delta\delta=\delta-\hat{\delta}_i$，$\Delta X_p^{-}=X_p^{-}-\hat{x}_p^{-}$。利用泰勒展开式 $1/(1+x)=1-x+o(x^2)$，将中间变量展开，并忽略高次项，式(4.29)可以改写为：

$$\begin{aligned}\hat{h}&\approx(h+\alpha_{+}+\beta_{+})(1-\alpha_{-}-\beta_{-})\\&\approx h-[h(\alpha_{-}+\beta_{-})-(\alpha_{+}+\beta_{+})]\\&\approx h+\frac{(0.5h)^2-0.25}{\Delta\delta B}[(1-h)(\Delta S_{0.5}^{-}+Z_{0.5})+(1+h)(\Delta S_{-0.5}^{-}+Z_{-0.5})]\\&\approx h+\frac{(0.5h)^2-0.25}{\Delta\delta B}[(1-h)Z_{0.5}+(1+h)Z_{-0.5}+(\Delta S_{0.5}^{-}+\Delta S_{-0.5}^{-})]\end{aligned}\tag{4.30}$$

用 Δh 表示中间变量的估计偏差，则可表示为：

$$\begin{aligned}\Delta h&=\hat{h}-h\\&=\frac{h^2-1}{4B}[(1-h)Z_{0.5}+(1+h)Z_{-0.5}+(\Delta X_{0.5}^{-}+\Delta X_{-0.5}^{-})]\end{aligned}\tag{4.31}$$

用 ΔX_p^{-} 表示负频率频谱的估计偏差，可表示为：

$$\begin{aligned}\Delta X_p^{-}&=X_p^{-}-\hat{x}_p^{-}\\&\approx\frac{A^{*}(1+\mathrm{e}^{-j2\pi(\delta+\hat{\delta}_i)-N\eta})-\hat{A}_i{}^{*}(1+\mathrm{e}^{-j4\pi\hat{\delta}_i-N\eta})}{N(1-\mathrm{e}^{-j2\pi(2k_0+2\hat{\delta}_i+p)/N-\eta})}\end{aligned}\tag{4.32}$$

由于经频谱泄漏校正，抑制了频谱泄漏的影响，参数估计值很接近真实值，则负频率频谱估计偏差约等于零，即 $\Delta X_p^{-}\approx 0$。

因为噪声模型是高斯白噪声，所以噪声的均值为零，即 $E[Z_p]=0$。设偏移量和衰减因子的估计均值分别表示为 $\mu_{\Delta\delta}$ 和 $\mu_{\Delta\eta}$，其均值的极限可表示为：

$$
\begin{aligned}
\lim\mu_{\delta} &= \lim 0.5E[\mathrm{Re}[\Delta h]] \\
&= \lim \frac{h^2-1}{4B}(E[\mathrm{Re}[\Delta X_{0.5}^{-}]]+E[\mathrm{Re}[\Delta X_{-0.5}^{-}]]) \\
&= 0
\end{aligned} \tag{4.33}
$$

$$
\begin{aligned}
\lim\mu_{\eta} &= \lim \pi/NE[\mathrm{Im}[\Delta h]] \\
&= \lim \frac{h^2-1}{4B}(E[\mathrm{Im}[\Delta X_{0.5}^{-}]]+E[\mathrm{Im}[\Delta X_{-0.5}^{-}]]) \\
&= 0
\end{aligned} \tag{4.34}
$$

因此，利用频谱泄漏校正得到的频率和衰减因子估计值是渐进无偏的，其估计偏差渐进收敛于零。

由于负频率频谱估计偏差约等于零，中间变量可改写为：

$$
\begin{aligned}
\Delta h &\approx \frac{h^2-1}{4B}[(1-h)Z_{0.5}+(1+h)Z_{-0.5}] \\
&\approx \frac{B^*}{4B^2}(h^2-1)[(1-h)Z_{0.5}+(1+h)Z_{-0.5}] \\
&\approx \frac{1}{4B^2}(B_I+jB_R)(U_R+jU_I)
\end{aligned} \tag{4.35}
$$

式中，$\begin{cases} B_I=\dfrac{NA}{2\pi}[1+\cos(2\pi\delta-N\eta)] \\ B_R=-\dfrac{NA}{2\pi}\sin(2\pi\delta-N\eta) \end{cases}$，$\begin{cases} U_R=\lambda_1 Z_{0.5}+\lambda_2 Z_{-0.5} \\ U_I=\lambda_3 Z_{0.5}+\lambda_4 Z_{-0.5} \end{cases}$。

设偏移量和衰减因子的估计方差分别表示为 $\sigma_{\Delta\delta}^2$ 和 $\sigma_{\Delta\eta}^2$。

$$
\begin{aligned}
\sigma_{\delta}^2 &= \frac{N^2}{4\pi^2}\sigma_{\eta}^2 \\
&\approx \frac{N\sigma^2}{16B^2}(\lambda_1^2+\lambda_2^2+\lambda_3^2+\lambda_4^2) \\
&= \frac{\pi^2}{32SNRN}\frac{V}{\cos^2(\pi\delta-N\eta/2)}
\end{aligned} \tag{4.36}
$$

式中：

$$
\begin{cases}
\lambda_1=-8\delta^3+4\delta^2+2\delta+6\delta\dfrac{N^2\eta^2}{\pi^2}-\dfrac{N^2\eta^2}{\pi^2}-1 \\
\lambda_2=8\delta^3+4\delta^2-2\delta-6\delta\dfrac{N^2\eta^2}{\pi^2}-\dfrac{N^2\eta^2}{\pi^2}-1 \\
\lambda_3=-12\delta^2\dfrac{N\eta}{\pi}+4\delta\dfrac{N\eta}{\pi}+\dfrac{N^3\eta^3}{\pi^3}+\dfrac{N\eta}{\pi} \\
\lambda_4=12\delta^2\dfrac{N\eta}{\pi}+4\delta\dfrac{N\eta}{\pi}-\dfrac{N^3\eta^3}{\pi^3}-\dfrac{N\eta}{\pi}
\end{cases}
$$

$$V = 8\delta^2(16\delta^4 - 4\delta^2 + 1) + \frac{8\delta^2 N^2 \eta^2}{\pi^2}\left(16\delta^2 + 2 + \frac{3N^2\eta^2}{\pi^2}\right) + \frac{2N^2\eta^2}{\pi^2}\left(3 + \frac{3N^2\eta^2}{\pi^2} + \frac{N^4\eta^4}{\pi^4}\right) + 2$$

（2）迭代次数

为说明所提算法在不同迭代次数下的频率估计性能，设 $SNR = 30\text{dB}$，$\eta = 0.002$，$N = 128$，频谱索引值 k_0 从 2 以步长 1 增加到 32，偏移量 $\delta = 0.2$。分别在迭代次数为 1、2、3 和 4 的条件下进行了仿真实验，结果如图 4.15 所示。

经由 1 次迭代计算，算法的估计效果较差。迭代次数 $I \geqslant 2$ 时，算法的估计性能得到了极大提升，但信号频率较低时，2 次迭代的估计性能差于 3 次和 4 次迭代的估计性能。在全频率变化范围内，3 次和 4 次迭代具有相当的估计性能，但在低频时，4 次迭代的估计性能高于 3 次迭代的估计性能，更靠近 CRLB。为提升算法的频谱泄漏抑制能力，提高参数估计精度，特别是在低频时的参数估计精度，本算法推荐使用 4 次迭代计算。

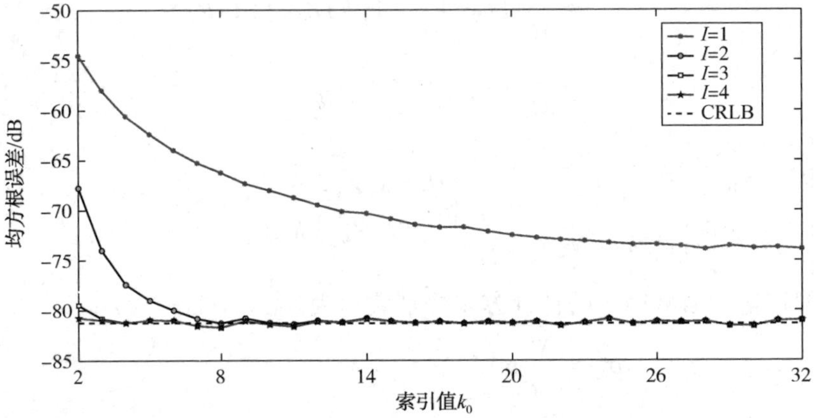

图 4.15　不同迭代次数下的频率估计结果

（3）计算复杂度

分析计算复杂度时，省略简单的步骤，只统计计算量较大的步骤。下面，对频域 Hilbert 法[129]、五点插值法（Five Points Interpolated Discrete Fourier Transform FIpDFT）[134]、LcDFT 法[135]、4.1 节算法以及本节算法进行计算复杂度分析，统计结果如表 4.2 所示，仿真结果如图 4.16 所示。

表 4.2　计算复杂度分析

算法	加法	乘法
Hilbert 法	$6N\log_2^N$	$4N\log_2^N$
FIpDFT 法	$3N\log_2^N + 10N$	$2N\log_2^N + 15N$

续表

算法	加法	乘法
LcDFT 法	$3N\log_2^N+6N$	$2N\log_2^N+10N$
4.1 节算法	$9N\log_2^N+36N$	$6N\log_2^N+54N$
本节算法	$12N\log_2^N+32N$	$8N\log_2^N+32N$

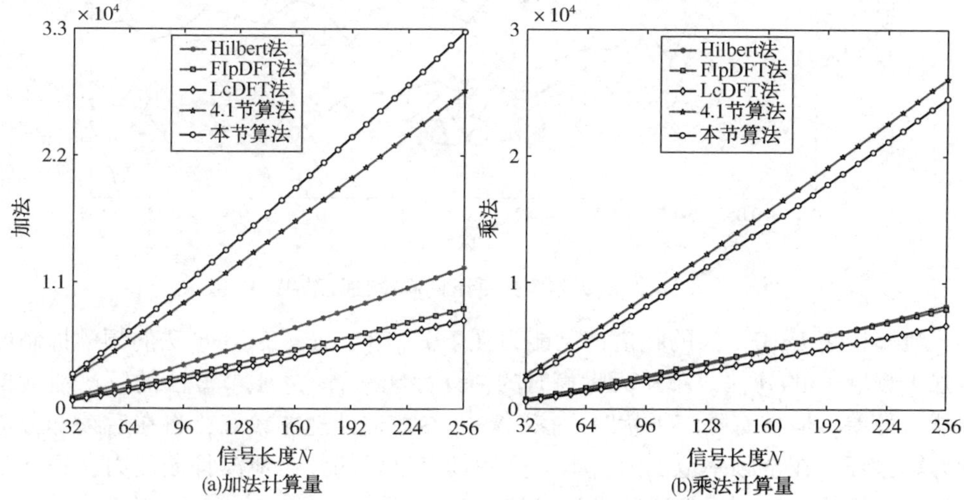

图 4.16 计算复杂度分析

相比于其他频域法，本节算法增加了计算量，但可以利用少量的采样点估计出信号各参数，不影响算法的实时性。且本节算法在未大幅度增加计算量的基础上，抑制了频谱泄漏的影响，提高了低频和中高信噪比条件下的参数估计精度，算法的参数估计性能将在下一部分进行计算验证。

4.2.4 计算验证

为检验本节算法的参数估计性能，分别在不同条件下主要以频率估计为例进行计算验证，并对计算结果进行比较分析。

不失一般性，仿真时，设衰减信号幅度为$\sqrt{2}$，且无特别说明时，初相位在$(-\pi,\ \pi)$随机取值。为减少随机误差，每组实验分别进行 1000 次蒙特卡罗实验。

（1）频率估计

为检验所提算法的频率估计精度，分别在无噪声、不同信噪比、不同信号频率、不同信号长度以及不同衰减程度条件下对本节算法、上述算法和 4.1 节算法以及 CRLB 进行仿真对比分析。

1）无噪声影响。为检验本节算法的频谱泄漏抑制能力，在无噪声影响的情况下进行了仿真实验。仿真时，设 $\eta=0.002$，$N=128$，信号频率由 0.02π 以 0.02π 为步长递增到 0.5π，结果如图 4.17 所示。

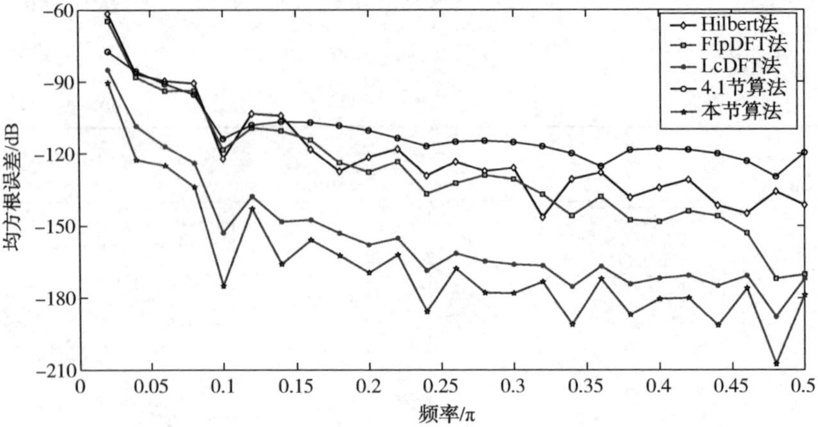

图 4.17　无噪声条件下的频率估计结果

泄漏校正 LcDFT 法的频谱抑制能力强于 FIpDFT 法，FIpDFT 法的频谱抑制能力强于频域 Hilbert 法。单从无噪声时的估计性能来看，4.1 节算法的频谱泄漏抑制能力最差，但在有噪声干扰时，该算法的参数估计性能较好，将在后续部分进行计算验证。在全频率范围内，本节算法具有更好的频谱泄漏抑制能力，远高于其他几种算法，达到了算法的设计目的。

2）不同信噪比。为检验噪声对本节算法的影响，在不同信噪比条件下进行了仿真实验。仿真时，设 $\eta=0.002$，$N=128$，$k_0=3$，偏移量 δ 随机取值，信噪比由-5dB 以步长 2dB 递增到 55dB，结果如图 4.18 所示。

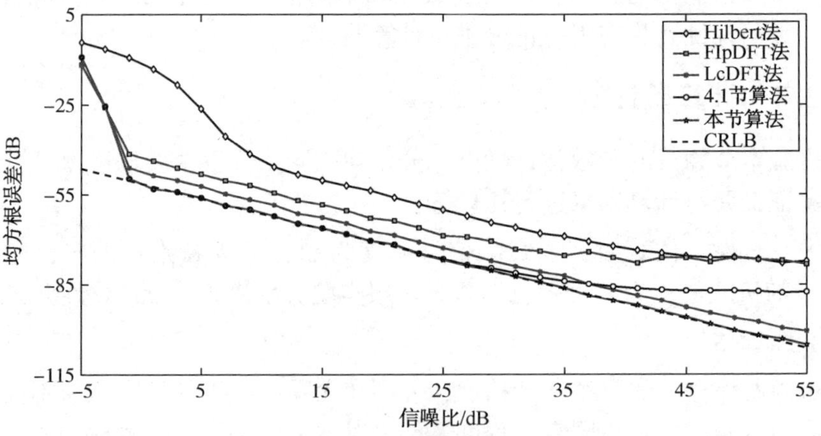

图 4.18　不同信噪比下的频率估计结果

为了更好地反映出各算法的参数估计性能，仿真时的信号频率设置较低，以检验信号频谱泄漏严重时的各算法参数估计精度。由于 Hilbert 法受端点效应影响，其估计精度最差。当信噪比在 0～30dB 时，FIpDFT 法的估计精度不高，与 CRLB 存在约 7.75dB 的偏差，当信噪比高于 30dB 时，受频谱泄漏的影响，FIpDFT 法的估计精度逐渐达到饱和。LcDFT 法抑制了频谱泄漏的影响，但始终与 CRLB 存在约 3.75dB 的偏差。4.1 节算法能抑制频谱泄漏的影响，在中、低信噪比下的估计精度高，靠近 CRLB，但随着信噪比增加，频谱泄漏的影响逐渐增大时，由于 4.1 节算法的频谱泄漏抑制能力不强，其估计性能逐渐下降，并在中、高信噪比下达到了饱和。本节所提算法不仅抑制了噪声的影响，也有效地抑制了频谱泄漏的影响，其频率估计效果最好，优于其他几种算法和 4.1 节算法，最接近于 CRLB。

3）不同信号频率。为说明所提算法在不同频率条件下的频率估计性能，设 $\eta=0.002$，$N=128$，频率由 0.02π 以步长 0.02π 递增到 0.5π，分别在 $SNR=10\text{dB}$ 和 $SNR=40\text{dB}$ 的条件下进行了仿真实验，结果如图 4.19 所示。

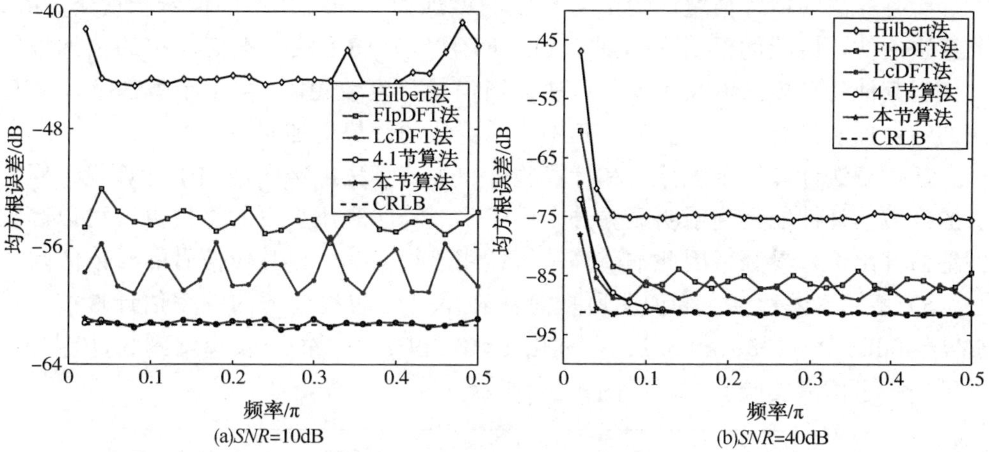

图 4.19 不同频率下的频率估计结果

当信号受噪声干扰严重，即 $SNR=10\text{dB}$ 时，频域法受噪声影响大于频谱泄漏的影响。本节算法和 4.1 节算法具有相当的估计性能，优于其他几种算法，估计结果最接近于 CRLB。Hilbert 法、FIpDFT 法和 LcDFT 法的估计精度均较差，波动较大，通过泄漏校正的 LcDFT 法优于 FIpDFT 法，FIpDFT 法优于 Hilbert 法，与不同信噪比下的分析结果一致。

当 $SNR=40\text{dB}$，频谱泄漏严重时，各算法在信号频率较低时均受到影响，估计精度降低。相比于其他几种算法和 4.1 节算法，本节算法在全频率范围内的估计效果均最优，具有最好的估计精度，特别在信号频率较低时，估计优势更加明显。

4）不同信号长度。为说明所提算法在不同信号长度下的频率估计性能，设

$SNR=40\text{dB}$，$\eta=0.002$，$\omega=0.191\pi$，在信号长度 N 由 32 以 8 为步长递增到 256 的条件下进行了仿真实验，结果如图 4.20 所示。

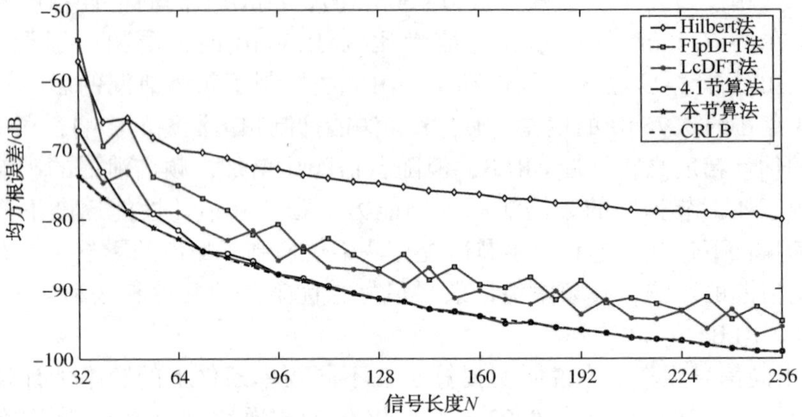

图 4.20　不同信号长度下的频率估计结果

所有算法的估计精度均随信号长度的增加而升高。在不同信号长度下，4.1 节算法的估计性能优于 Hilbert 法、FIpDFT 法、LcDFT 法，本节算法的估计性能均优于其他几种算法以及 4.1 节算法，当信号长度较短时，4.1 节算法和本节算法的估计性能具有明显的优势，其中本节算法的优势更加明显。

通过算法计算复杂度分析和计算验证，本节算法虽略微增加了计算量，但算法的参数估计性能得到了明显提升。由于本节算法利用少量的采样点就可以高精度地估计出信号参数，因此本节算法可适用于短时信号或片段信号的参数估计。

5）不同衰减程度。为说明所提算法在不同衰减程度下的频率估计性能，设 $SNR=40\text{dB}$，$N=128$，$k=3.2$，在 η 由 1×10^{-3} 以 1×10^{-4} 的步长递增到 3×10^{-3} 的条件下进行了仿真实验，结果如图 4.21 所示。

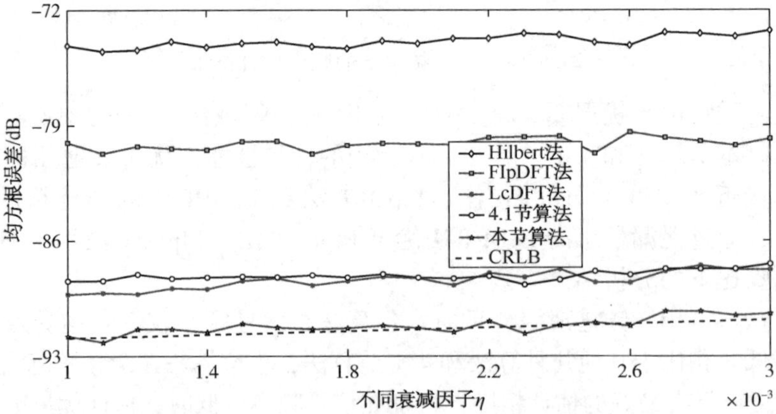

图 4.21　不同衰减程度下的频率估计结果

在不同的衰减程度下，Hilbert 法、FIpDFT 法、LcDFT 法和 4.1 节算法均存在估计偏差，LcDFT 法和 4.1 节算法优于 FIpDFT 法，FIpDFT 法优于 Hilbert 法。在信号衰减程度较小时，即 $1\times10^{-3}\leqslant\eta\leqslant2\times10^{-3}$ 时，LcDFT 法优于 4.1 节算法；当信号衰减程度较大时，即 $2\times10^{-3}\leqslant\eta\leqslant3\times10^{-3}$ 时，4.1 节算法和 LcDFT 法具有相当的估计性能。所提算法在不同的衰减程度下均具有良好的估计精度，估计结果靠近 CRLB，优于其他几种算法和 4.1 节算法。

(2) 衰减因子估计

为检验所提算法在不同信噪比条件的衰减因子估计性能，设 $k_0=3$，δ 随机取值，在信噪比由 0dB 以 2dB 为步长递增到 50dB 的条件下进行了仿真实验，并与 Hilbert 法、LcDFT 法以及 4.1 节算法进行对比分析，结果如图 4.22 所示。

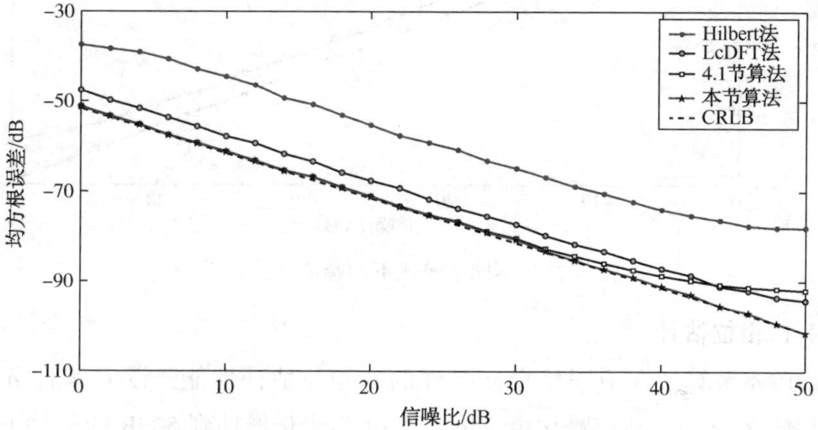

图 4.22　不同信噪比下的衰减因子估计结果

由于 Hilbert 法受端点效应影响，其估计精度最差，与 CRLB 存在约 16dB 的估计偏差。LcDFT 法通过泄漏校正抑制了频谱泄漏的影响，但始终与 CRLB 存在约 3.65dB 的估计偏差。4.1 节算法能抑制频谱泄漏的影响，在中、低信噪比下的估计精度高，靠近 CRLB，但随着信噪比增加，频谱泄漏的影响逐渐增大时，由于 4.1 节算法的频谱泄漏抑制能力不强，其估计性能逐渐下降，并在信噪比高于 30dB 后逐渐达到了饱和。本节所提算法不仅抑制了噪声的影响，也有效地抑制了频谱泄漏的影响，其衰减因子的估计效果最好，优于 Hilbert 法、LcDFT 法和 4.1 节算法，最接近于 CRLB。

(3) 初幅值估计

为检验所提算法在不同信噪比条件的幅值估计性能，设 $k_0=3$，δ 随机取值，在信噪比由 0dB 以 2dB 为步长递增到 50dB 的条件下进行了仿真实验，并与 Hilbert 法、LcDFT 法以及 4.1 节算法进行对比分析，结果如图 4.23 所示。

可以看出，由于 Hilbert 法受端点效应的影响，其估计精度较差。LcDFT 法在全信噪比变化范围内的初幅值估计效果较好，但与 CRLB 存在约 3.4dB 的估计误差，且当信噪比大于 40dB 时，估计效果逐渐降低。4.1 节算法在低信噪比条件下的初幅值估计效果较好，当信噪比大于 10dB 时，受频谱泄漏的影响，其估计效果逐渐饱和。本节算法通过频谱泄漏校正提高了初幅值的估计精度，最靠近 CRLB，优于 Hilbert 法、LcDFT 法以及 4.1 节算法。

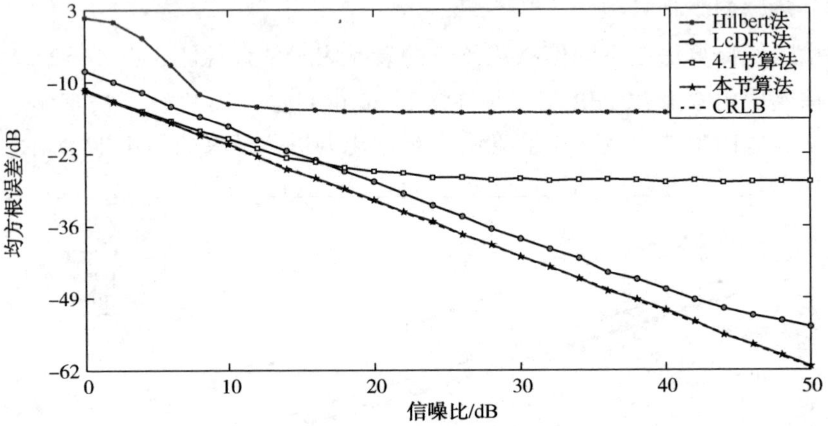

图 4.23　不同信噪比下的幅值估计结果

(4) 初相位估计

为检验本节算法在不同信噪比条件的初相位估计性能，设 $k_0=3$，δ 随机取值，初相位 $\theta=\pi/6$，在信噪比由 0dB 以 2dB 为步长增加到 50dB 的条件下进行了仿真实验，并与 Hilbert 法、LcDFT 法以及 4.1 节算法进行对比分析，结果如图 4.24 所示。

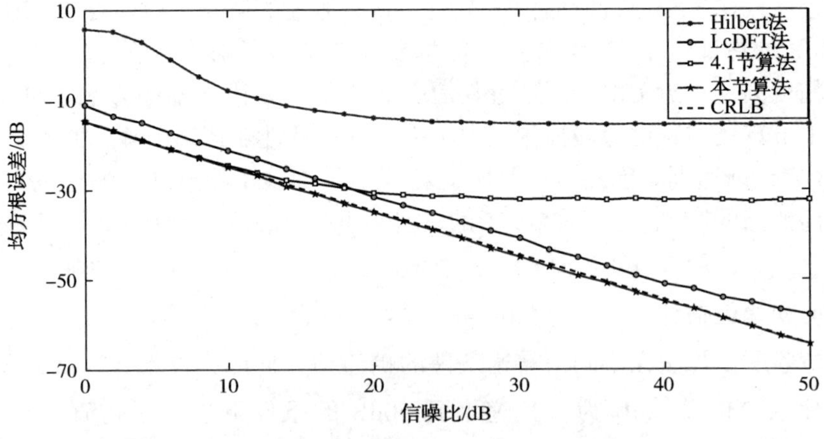

图 4.24　不同信噪比下的初相位估计结果

可以看出，各算法的初相位估计效果和初幅值估计效果一致，Hilbert 法的估计精度较差，LcDFT 法与 CRLB 存在约 3. 15dB 的估计误差，4. 1 节算法在低信噪比下的估计精度较高，但估计效果随着信噪比增加逐渐达到了饱和。本节算法具有最好的估计精度，最接近 CRLB，优于其他算法。

不同条件下的仿真实验结果表明，本节算法通过频谱泄漏校正的方式有效地抑制了频谱泄漏的影响，提高了信号的参数估计精度，特别是低频和中、高信噪比条件下的参数估计精度，优于 Hilbert 法、FIpDFT 法、LcDFT 法和 4. 1 节算法，达到了算法的设计目的。

4. 3 时频结合法

为抑制频域法受频谱泄漏对中、高信噪比时参数估计的影响和时域法计算量大的缺点，结合了频域法抗噪性好和时域法计算精度高的优势，针对衰减实信号，介绍一种新的参数估计算法。下面，分别从算法思想、流程步骤、性能分析和计算验证四个方面对本算法进行介绍。

4. 3. 1 算法思想

现有频域法计算速度快，但参数估计精度受限；而时域法估计精度高，却计算量大。针对此问题，本文算法结合频域法和时域法的优点，在频谱分析的基础上，利用时域法线性预测性质，实现了衰减实信号参数高精度估计。

时频结合法的思想是：首先利用频域法中的 DFT 法和 DTFT 法对信号频谱进行两点插值计算，得到参数粗估计值；其次利用时域线性预测性质和增强滤波器，通过矩阵运算得到参数精估计值。以降低计算量，提高参数估计精度。

4. 3. 2 流程步骤

利用 DFT 法和 DTFT 法对频率和衰减因子粗估计。

首先，为减少计算量，利用 FFT 法计算信号频谱索引 k_0。

$$X(k)=\sum_{n=0}^{N-1} x(n)e^{-i\frac{2\pi}{N}kn} \quad k=0,\ 1,\ \cdots,\ \frac{N}{2}-1 \tag{4.37}$$

$$k_0=\operatorname{argmax}\{|X(k)|\} \tag{4.38}$$

式中，符号 argmax(t)表示求序列 t 中最大值的索引。

其次，在信号频谱索引两边插值，间隔为 0. 5，求取信号频率和衰减因子粗估计值。

$$X(k_0+\Delta k)=\sum_{n=0}^{N-1} x(n)\mathrm{e}^{-i\frac{2\pi}{N}(k_0+\Delta k)n} \quad \Delta k=\pm 0.5 \tag{4.39}$$

$$\begin{cases}\hat{\delta}_c = \frac{1}{2}\mathrm{Re}\left[\frac{X(k_0+0.5)+X(k_0-0.5)}{X(k_0+0.5)-X(k_0-0.5)}\right] \\ \hat{\eta}_c = \frac{\pi}{N}\mathrm{Im}\left[\frac{X(k_0+0.5)+X(k_0-0.5)}{X(k_0+0.5)-X(k_0-0.5)}\right]\end{cases} \tag{4.40}$$

则信号频率粗估计值为：

$$\hat{\omega}_c = \frac{2\pi}{N}(k_0+\hat{\delta}_c) \tag{4.41}$$

首先根据正弦函数的预测性质，构造预测关系式：

$$x(n)=c(1)x(n-1)+c(2)x(n-2)+c(3)\delta(n)+c(4)\delta(n-1) \tag{4.42}$$

式中，预测系数 c 为：

$$\begin{cases}c(1)=2\cos(\omega)\mathrm{e}^{-\eta} \\ c(2)=-\mathrm{e}^{-2\eta} \\ c(3)=a\cos\theta \\ c(4)=-a\mathrm{e}^{-\eta}\sin(\omega-\theta)\end{cases}$$

$\delta(n)=(1,0,0,\cdots,0)_{N\times1}$ 为单位冲击函数。

其次为抑制噪声的影响，设计了传递函数为 $H(z)$ 的滤波器。

$$H(z)=\frac{1}{1-c(1)z^{-1}-c(2)z^{-2}} \tag{4.43}$$

在不考虑有单位冲击函数作用的情况下，通过最小二乘法计算构造的预测矩阵，得到滤波器参数初始值。

针对 N 点采样信号，经滤波后，得到预测矩阵。

$$\begin{bmatrix}V(2)\\V(3)\\\vdots\\V(N-1)\end{bmatrix}=\begin{bmatrix}V(1) & V(0) & U(2) & U(1)\\V(2) & V(1) & U(3) & U(2)\\\vdots & \vdots & \vdots & \vdots\\V(N-2) & V(N-3) & U(N-1) & U(N-2)\end{bmatrix}\begin{bmatrix}c(1)\\c(2)\\c(3)\\c(4)\end{bmatrix} \tag{4.44}$$

式中，$V(z)$ 和 $U(z)$ 分别表示 $x(n)$ 和 $\delta(n)$ 经过滤波器后的滤波信号。

首先，根据频率和衰减因子粗估计值，计算预测系数粗估计值。

$$\begin{cases}c(1)=2\cos\hat{\omega}_c \\ c(2)=-\mathrm{e}^{-2\hat{\eta}_c}\end{cases} \tag{4.45}$$

并根据式(4.43)，得到增强滤波器传递函数。

其次，根据式(4.44)构造预测矩阵，通过最小二乘法求解矩阵，得到精确的预测系数 $c(1)$ 和 $c(2)$，从而得到信号频率和衰减因子的精估计值。

$$\begin{cases}\hat{\omega}=\cos^{-1}\frac{c(1)}{2\sqrt{-c(2)}} \\ \hat{\eta}=-\frac{\ln[-c(2)]}{2}\end{cases} \tag{4.46}$$

最后，利用频谱泄漏校正策略抑制采样信号中负频率频谱泄漏的影响，求取信号复幅值。

$$A=\frac{1-\mathrm{e}^{-\hat{\eta}}}{1-\mathrm{e}^{-N\hat{\eta}}}\left(\sum_{n=0}^{N-1}x(n)\mathrm{e}^{-i\hat{\omega}n}-\hat{A}^{*}\frac{1-\mathrm{e}^{-(i2\hat{\omega}+\hat{\eta})N}}{1-\mathrm{e}^{-(i2\hat{\omega}+\hat{\eta})}}\right) \tag{4.47}$$

式中，$A=0.5a\mathrm{e}^{i\theta}$、$A^{*}=0.5a\mathrm{e}^{-i\theta}$。

由于不知 A^{*} 初值，设初值为零，并通过迭代计算提高估计精度。因为已经高精度估计出信号频率和衰减因子，只需要 4 次迭代计算式(4.47)，即可得到信号复幅值，从而得到信号幅值和初相位的精确估计值。

$$\begin{cases}\hat{a}=2|A|\\ \hat{\theta}=\angle A\end{cases} \tag{4.48}$$

式中，$|A|$和$\angle A$ 分别表示取复数 A 的模和角度。

4.3.3 计算复杂度分析

为检验所提算法的性能，首先对所提算法的计算复杂度进行分析，并与 SLC 法[58]和 STMB 法[71]进行比较。

分析算法复杂度时，省略简单的步骤，只统计计算量较大的步骤。统计时，将所有复数计算量转换为实数计算量。例如，1 次复数加法需要 2 次实数加法，1 次复数乘法需要 4 次实数乘法和 2 次实数加法，1 次 N 点 FFT 计算需要 $3N\log_2^N$ 次实数加法和 $2N\log_2^N$ 次实数乘法。并将统计结果和 SLC 法、STMB 法算法复杂度进行比较分析，结果如表 4.3 和图 4.25 所示。

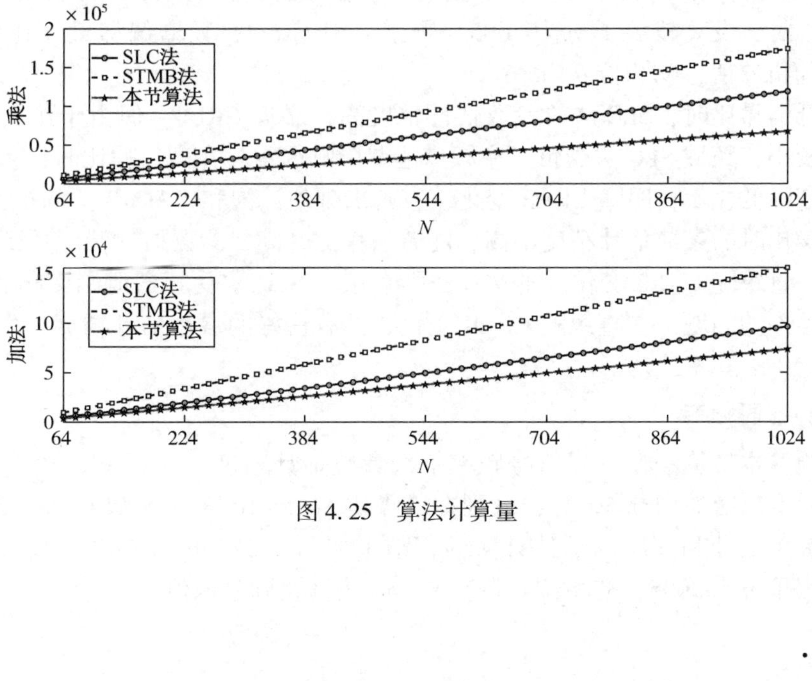

图 4.25 算法计算量

表 4.3　算法计算量

算法	乘法	加法
SLC 法	$2N\log_2^N+96N$	$3N\log_2^N+64N$
STMB 法	$170N$	$152N$
本节算法	$2N\log_2^N+46N$	$3N\log_2^N+42N$

STMB 算法进行通过 1 次矩阵最小二乘法计算得到滤波器参数，又对预测矩阵进行 4 次迭代计算，显著增加了计算量。SLC 法在 FFT 法的基础上，直接构造两个插值点频谱，通过相减策略实现了频谱泄漏校准，没有进行矩阵计算，计算量小于 STMB 法。但 SLC 法在求复幅值时，进行了 4 次最小二乘法计算，导致计算量仍较大。本文算法利用频域法进行参数粗估计，利用时域线性预测性质进行参数精估计，只利用了 1 次预测矩阵最小二乘法计算，计算量小于 SLC 法，且远小于 STMB 法。相比 SLC 法和 STMB 法，所提算法的计算量实时性最强，计算高效。

4.3.4　计算验证

为检验本节算法的参数估计性能，分别在不同条件下进行计算验证，并对计算结果进行比较分析。仿真时，设信号长度 $N=128$，幅值 $a=1$。为减少随机误差，每组实验分别进行 1000 次蒙特卡罗实验。

(1) 不同信噪比

为检验本节算法在不同噪声影响程度下的参数估计精度，当信噪比 SNR 由 0dB 以 1dB 为步长增加到 50dB 时，进行了参数估计仿真实验，结果如图 4.26 所示。仿真时，设衰减因子 $\eta=0.005$，频谱索引 $k_0=2$，频谱偏移量 δ 在 $(-0.5, 0.5)$ 内随机取值，初相位 $\theta=\pi/6$。

在低信噪比时，SLC 法的参数估计精度高，靠近 CRLB。但由于仿真信号频率设置较小，频域 SLC 法受负频率频谱泄漏影响严重，在高信噪比时，参数估计精度逐渐降低，不再跟随 CRLB 变化，直到出现估计饱和。STMB 法的抗噪性差，在低信噪比时的参数估计精度不高，随着信噪比升高，参数估计精度得到了显著提升，一直跟随 CRLB 变化。本文算法则克服了 SLC 法受频谱泄漏影响和 STMB 法抗噪性差的问题，一直跟随 CRLB 变化，具有良好的参数估计精度，优于 SLC 法和 STMB 法。

(2) 不同频率

为检验本节算法在不同信号频率下的参数估计精度，当频率 ω 由 0.01π 以 0.01π 为步长增加到 0.5π 时，分别在信噪比 $SNR=10$dB 和 $SNR=40$dB 条件下，进行了频率估计和衰减因子估计实验，结果如图 4.27、图 4.28 所示。仿真时，设衰减因子 $\eta=0.005$，初相位 θ 在 $(-\pi, \pi)$ 内随机独立取值。

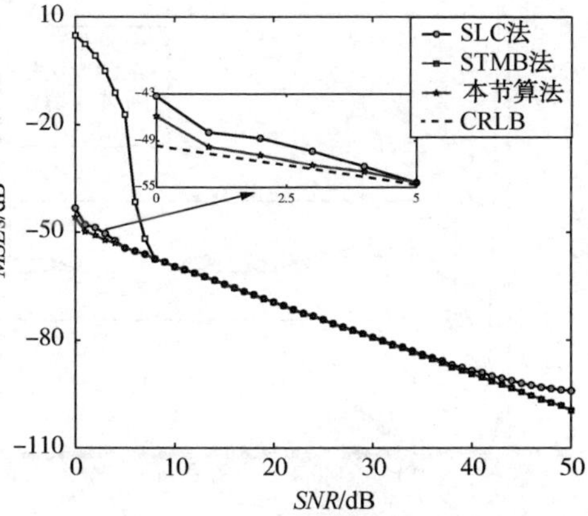

(a)频率

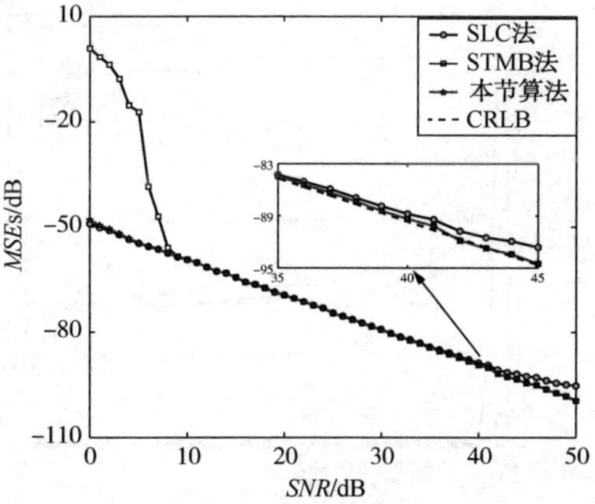

(b)衰减因子

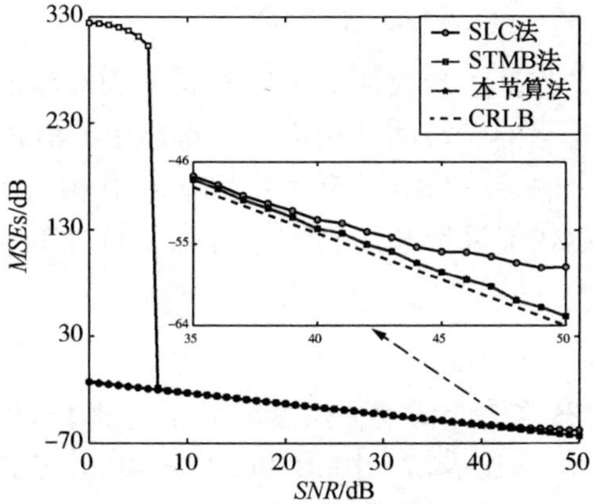

(c)幅值

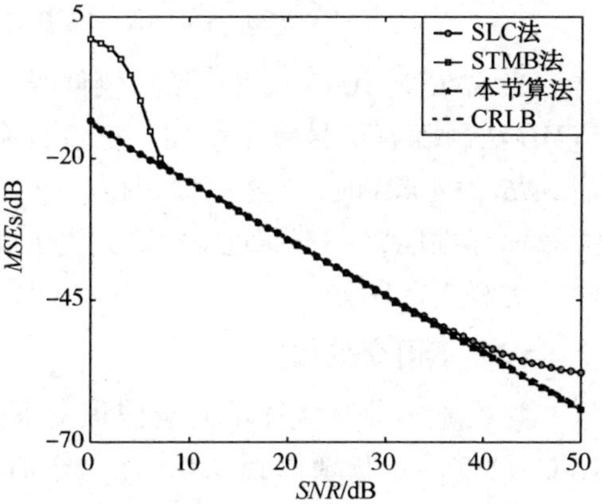

(d)初相位

图 4. 26　不同信噪比条件下的参数估计精度

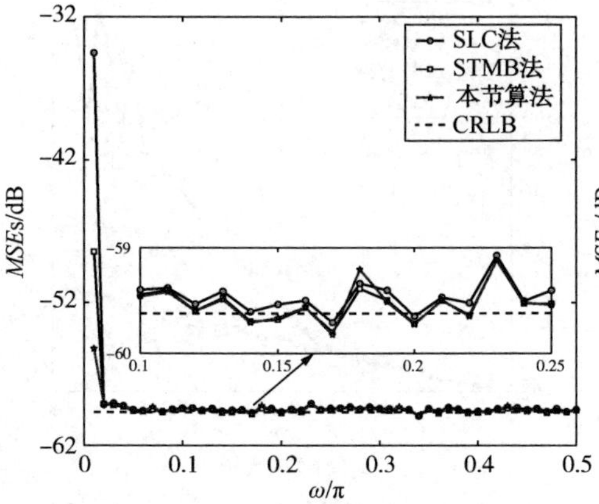

(a)频率

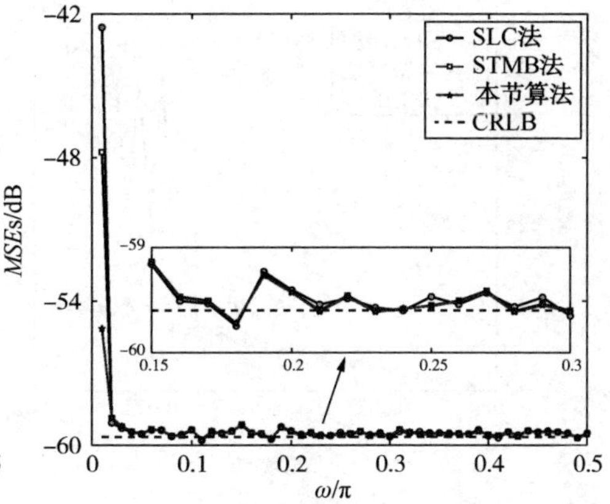

(b)衰减因子

图 4. 27　当 $SNR=10\text{dB}$ 时，频率和衰减因子估计精度

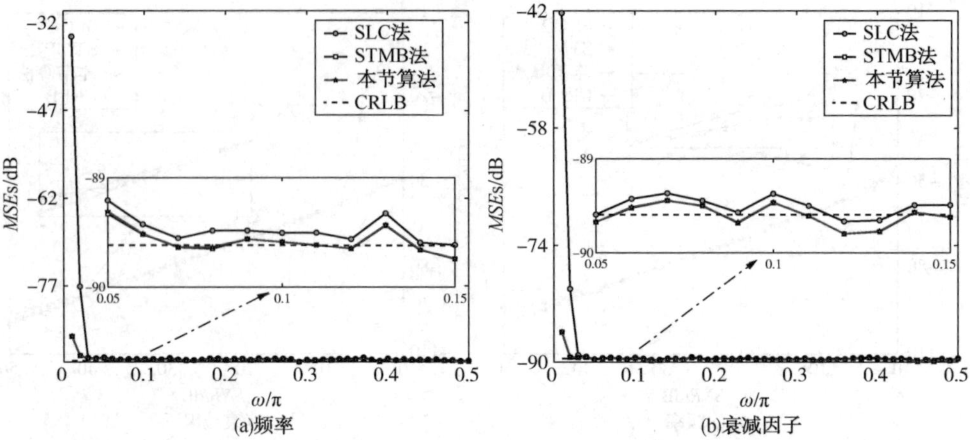

图 4.28　当 $SNR=40\text{dB}$ 时，频率和衰减因子估计精度

当 SNR 为 10dB、信号频率较低时，本节算法参数估计精度略高于 SLC 法和 STMB 法，随着信号频率增加，三者具有相当的参数估计精度，且都靠近 CRLB。当 SNR 为 40dB 时，全频率范围内，本节算法和 STMB 法和所提算法具有相当的参数估计性能，一直靠近 CRLB，优于受频谱泄漏影响的频域 SLC 法，且在低频时的优势更加明显。

（3）不同衰减程度

为检验本节算法在不同衰减程度下的参数估计精度，当衰减因子 η 由 0.001 以 0.0005 为步长增加到 0.02 时，分别在信噪比 $SNR=10\text{dB}$ 和 $SNR=40\text{dB}$ 条件下，进行了频率估计和衰减因子估计实验，结果如图 4.29、图 4.30 所示。仿真时，设频谱索引 $k_0=2$、$\delta=-0.2$，初相位 θ 在 $(-\pi,\ \pi)$ 内随机独立取值。

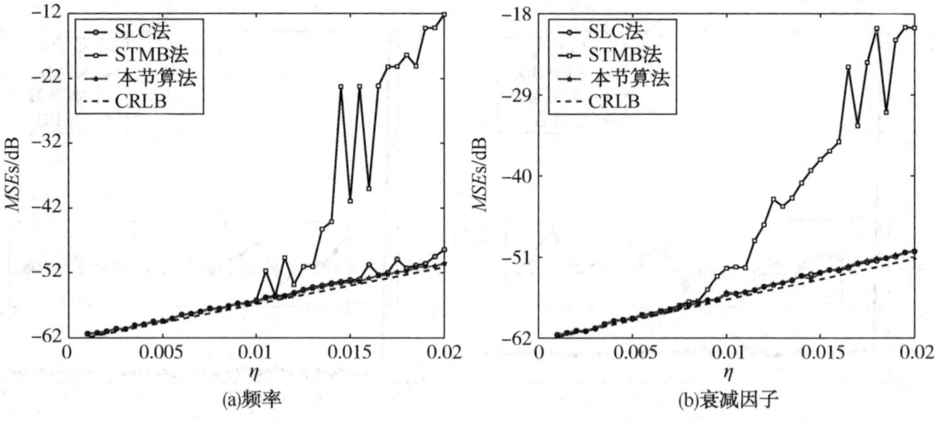

图 4.29　当 $SNR=10\text{dB}$ 时，在不同衰减程度时的频率估计精度

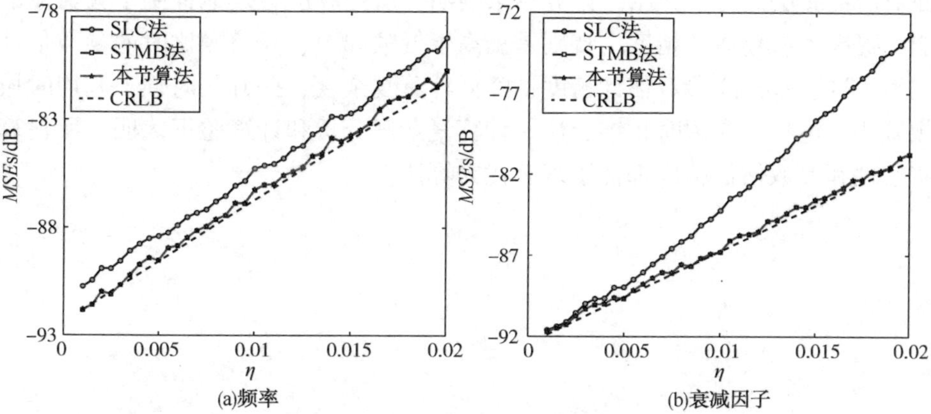

图 4.30　当 $SNR=40\text{dB}$ 时，在不同衰减程度时的衰减因子估计精度

当 SNR 为 10dB、噪声影响较大时，在信号衰减程度较低时，本节算法、SLC 法和 STMB 法具有相当的参数估计精度，且都靠近 CRLB。随着衰减因子增加，由于 STMB 法抗噪性差，其参数估计精度逐渐降低，偏离 CRLB，而本节算法和 SLC 法一直跟随 CRLB，具有良好的参数估计精度，且本节算法略优于 SLC 法。当 SNR 为 40dB、噪声影响较小时，本节算法和 STMB 法和所提算法具有相当的参数估计性能，一直靠近 CRLB，但 SLC 法受频谱泄漏的影响，频率估计存在偏差，衰减因子估计精度随衰减因子增加而逐渐降低。

通过计算复杂度分析和不同条件下的计算验证，检验了所提算法的参数估计性能。实验结果表明：1）所提算法计算高效，相对于时域优秀算法 STMB 法，显著降低了计算量，也优于 SLC 法；2）所提算法有效提高了参数估计精度，在低信噪比时，计算精度优于 STMB 法，高信噪比时，计算精度优于频域优秀算法 SLC 法，抑制了频谱泄漏的影响。在仿真条件内，相比于 STMB 法和 SLC 法，所提算法参数估计值的均方误差更接近于克拉美罗下限。

4.4　本章小结

针对幅值衰减信号，为了抑制信号中频谱泄漏的影响，本章介绍了 3 种参数估计算法。为提高中、高信噪比条件下的参数估计精度，给出了相减策略的参数估计算法，阐述了算法思想，给出了流程步骤，完成了性能分析，并与现有的优秀算法进行了计算验证。计算结果表明，所提算法有效地抑制了频谱泄漏的影响，提高了中、高信噪比下的参数估计精度，但当信号频率较低且处于中、高信噪比条件时的估计精度仍较低。为进一步提高信号参数的估计精度，给出频谱泄漏校正的参数估计算法，分别从算法思想、流程步骤、性能分析和计算验证四个方面对所提算法进行了介绍。计算结果表明，所提算法有效地抑制了频谱泄漏的影响，提高了参数估计精度，特别是提高了低频和中、高信噪比时的参数估计精度。为了进一步提高参数估计精度，降低计算复杂度、提升实时性，利用时域法和频域法的优势，介绍时频结合法。计算复杂度分析和计算验证表明，所提算法的实时性和参数估计精度都优于现有优秀算法。

5 算法应用

第2~4章介绍了不同信号模型的参数估计算法，本章将以科氏流量计信号为例对所提算法进行应用验证。首先，介绍了当前科氏流量计中的典型算法。其次，在第2章算法的基础上，针对科氏流量计实际应用中的多参数测量问题，介绍了新的时频结合算法。再次，介绍了科氏流量计二次仪表(变送器)的设计及实现。最后，在科氏流量计实验平台上进行流量测量实验，并对本章内容进行小结。

5.1 多参数测量算法

5.1.1 典型算法

在科氏流量计的实际应用中，主要采用两种典型算法：一是时域法中的过零检测法，二是频域法中的计及负频率法。

过零检测法的计算流程[141]：首先，利用格型陷波器对两路采样信号进行滤波，得到两路滤波信号，以提高信噪比、降低噪声的影响；其次，分别检测计算窗内滤波信号的所有相邻过零点，转换成信号频率和初相位，并计算信号幅值；再次，通过参数进行算术平均，降低随机误差的影响，得到两路信号频率、相位差和幅值的粗略值；最后，去除异常结果，再次算术平均，得到信号频率、相位差和幅值的精确值。过零检测法是目前最容易理解和实现的科氏流量计信号处理算法，得到了广泛应用。

NFC-DTFT法的计算流程[80]：首先利用格型陷波器对两路采样信号进行滤波，得到两路滤波信号，降低噪声的影响，同时得到信号频率粗略值。其次利用DTFT法对两路滤波信号进行联合计算，得到两路信号相位差和幅值。最后通过算术平均，得到信号频率、相位差和幅值的精确值。计及负频率法的相位差估计结果的均方误差跟随克拉美罗下限变化，是现有相位差估计精度最好的算法。

为直观理解过零检测法和计及负频率法对科氏流量计信号的处理效果，对两种算法进行对比分析。仿真时，设信号幅值1.5、频率482Hz、采样频率7500Hz、相位差0.15°、信噪比25dB。过零检测法的计算窗长为500，计及负频率法的计算窗长为1024，每计算20次进行一次算术平均，结果如图5.1所示。

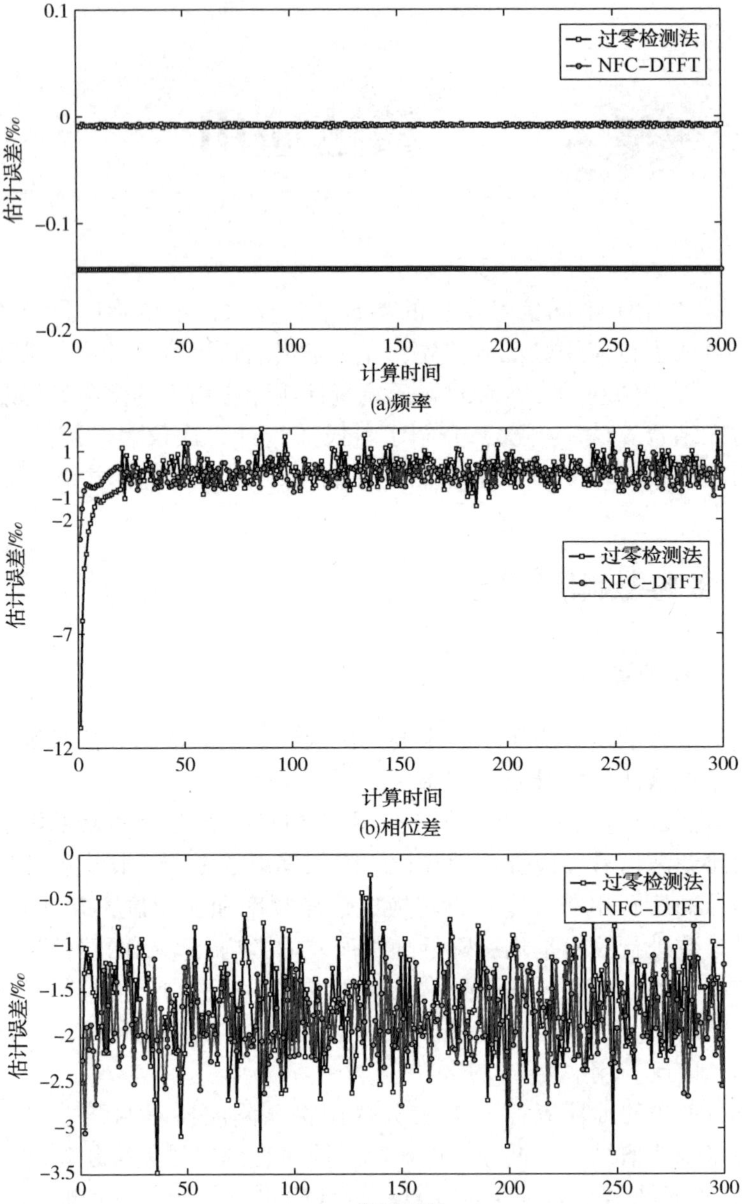

图 5.1　过零检测法和计及负频率法的参数估计结果对比

可以看出，在实际应用中，经过滤波和平均计算后，过零检测法和计及负频率法的参数精度都很高。频率估计精度均小于 0.2‰，几乎没有波动，过零检测法比计及负频率法的频率精度更高。二者具有相当的相位差估计精度，相位差的瞬时估计误差小于 1.5‰。求累积流量时，测量精度将进一步减小，满足 1‰或者更高的测量要求。计及负频率法的幅值估计精度略高于过零检测法，波动均小于 3‰，但都存在估计偏差。此外，需要更高的流量测量精度时，可以通过增加信号长度来进一步提高相位差估计精度，但这会增加计算量，降低测量实时性。

此外，当科氏流量计信号频率发生了较大的变化，格型陷波器需要更新滤波器参数，整个收敛过程较慢，导致频率和相位差估计结果出现偏差及波动，影响流量计测量精度。情况严重时，即测量两相流时，陷波器可能无法跟踪流量管振动频率的变化，导致流量管停振。因此，需要设计抗噪性强的科氏流量计信号处理算法，减少或者不使用算法滤波。

5.1.2 科氏流量计信号处理算法

针对科氏流量计上下游振动信号，为降低算法计算量、提高实时性，进一步降低噪声的影响，给出了新的科氏流量计信号处理算法。下面从算法思想、流程步骤、计算量分析和计算验证四个方面介绍所提算法。

(1) 算法思想

时域法易于理解，参数估计精度高，但受噪声影响大；频域法提升了抗噪性，但计算量大，而且在参数精估计时受频谱泄漏影响。基于此，利用时域法和频域法的优势，给出了时频结合算法。

时频结合法的思想是，充分利用时域法计算量小和频域法参数估计精度高的优势，并结合科氏流量计信号的实际特点，设计新的算法，提升科氏流量计信号参数估计精度。首先利用时域法对信号进行预处理，其次利用频域法对参数进行精估计，实现科氏流量计信号实时高精度跟踪处理。

(2) 流程步骤

所提算法共分为 3 步。

第一步：对第一路振动信号 $x_1(n)$ 进行预处理。

按照 n 从 0 到 N_1-1 的顺序进行逐点搜索，找到同时满足 $x_1(n)<0$ 且 $x_1(n+1)>0$ 或者是 $x_1(n)>0$ 且 $x_1(n+1)<0$ 第 1 个点和第 2 个点，此时索引分别记为 n_1 和 n_2，并计算索引附近的信号过零时刻值 t_i。

$$t_i=n_i+\frac{x_1(n_i)}{x_1(n_i)-x_1(n_i+1)} \quad i=1,\ 2 \tag{5.1}$$

从而得到信号频率粗值 f_c。

$$f_c=\frac{f_s}{t_2-t_1} \tag{5.2}$$

利用频率粗估计值，构造整周期采样长度偏差 $y_1(n)$：

$$y_1(n)=\left|\frac{(N_1-n)f_c}{f_s}-\mathrm{floor}\left(\frac{N_1f_c}{f_s}\right)\right| \quad n=0,\ 1,\ \cdots,\ n_2-1 \tag{5.3}$$

式中，floor(·)表示不大于 · 的最大整数，|·|表示取 · 的绝对值。

当第一次出现 $y_1(n+1)<y_1(n)$ 且 $y_1(n+1)<y_1(n+2)$ 时，记此时的索引 $n+1$ 为 n_3，得到优化后的信号长度 N_2，使参与计算的信号尽可能满足半周期采样，减少后续频谱插值计算时频谱泄漏的影响。

$$N_2=N_1-n_3 \tag{5.4}$$

同时，利用频率粗估计值获取优化后信号的频谱最大值索引 k，降低由 DFT (Discrete Fourier Transform)计算频谱索引而增加的计算量。

$$k=\mathrm{round}\left(\frac{N_2}{t_2-t_1}\right) \tag{5.5}$$

式中，符号 round(·)表示取最接近于 · 的整数。

第二步：对两路信号进行参数估计。

首先，设定频谱偏移量初值 $\delta_0=0$。

根据频谱索引 k，对第一路信号进行插值，插值间隔为 0.5。

$$X(k+\delta_0\pm0.5)=\frac{1}{N_2}\sum_{n=0}^{N_2-1}x_1(n)\mathrm{e}^{-i\frac{2\pi}{N_2}(k+\delta_0\pm0.5)n} \tag{5.6}$$

通过两个插值点频谱值，得到信号粗略的频谱偏移量。

$$\hat{\delta}_c=\frac{1}{2}\mathrm{Re}\left(\frac{X(k+\delta_0+0.5)+X(k+\delta_0-0.5)}{X(k+\delta_0+0.5)-X(k+\delta_0-0.5)}\right) \tag{5.7}$$

式中，符号 Re(·)表示取复数 · 的实部，$\hat{\cdot}$ 表示参数 · 的估计值。

其次，利用频谱偏移量 $\hat{\delta}_c$ 替换式(5.6)中的 δ_0，再次对第一路信号进行两点插值，插值间隔为 0.5，得到插值点频谱 $X(k+\hat{\delta}_c\pm0.5)$，并计算第一路信号复幅值 $\hat{A}_1$。

$$\hat{A}_1=\frac{1}{N_2}\sum_{n=0}^{N_2-1}x_1(n)\mathrm{e}^{-i\frac{2\pi}{N_2}(k+\hat{\delta}_c)n} \tag{5.8}$$

根据频谱偏移量和信号复幅值，计算第一路信号在插值点处的频谱泄漏量。

$$L(k+\hat{\delta}_c\pm0.5)_1=\frac{\hat{A}'_1}{N}\frac{1+\mathrm{e}^{-i4\pi\hat{\delta}_c}}{1-\mathrm{e}^{-i\frac{2\pi}{N_2}(2k+2\hat{\delta}_c\pm0.5)}} \tag{5.9}$$

式中，$\hat{A}'_1$ 表示复幅值 $\hat{A}_1$ 的共轭复数。

因此得到校正后的插值点频谱值。

$$X_c(k+\hat{\delta}_c\pm0.5)=X(k+\hat{\delta}_c\pm0.5)-L(k+\hat{\delta}_c\pm0.5) \tag{5.10}$$

同时，得到信号精确的频谱偏移量 $\hat{\delta}$。

$$\hat{\delta}=\hat{\delta}_c+\frac{1}{2}\mathrm{Re}\left(\frac{X_c(k+\hat{\delta}_c+0.5)+X_c(k+\hat{\delta}_c-0.5)}{X_c(k+\hat{\delta}_c+0.5)-X_c(k+\hat{\delta}_c-0.5)}\right) \tag{5.11}$$

根据频谱索引，求取第一路信号复幅值 $\hat{A}_2$ 和第二路信号复幅值 $\hat{A}_3$。

$$\begin{cases} \hat{A}_2 = \dfrac{1}{N_2} \displaystyle\sum_{n=0}^{N_2-1} x_1(n)\mathrm{e}^{-i\frac{2\pi}{N_2}(k+\hat{\delta})n} \\ \hat{A}_3 = \dfrac{1}{N_2} \displaystyle\sum_{n=0}^{N_2-1} x_2(n)\mathrm{e}^{-i\frac{2\pi}{N_2}(k+\hat{\delta})n} \end{cases} \tag{5.12}$$

从而得到两路信号的幅值和初相位估计值。

$$\hat{a} = |\hat{A}_2| \tag{5.13}$$

$$\begin{cases} \hat{\theta}_1 = \angle \hat{A}_2 \\ \hat{\theta}_2 = \angle \hat{A}_3 \end{cases} \tag{5.14}$$

式中，∠· 表示取复数 · 的角度。

并根据两路信号的初相位，得到两路信号相位差估计值。

$$\Delta\hat{\theta} = \hat{\theta}_2 - \hat{\theta}_1 \tag{5.15}$$

根据频谱索引值，得到信号频率估计值。

$$\Delta\hat{f} = \frac{f_s}{N_2}(k+\hat{\delta}) \tag{5.16}$$

最后，根据频谱索引值和频谱偏移量，按照 n 从 0 到 n_2-1 的顺序依次计算式(5.16)，得到整周期采样长度偏差 $y_2(n)$。

$$y_2(n) = \left| \frac{(k+\hat{\delta})(N_2+n)}{N_2} - k - 1 \right| \quad n=0,\ 1,\ \cdots,\ n_2-1 \tag{5.17}$$

当第一次出现 $y_2(n+1)<y_2(n)$ 且 $y_2(n+1)<y_2(n+2)$ 时，记此时的索引 $n+1$ 为 n_4，得到下一次信号计算长度 N_3，使得参与计算的信号尽可能满足半周期采样，减少频域计算时的频谱泄漏影响，同时避免因式(5.4)造成参与计算的信号长度逐渐变短的影响。

$$N_3 = N_2 + n_4 \tag{5.18}$$

第三步：计算信号瞬时参数。

对信号频率、相位差和幅值的估计值进行算术平均，降低随机误差的影响，得到科氏流量计瞬时频率、瞬时相位差和瞬时相位差。

$$\begin{cases} \Delta\bar{\hat{f}} = \dfrac{1}{I} \displaystyle\sum_{i=1}^{I} \Delta\hat{f}_i \\ \Delta\bar{\hat{\theta}} = \dfrac{1}{I} \displaystyle\sum_{i=1}^{I} \Delta\hat{\theta}_i \\ \Delta\bar{\hat{a}} = \dfrac{1}{I} \displaystyle\sum_{i=1}^{I} \Delta\hat{a}_i \end{cases} \tag{5.19}$$

式中，$\Delta\bar{\hat{f}}$、$\Delta\bar{\hat{\theta}}$和 $\Delta\bar{\hat{a}}$分别表示科氏流量计振动信号的瞬时频率、瞬时相位差和

瞬时幅值，I 是平滑数据点数。通过标定，即可得到科氏流量计流量管中液体的密度、瞬时流量以及累积流量。

(3) 计算量分析

为说明所提算法的性能，进行了计算量分析，并与过零检测法和计及负频率法进行了对比分析。

处理科氏流量计信号时，按照算法流程，所提算法、过零检测法和计及负频率法的主要计算量均来源于三个步骤，如表 5.1 所示。

表 5.1 计算量来源

算法	步骤 1	步骤 2	步骤 3
过零检测法	格型滤波	所有过零点检测	算术平均
NFC-DTFT	格型滤波	DTFT 联合计算	算术平均
本节算法	两个过零点检测	频谱插值计算	算术平均

三种算法均含有三个主要的计算步骤，其中第 3 步都是进行算术平均，步骤 3 的计算量一样。因此，各算法的计算量大小直接体现在步骤 1 和步骤 2。步骤 1 中，过零检测法和计及负频率法都需要对采样信号进行滤波处理，计算量大，远大于所提算法。步骤 2 中，所提算法利用过零检测思路求得信号频谱索引，并通过频谱插值计算初相位得到相位差，减少因联合计算两路信号而增加的计算量，计算量小于计及负频率法。同时，因为过零检测法需要检测所有过零点，增加了计算量，计算量大于所提算法。因此，所提算法的计算量小于过零检测法和计及负频率法，表明所提算法的实时性优于过零检测法和计及负频率法。

(4) 计算验证

为说明所提算法的信号处理精度，进行了幅值、频率和相位差估计仿真实验，并与过零检测法和计及负频率法进行了对比分析。仿真时，信号频率和采样频率分别为 482Hz、7500Hz，相位差为 0.15°，信号幅值为 1.5，信噪比为 25dB。过零检测法的计算窗长为 500，计及负频率法的计算窗长为 1024，所提算法的计算窗长为 500，每计算 20 次进行一次算术平均。过零检测法和计及负频率法没有使用滤波的结果如图 5.2 所示，使用滤波的结果如图 5.3 所示。

通过对比图 5.2 和图 5.3 可知，经过滤波，过零检测算法的参数估计精度得到极大提升，特别是相位差估计精度。滤波提升了计及负频率法的频率估计精度，对相位差估计精度提升不明显。同时，因为没有滤波的影响，计及负频率法的幅值估计精度没有估计偏差。因此，在实际应用时，计及负频率法可不使用预滤波处理，采用其他频率估计算法计算流量管的振动频率，可以减少计及负频率法的计算量，提升实时性。

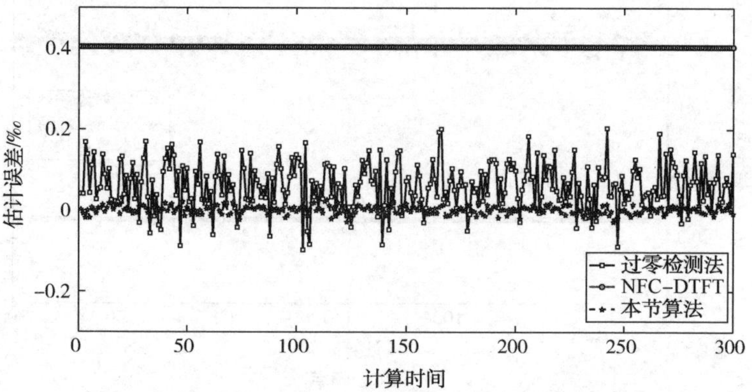

(a)频率

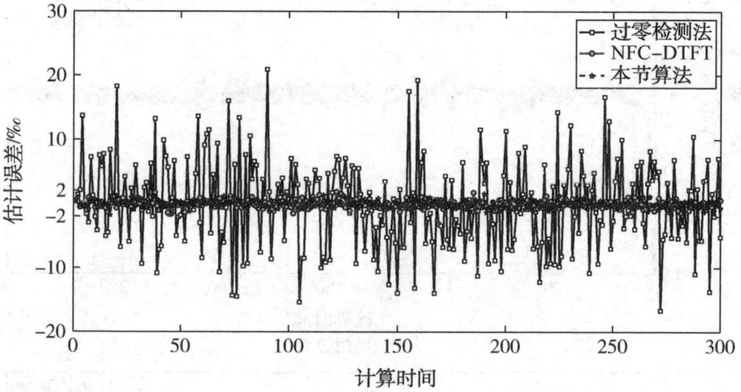

(b)相位差

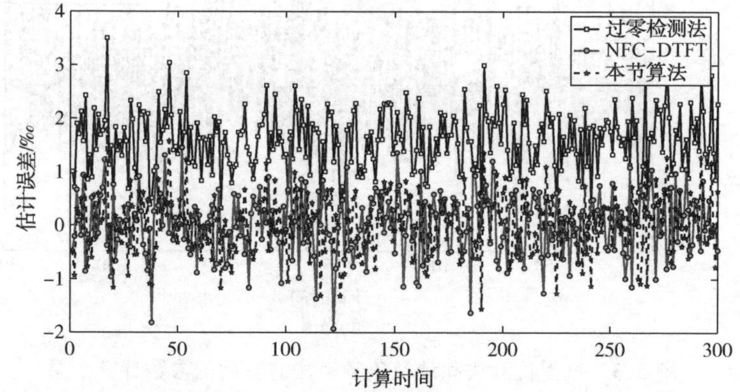

(c)幅值

图 5.2　过零检测法和计及负频率法没有滤波时的参数计算结果

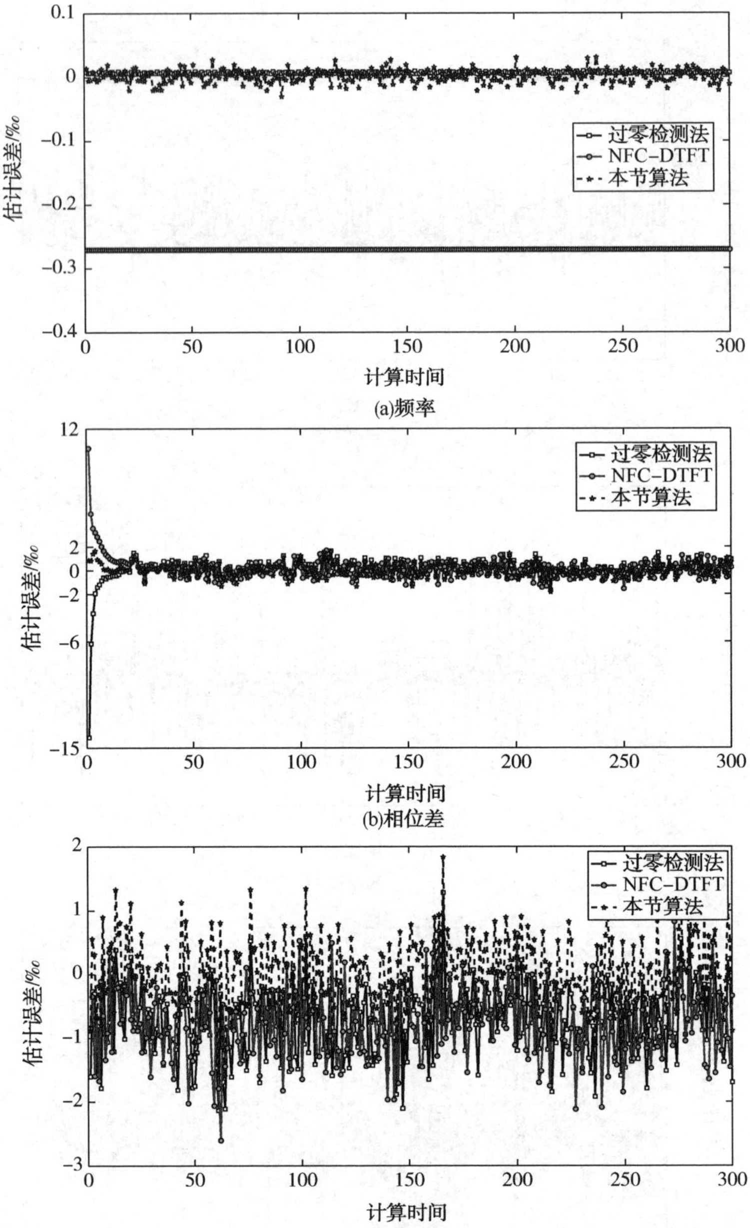

图 5.3　过零检测法和计及负频率法滤波后的参数计算结果

由图 5.3 可知，三种算法的频率估计精度都很高，相对误差优于 0.3‰。过零检测法和计及负频率法的波动非常小，波动范围小于所提算法。由于滤波的影响，过零检测法和计及负频率法存在频率估计偏差。但这个偏差是随机的，每次的估计偏差会发生变化。所提算法的频率波动范围较大，但没有估计偏差，稳定性和精度都优于过零检测法和计及负频率法。所提算法与过零检测法和计及负频率法具有相当的相位差跟踪精度，相位差瞬时估计误差小于 2‰，在零附近波动。当测量累积流量时，可进一步减少误差，满足科氏流量计高精度测量要求。所提算法的幅值估计波动范围和过零检测法与计及负频率法的波动范围大致相当，但所提算法没有估计偏差，估计精度优于二者。由于滤波的影响，过零检测法和计及负频率法的收敛速度慢，而所提算法不需要收敛，可以实时响应。因此，所提算法更适合于实际应用。特别是频率变化大滤波器参数需要更新时，所提算法的响应速度更快。

进一步说明滤波对所提算法的影响，为采样信号进行了滤波处理，结果如图 5.4 所示。

经过滤波，可进一步提升频率的估计精度，但对相位差估计精度提升作用不明显，且需要收敛，响应速度更慢。同时，滤波导致了幅值估计存在偏差。因此，所提算法无须滤波处理，即可快速高精度地处理科氏流量计信号。

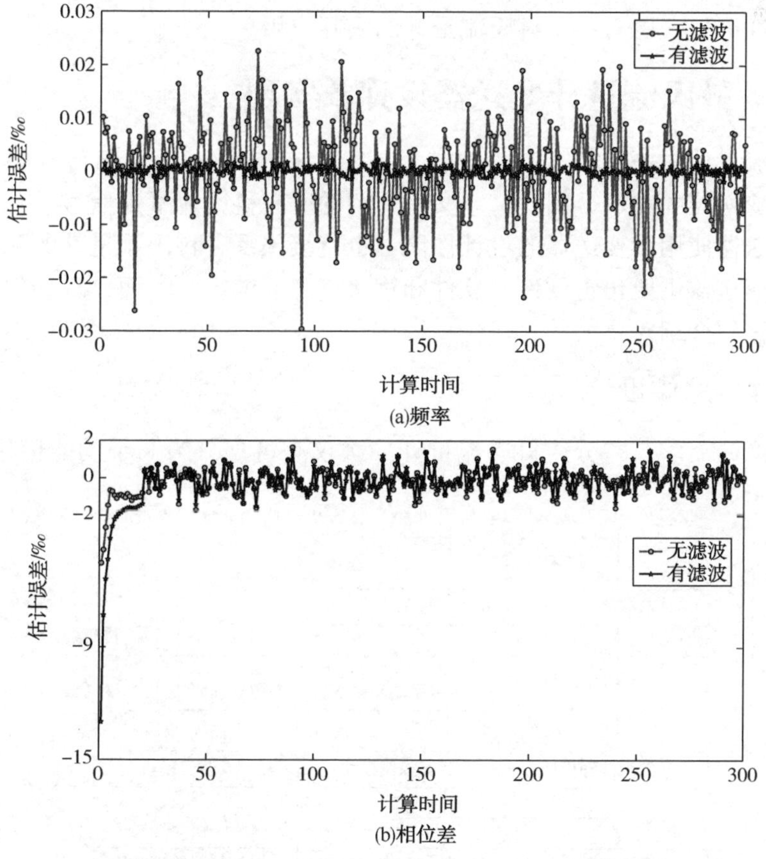

图 5.4　所提算法经过滤波和未滤波的参数计算结果

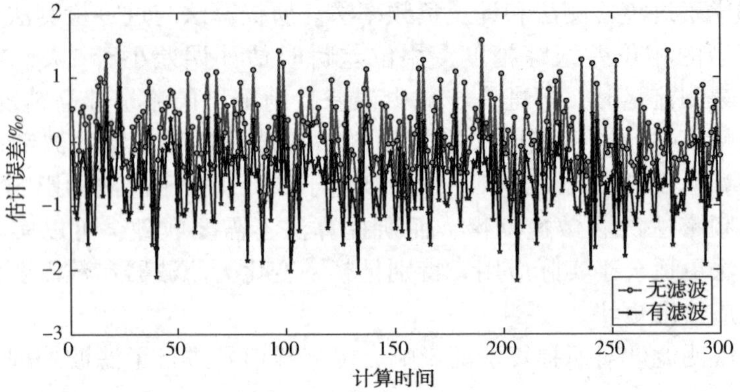

(c)幅值

图 5.4　所提算法经过滤波和未滤波的参数计算结果(续)

所提算法结合了时域法和频域法的优势，实现了科氏流量计信号参数高精度估计，略优于现有优秀的过零检测法和计及负频率法。同时，所提算法计算量更小、实时性更强，更有利于科氏流量计的实际应用。

5.2　科氏流量计变送器设计及实现

科氏流量计由一次仪表和二次仪表(变送器)构成，振动信号采集、处理和分析均在变送器中完成。因此，本文所介绍的所有科氏流量计信号处理算法都需要配合变送器使用，变送器的设计性能，也直接关系着科氏流量计的测量精度和实时性。变送器主要包含硬件、软件和算法三部分内容。下面，对如何设计和实现变送器进行介绍。

5.2.1　总体设计

根据产品需求，差分式科氏流量计二次仪表可划分为 8 个功能模块[149]，如图 5.5 所示。

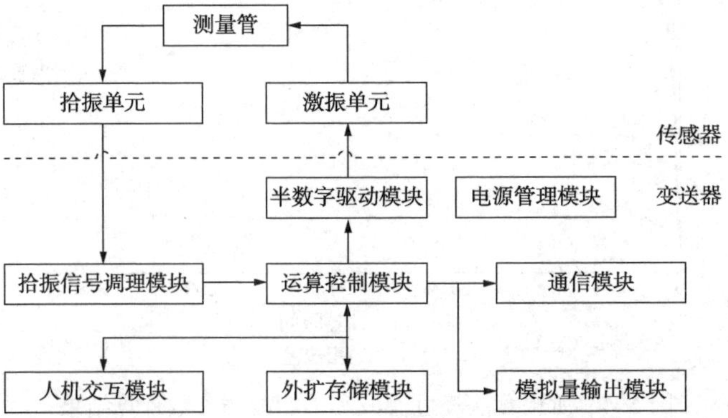

图 5.5　功能模块

1）拾振信号调理模块：首先，利用拾振器检测流量管振动信号；其次，将拾振信号滤波放大后，完成 AD 转换；最后，将采样信号传输入运算控制模块。

2）运算控制模块：对采样信号进行处理，得到流量管的振动参数(如固有频率、振动幅值)与流量管中液体质量流量以及液体密度温度等参数；根据振动幅值的变化计算出驱动增益，便于调节驱动信号电压；对采集的温度信息进行分析，实现温度补偿，该模块功能由 DSP F28335 主控芯片实现。

3）半数字驱动模块：将信号调理模块采集的拾振信号和运算控制模块计算的驱动增益合成驱动信号，驱动流量管振动。

4）温度采集模块：采集二次仪表电路板表面温度信号，并传输入运算控制模块中进行处理。

5）通信模块：实现在上位机(PC)上读取运算模块计算的各参数，或通过上位机向运算控制模块写控制参数的功能。

6）外扩存储模块：用于存储各模块采集的数据与差分式科氏流量计的参数。

7）电源管理模块：将 15V 的交流电转换为可供系统使用的各类电平。

8）模拟量输出模块：将运算控制模块的计算结果转换为频率和电流信号，供控制器或其他智能仪表使用。

5.2.2 硬件设计及实现

根据划分的功能模块设计的系统硬件框图如图 5.6 所示。

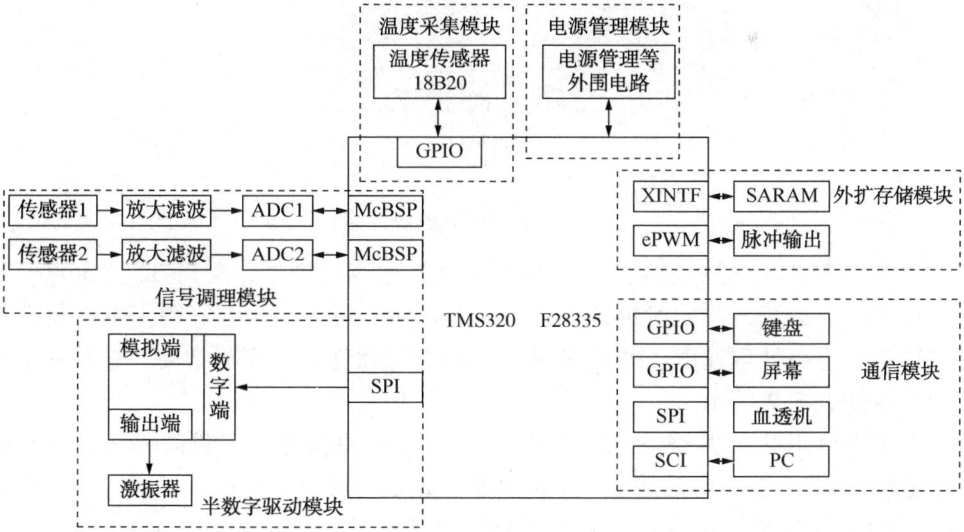

图 5.6 硬件设计框图

(1) 运算控制模块

为满足科氏流量计实时运算和算法精度的要求，并考虑功耗、价格等因素，本系统选择 TI 公司生产的 DSP TMS320F28335 为差分式科氏流量计的主控芯片。该模块是变送器的核心，主要由 DSP 以及一些附属部件(振荡器、电压监控器和 JTAG 接口等)组成，电路结构如图 5.7 所示。

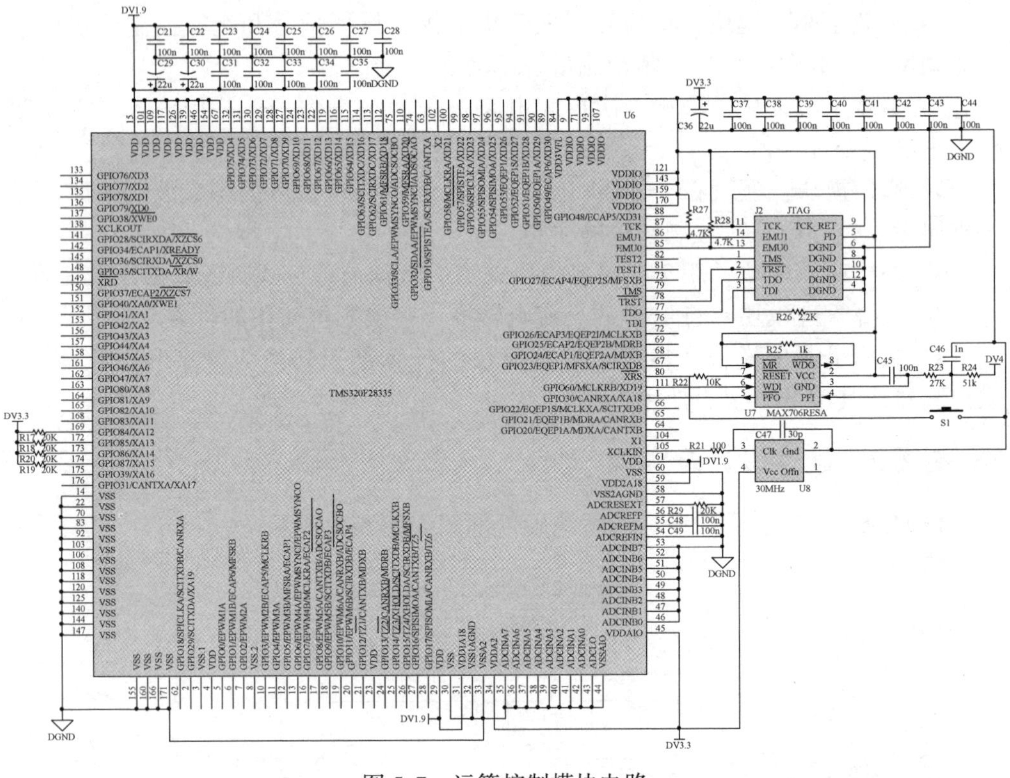

图 5.7　运算控制模块电路

TMS320F28335 是一款高性能的 32 位浮点运算处理器，支持 32 位定点、32 位单精度浮点运算，系统时钟频率高，内部存储空间大，片上资源丰富，具有强大的计算能力与处理速度；并可采用 C/C++编写软件，效率非常高。此芯片主要性能特点如表 5.2 所示。

由于不使用 DSP 片载 ADC，所以 DSP 不需要模拟电源，只需要 2 种电平的数字电源：1.9V 数字电源接至“CPU 和逻辑数字电源”引脚 V_{DD}，3.3V 数字电源接入“I/O 数字电源”引脚 V_{DDIO} 和“FLASH 内核电源”引脚 V_{DD3VFL}。为减小功耗，片载 ADC 要做以下处理：模拟电源引脚 V_{DDnA18}($n=1$，2)接至 V_{DD}，模拟电源引脚 V_{DDA2} 和“模拟 I/O 电源”引脚接至 V_{DDIO}，低基准 ADCLO、外部基准输入 ADCREFIN、所有输入信号引脚 $ADCINX_n$($X=A$，B；$n=0\sim7$)均接至 V_{SS}，内部基准输出引脚 ADCREFP/ADCREFM 通过 100nF 电容器接 V_{SS}，ADCRESEXT 通过 20kΩ 电阻器接 V_{SS}。DSP 的时钟由外部振荡器提供，时钟信号经由 XCLKIN 引脚引入。GPIO84~87 引脚在 DSP 初始化时决定启动模式，由于用户程序存放于片载 FLASH 中，需要使 DSP 从 FLASH 启动，因而将这 4 个引脚通过电阻器接至 3.3V 数字电源。

电压监控器 MAX706XRESA 对整个系统的电压进行监控，需要监控的电压信号从 PFI 引脚输入，当电压低于设定值时，电压监控器通过 $\overline{\text{PFO}}$ 引脚向 DSP 发出警告信息。电压监控器还具有“看门狗”功能，DSP 必须定时通过 WDI 引脚喂“看门狗”，当程序运行不正常时，DSP 不能及时“喂狗”，电压监控器将通过 $\overline{\text{RESET}}$ 引脚向 DSP 发送复位信号。

表 5.2　TMS320F28335 主要性能特点

性　能		F28335
CPU		C28x+FPU
系统时钟频率		150MHz
片上存储器	FLASH	256k×16 位
	Boot ROM	8k×16 位
	OTP	1k×16 位
	SRAM	34k×16 位
片上外设	SPI	1 个
	SCI	3 个
	I^2C	1 个
	McBSP/SPI	2 个
	ADC	12 位、16 通道、12.5MSPS
	ePWM	ePWM 1/2/3/4/5/6
	eCAN	2 个
	DMA	6 个
	GPIO	88 个
	XINTF	1 个
外部中断		8 个
PIE		支持 58 个外设中断

（2）驱动模块

科氏流量计共有三种驱动系统，分别是模拟驱动、半数字驱动和数字驱动。

1）模拟驱动。目前，模拟驱动是科氏流量计应用中最成熟的驱动方案，也是国内普遍采用的驱动技术，电路原理如图 5.8 所示。

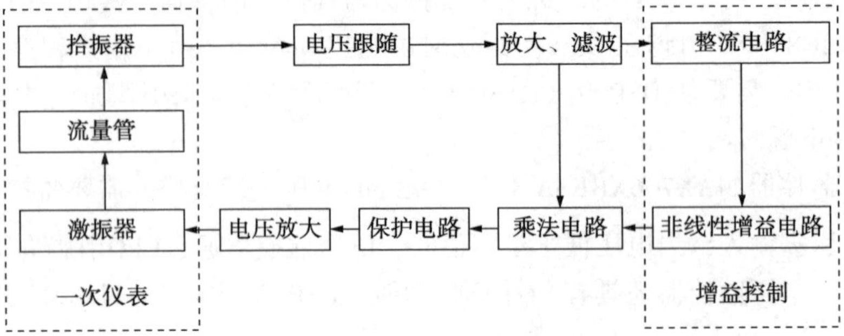

图 5.8　模拟驱动电路原理图

系统上电后，电路中存在含有流量管固有频率的白噪声（也称为扰动），由于该振动系统是一个选频网络，只通过含有流量管固有频率及附近频率的信号，经由电路放大，通过正反馈产生含有流量管固有频率的驱动信号，驱动流量管振动。

模拟驱动利用系统自身的特性实现流量管启振并维持振动，但电路中模拟元器件多，且增益控制算法简单，存在以下缺点：

① 电路较复杂，不易实现，不易调试，成型后不易更改；

② 流量管动态响应时间长、启振速度慢；

③ 容易受温度干扰，零点不稳定，容易引起零点漂移，造成零点不稳定；

④ 工作的频率一般在 200Hz 以内，不适合固有频率高的一次仪表。

被测液体为两相流或外界环境变化大时，流量管固有频率和振动阻尼比发生突变，模拟驱动无法快速跟踪流量管固有频率和振动幅值的变化，造成流量管振动不稳，严重时，甚至会导致流量管停振。

利用模拟驱动原理，设计的电路如图 5.9 所示。

2）半数字驱动。半数字驱动与模拟驱动的主要区别在于增益控制模块，电路原理如图 5.10 所示。

半数字驱动采用幅值检测算法和控制算法实现驱动信号的增益控制，其余部分与模拟驱动相同，利用正反馈实现频率跟踪与流量管启振。

半数字驱动采用高精度的幅值检测算法与控制算法使得流量管稳幅振动，即使被测液体为两相流或外界环境变化大时，流量管也可稳幅振动，克服了模拟驱动幅值跟踪的问题，且启振速度比模拟驱动的启振速度快。但频率跟踪问题并没有得到彻底解决。

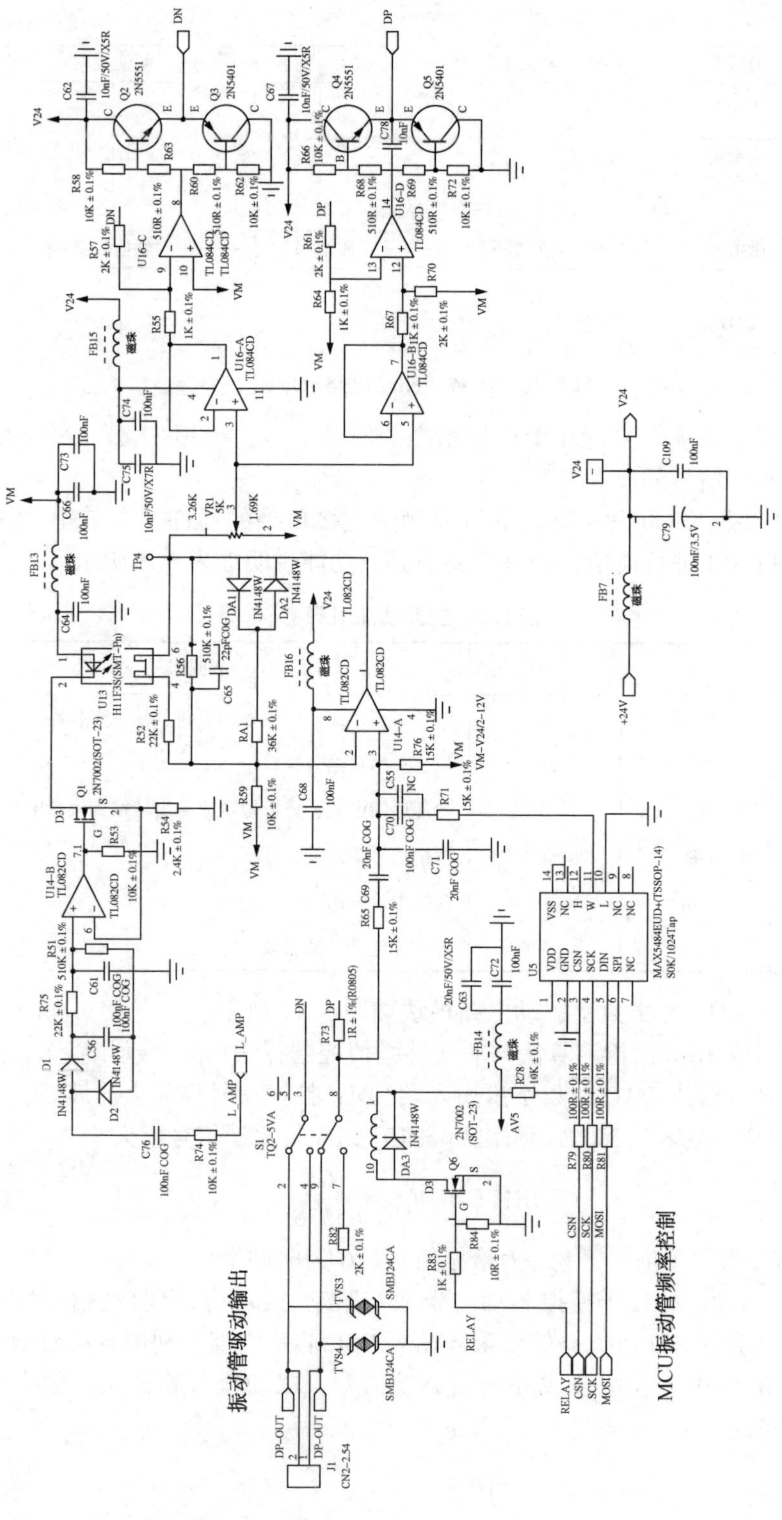

图5.9 模拟驱动电路原理图

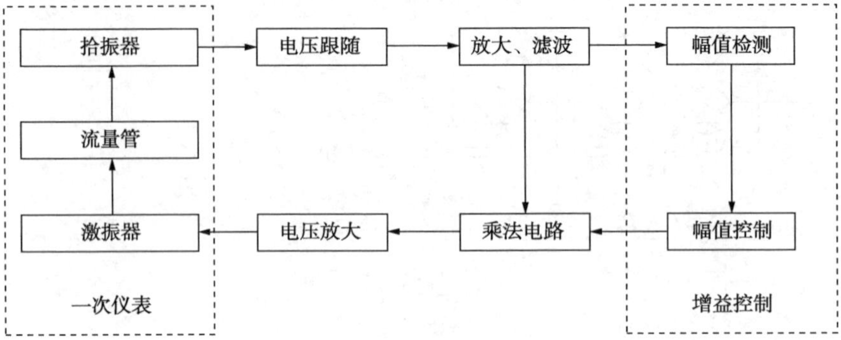

图 5.10　半数字驱动电路原理图

半数字驱动系统的关键在于产生精准的驱动信号，选用 TI 公司的 DAC8811 型芯片完成驱动信号的放大。

DAC8811 是一款可完成模拟量与数字量直接相乘的器件，与 DSP 之间采用串行通信接口 SPI 进行通信，芯片主要引脚及功能说明如表 5.3 所示。

表 5.3　主要功能引脚

序号	名称	I/O	功能描述
1	CLK	I	时钟引脚，上升沿将数据更新至移位寄存器
2	SDI	I	数字量串行输入接口
3	R_{FB}	O	内部反馈电阻，将模拟电流输出转换为模拟电压输出
4	V_{REF}	I	模拟信号输入端
5	I_{OUT}	O	模拟电流输出
6	CS \	I	芯片片选端，低有效

基于 DAC8811 的半数字驱动电路模块如图 5.11 所示。

在 DSP 中采用幅值检测算法与非线性幅值控制算法得到驱动增益 G，并直接以数字量的形式输入 DAC 的数字量输入端 SDI；拾振信号经放大滤波后，直接输入 DAC 的模拟量输入端 V_{REF}，利用式(5.19)完成了驱动信号放大。

$$\mathrm{DRIVE} = -V_{\mathrm{REF}} \times \frac{G}{65536} \tag{5.20}$$

式中，DRIVE 为驱动信号，V_{REF}为拾振信号，G 为驱动增益。

3）数字驱动。相比于模拟驱动与半数字驱动方案，数字驱动信号完全由数字芯片合成。利用 AD 将拾振信号采样输入 DSP 芯片内部，利用算法对信号进行分析处理，在 DDS 芯片中合成并输出驱动信号，驱动流量管振动，数字驱动电路原理如图 5.12 所示。

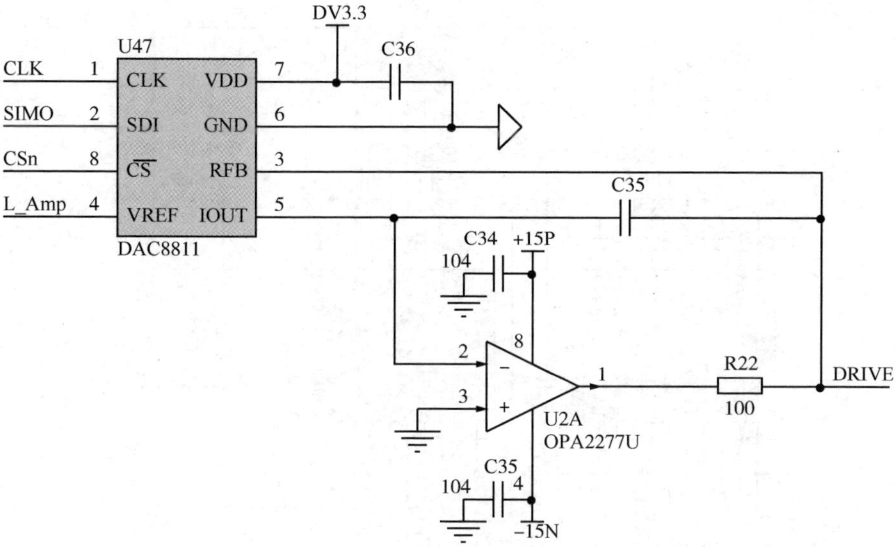

图 5.11　半数字驱动模块

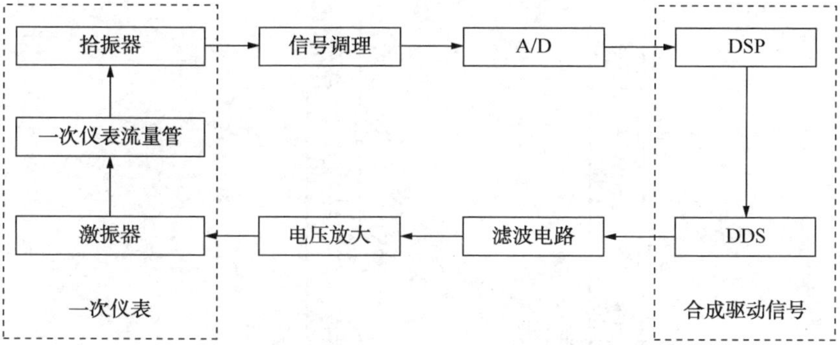

图 5.12　数字驱动电路原理图

数字驱动采用高精度的频率跟踪算法跟踪流量管固有频率，启振速度快，由于信号频率直接利用 DDS 合成，不受模拟电路的影响，在流量管内存在两相流或外界环境变化较大时，也可快速跟踪流量管固有频率和振动幅度的变化。目前，数字驱动方案主要处于实验室研究阶段，投入使用的较少。

经分析，三种驱动方案各有优劣：数字驱动的性能优于另两种驱动的性能，但成本最高、软硬件实现困难；模拟驱动的性能较差，但技术成熟、容易实现且成本最低；半数字驱动的性能与成本都介于二者之间。

（3）信号调理模块

科氏流量计左右两侧拾振信号经由硬件放大，并通过两级 RC 滤波器滤波，最后通过 24 位的 AD 转换得到数字信号传输入主控芯片 TMS320F28335 中。信号调理模块电路如图 5.13 所示。

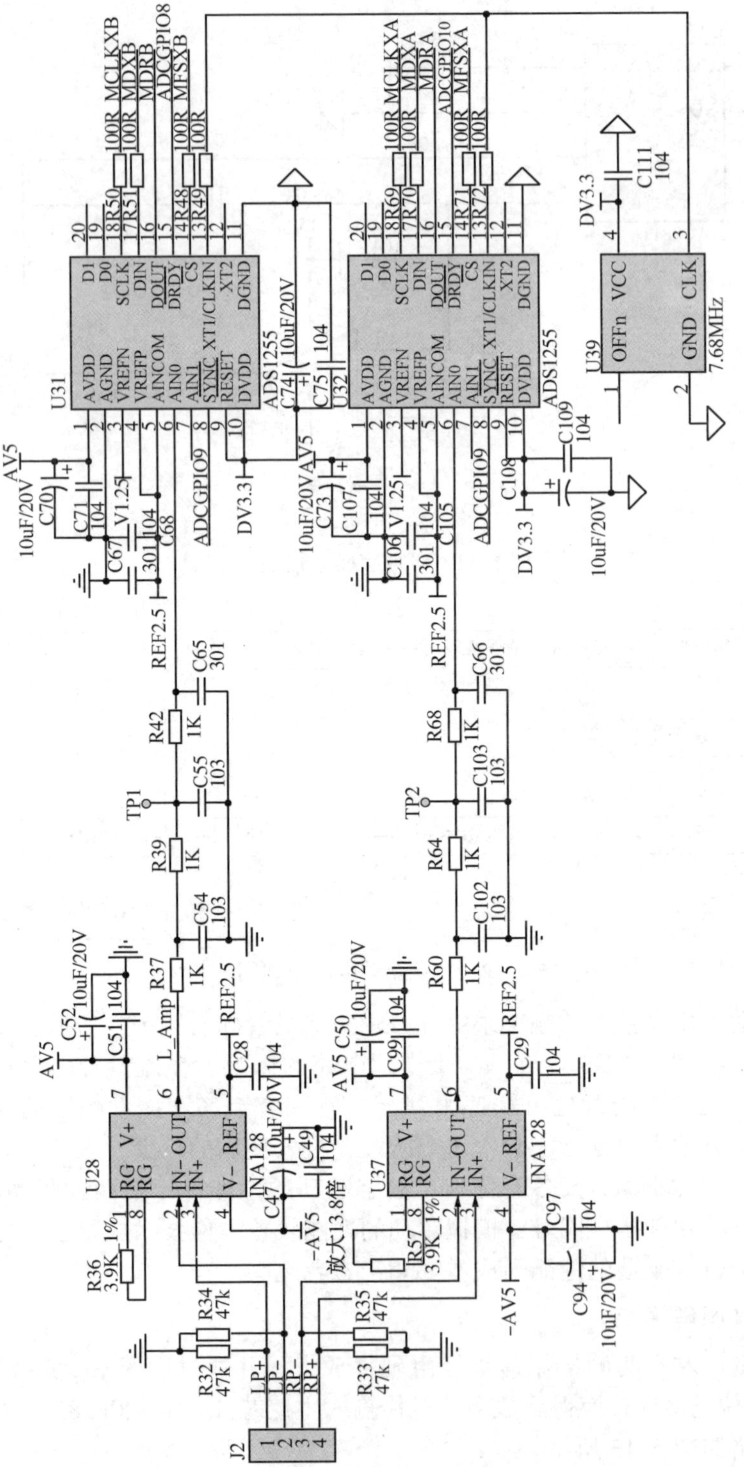

图5.13　信号调理模块电路

（4）电源管理模块

电源管理模块将±15V 的模拟电压转换为±5V、2.5V、1.25V 模拟电压，3.3V 与 1.9V 的数字电压，为系统各元器件供电。系统主要芯片电源电压要求如表 5.4 所示。

表 5.4　主要芯片电源电压

芯　　片	模拟电压/V	数字电压/V
电源	±15	—
TMS320F28335	—	3.3/1.9
ADS1255	5/2.5/1.25	3.3
DAC8811	—	2.7~5.5
MAX485	5	—
MAX3221CDB	—	3.3
INA	±5/2.5	—
FM25L04	—	3.3
IS61LV6416	—	3.3

所设计系统采用了 TI 公司的 TPS562200 芯片完成电压转换，可直接转换 3.3V 与 1.9V 电压供 DSP 系统使用，减少了电源非线性转换时发热严重的问题；采用 REF5025 实现转换 1.25V 与 2.5V 的参考电压，电源管理模块电路如图 5.14 所示。

（5）通信模式

为实现变送器与上位机的通信功能，设计了三种通信模式。

1）GPIO 模拟 SPI 通信。在二次仪表调试中，因 TMS320F28335 的 SPI 接口被占用，可利用 GPIO 模拟 SPI 通信，实现二次仪表与血液透析机之间的数据传输，电路如图 5.15 所示。

系统采用 SN74HC08D 实现双边 CMOS 转换，以防止输出电流过大，而损坏变送器。

2）RS232 串口通信。为方便调试，直接通过上位机读取变送器的计算结果，如瞬时流量、累计流量、液体密度、二次仪表电路板表面温度、流量管振动幅值、固有频率等参数；同时，可通过上位机调试变送器，如设置仪表系数、零点值等参数。系统通过 SCI 引脚接 MAX3221CDB 芯片实现了 RS232 串口通信，电路如图 5.16 所示，实现了二次仪表和变送器之间的数据传输。

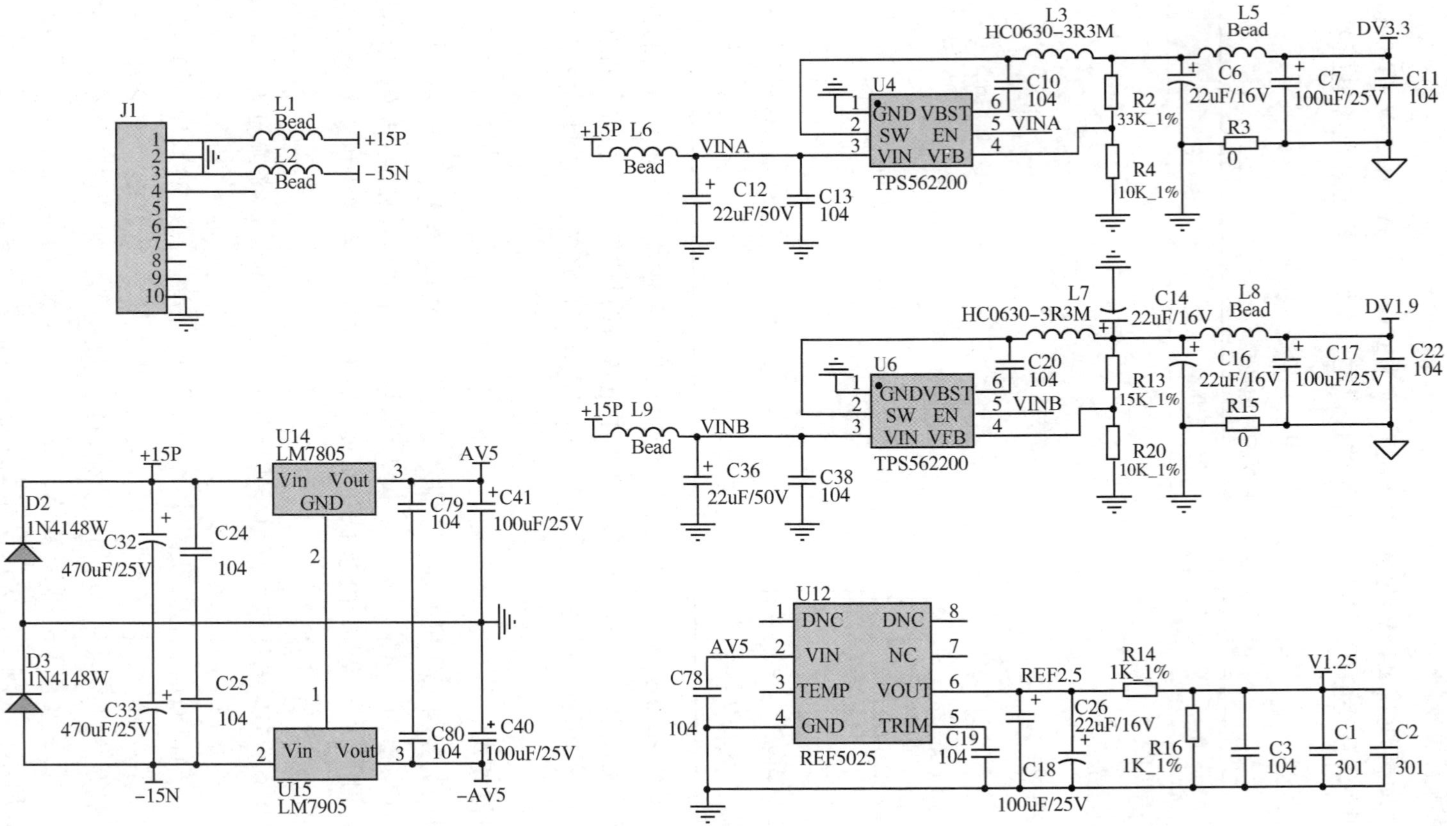

图5.14　电源管理模块电路

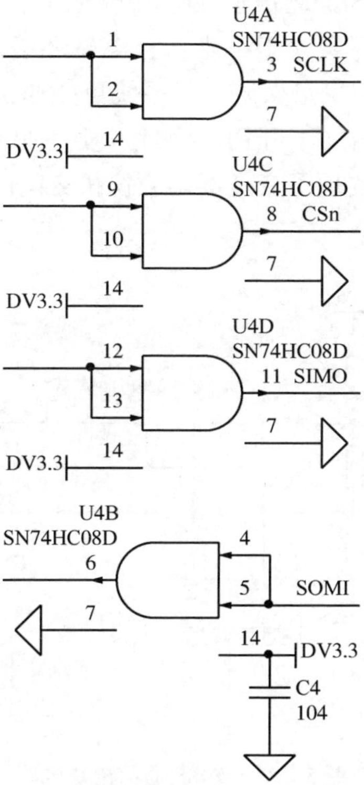

图 5. 15　GPIO 模拟 SPI 通信模块电路

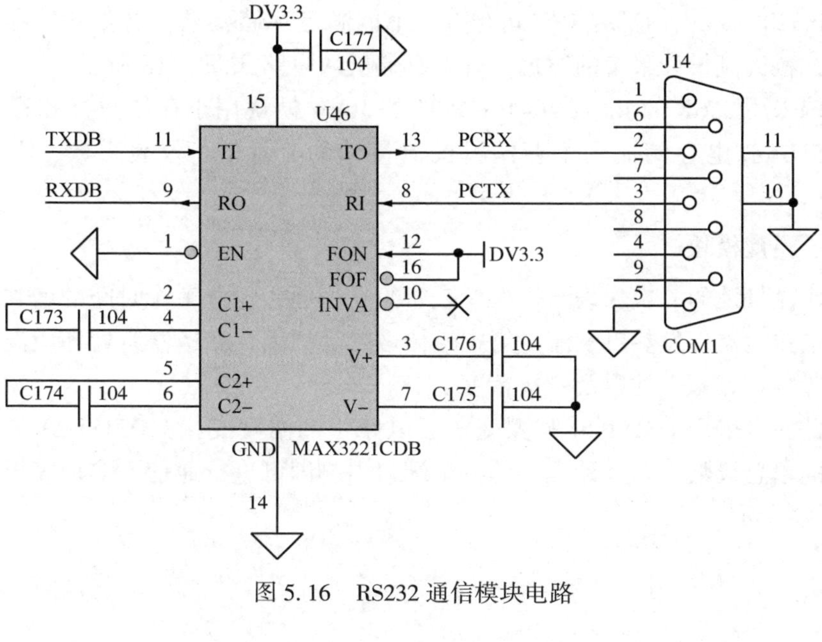

图 5. 16　RS232 通信模块电路

3）RS485 串口通信。SPI 通信适用于板间通信，但在实际使用科氏流量计时，变送器与上位机通信距离大于一米，且电磁环境复杂，利用 GPIO 模拟 SPI 通信容易受电磁干扰，出现少量误码；且系统可能通信站点多，单独使用 SPI 完成与二次仪表间的通信，增加了开销。因此，使用 MAX485 芯片采用 Modbus 协议实现 RS485 串口通信，实现了变送器与上位机之间的高速稳定通信，电路如图 5.17 所示。

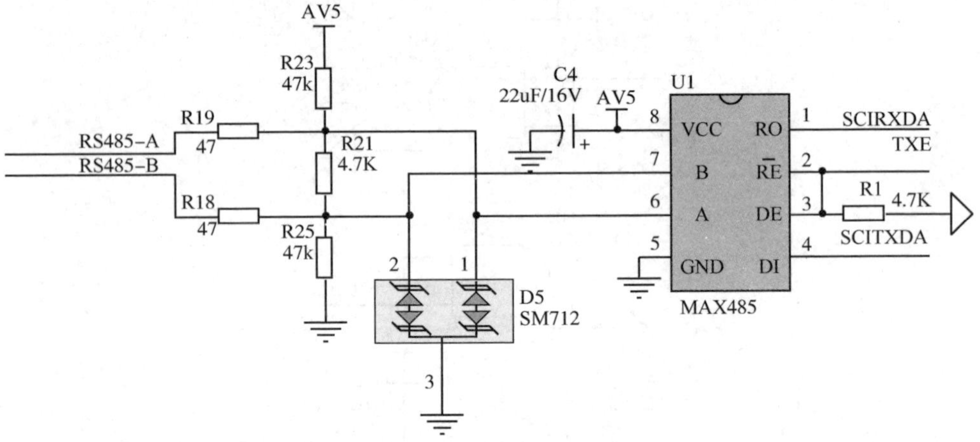

图 5.17　RS485 通信模块电路

（6）外扩存储模块

TMS320F28335 内部存储空间有限，不能满足存储要求，需要外扩存储器存储差分式科氏流量计采集的数据，外扩存储模块电路如图 5.18 所示。

系统采用 256K 的 IS61LV6416-10TI 的 RAM 模块用于存储数据和程序，4K 的 FM25L04 铁电存储器用于存储科氏流量计的流量值、仪表系数、零点值等信息。

（7）温度模块

科氏流量计的二次仪表与一次仪表密封在一起，随着工作时间的增加，由于变送器电路元器件发热以及流量管中液体散热等原因，变送器所处环境温度发生变化，影响零点稳定性以及测量精度。

因此，可采用 DS18B20 监测变送器电路板的温度变化，DS18B20 是可编程分辨率的单总线数字温度计，仅需一个端口引脚即可进行通信，实现简单，电路如图 5.19 所示。

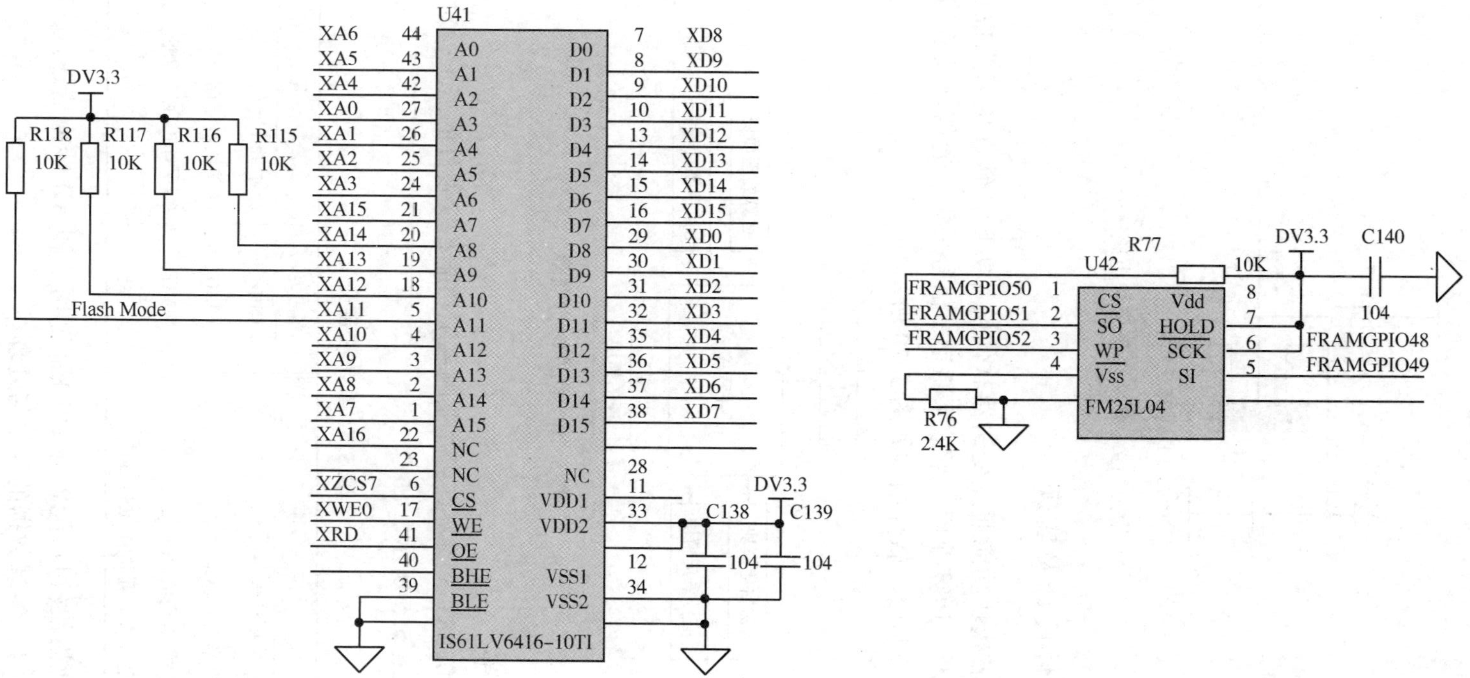

图5.18 外扩Flash与FRAM

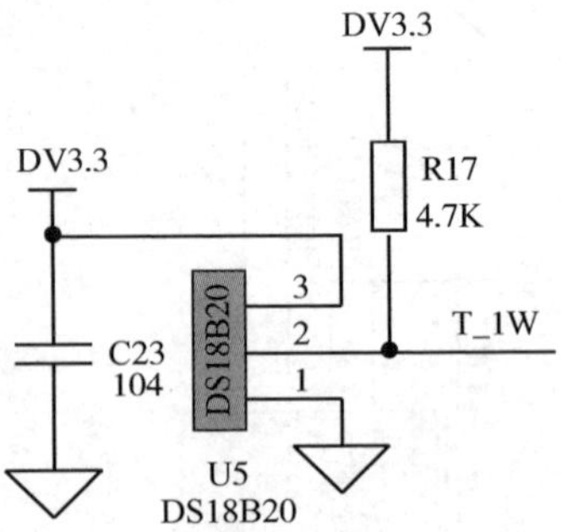

图 5.19　温度采集模块电路

5.2.3　软件设计及实现

科氏流量计各模块功能通过变送器软件设计实现，软件均采用模块化编程，包括初始化、中断、运算处理、半数字驱动、信号采集、通信以及看门狗 7 个模块，由主程序统一调用。软件结构如图 5.20 所示。

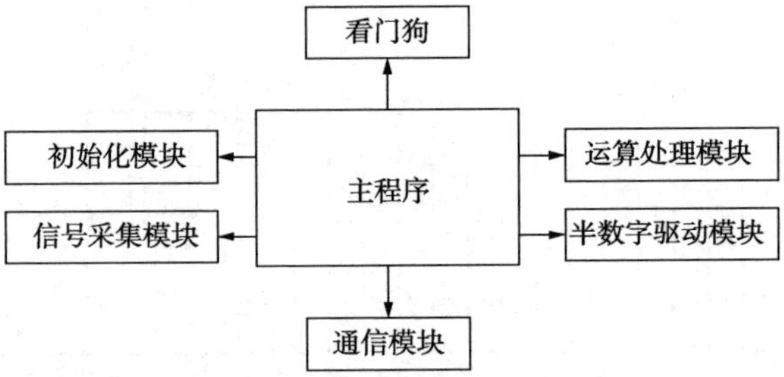

图 5.20　软件结构框图

(1) 资源分配

针对 TMS320F28335 的特点，并兼顾系统功能和软硬件的需求，对 DSP 资源进行了分配，如表 5.5 所示。

表 5.5　DSP 资源分配

接口	用　　途	接口	用　　途
McBSP	拾振信号采集	GPIO	模拟 SPI 通信
SPI	输出半数字驱动增益	GPIO	实现铁电存储、掉电保护功能
SCIA	与上位机通信(RS232)	XINTF	实现外扩存储功能
SCIB	与血液透析机通信(RS485)		

两个 McBSP 模块(可以配置为 SPI 接口)用于和 AD 转换器连接，采用 DMA 方式传输拾振信号，实现数据的采集与处理。

DSP 片上 SPI 接口与 MDAC 连接，将处理器中计算的驱动增益输入 MDAC，控制驱动信号的放大倍数，实现流量管稳幅振动。

DSP 片上 SCIA 模块与 MAX3221 连接，实现变送器与上位机之间通信。

DSP 片上 SCIB 模块与 MAX485 连接，实现变送器与控器单元之间通信。

DSP 片上多个 GPIO 口模拟串行外设接口 SPI，实现变送器与控器单元之间的通信；多个 GPIO 口实现了铁电存储、掉电保护等功能。

DSP 片上 XINTF 与 IS61LV6416-10TI 连接，实现将数据存入外扩 Flash 中。

(2) 主程序

基于变送器的硬件设计，设计了相应的软件实现各模块功能，所有软件采用模块化编程，方便主程序调用。主监控程序如图 5.21 所示。

首先，完成了系统和外设的初始化，并判断采集数据的点数；满足条件后，通过相应的算法计算出液体的质量流量、密度以及流量管的固有频率、幅值等参数；根据流量管的振动幅值计算出驱动增益以更新驱动信号；最后将计算得到的参数发送至上位机或控制单元；完成后，程序进入下一周期循环，实现实时在线测量液体质量流量，并实时更新驱动信号增益以驱动流量管稳幅振动。

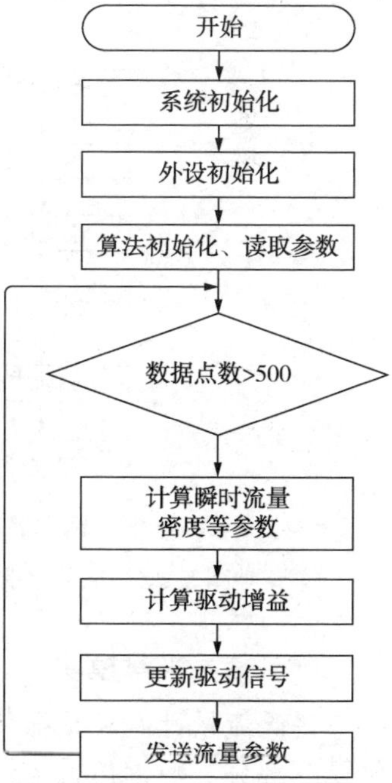

图 5.21　主监控程序流程图

(3) 初始化模块

初始化模块包含系统初始化、外设初始化、算法初始化以及读取参数。

系统初始化为 DSP 正常运行提供基本的条件，主要配置 PLL 模块，为 DSP 内核及外设提供时钟；启动看门狗模块，用于监测程序运行状态，若程序进入死循环，则自动重启程序，保证程序的可靠运行；同时初始化中断向量表。

外设初始化包括初始化 DSP 片上资源的功能模块与可编程器件，如配置 SCIA、SCIB、SPI、McBSP、DMA 等接口实现了功能模块初始化，编程配置 ADS1255、DAC8811 等芯片实现了可编程器件初始化。

算法初始化主要是用于初始化算法中的全局变量、数组、指针、标志位，并启动 AD 采样等，从铁电存储器中读取仪表系数、零点值等参数。

(4) 驱动模块

科氏流量计驱动方式有三种，即模拟驱动、半数字驱动和数字驱动。

1）模拟驱动直接由硬件电路实现，不需要编程控制，但半数字驱动和数字驱动需要软件编程实现。

2）半数字驱动模块。利用半数字驱动模块实现流量管的稳幅振动时，软件流程如图 5.22 所示。

首先，采用幅值检测算法对标度转换后的拾振信号进行幅值检测；其次，经由非线性幅值控制算法得到驱动增益；最后，利用乘法数模转换器 DAC8811 将拾振信号按驱动增益放大后输出，驱动流量管振动。

3）数字驱动模块。利用全数字驱动模块实现流量管的稳幅振动时，软件流程如图 5.23 所示。

首先，采用所提算法对标度转换后的拾振信号进行幅值、频率和初相位检测；其次，利用跟踪到的振动信号参数，合成驱动用于驱动流量管振动。

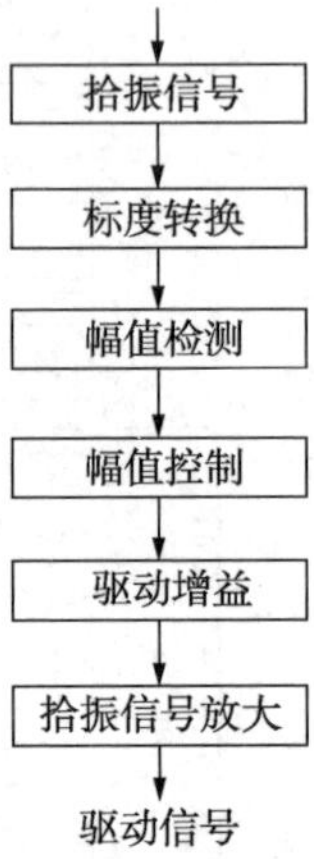

图 5.22　半数字驱动模块流程

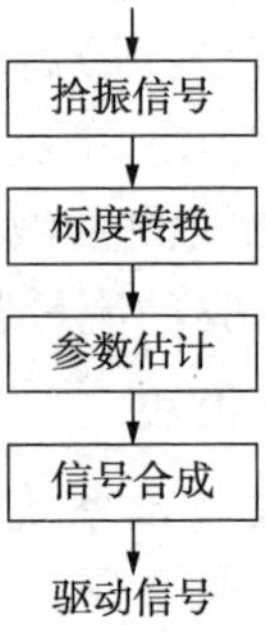

图 5.23　全数字驱动模块流程

（5）信号采集模块

科氏流量计两路拾振信号采集模块包含 AD 采样、SPI 数据读取、DMA 数据传输三部分，数据传输流程如图 5.24 所示。

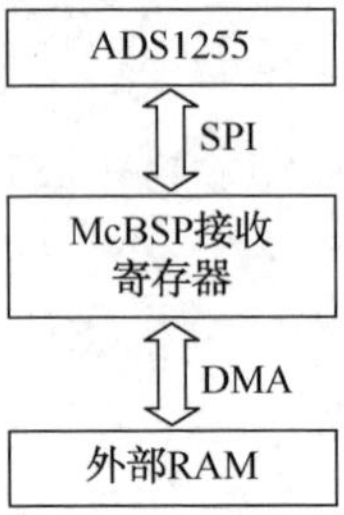

图 5.24　数据传输流程

首先，由两片 24 位高精度的 AD 转换芯片完成 AD 采样；其次，将转换后的数字量发送到 McBSP 接收寄存器中；最后采用 DMA 方式将接收寄存器中的值传输至外部 RAM 中。

（6）运算处理模块

运算处理模块可直接使用本书介绍的算法跟踪流量管的固有频率变化，计算两路拾振信号之间的相位差，从而计算出液体的质量流量及密度等参数。通过仿真验证，对于科氏流量计信号，推荐使用 5.1 节给出的时频结合法。该算法具有很高的测量精度，且计算量小、实时性好。运算处理模块的计算流程如图 5.25 所示。

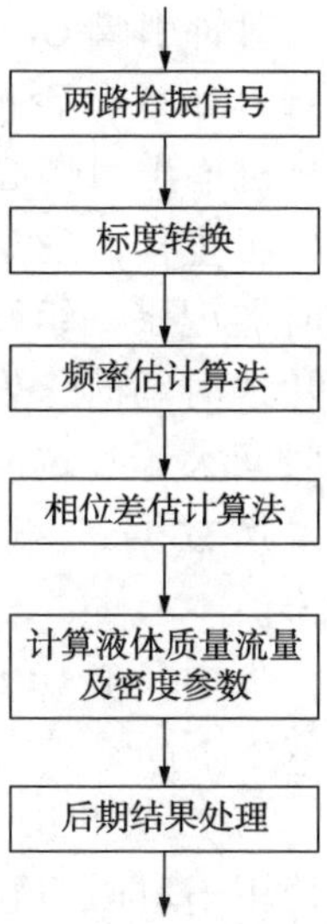

图 5.25　运算处理模块流程

首先，对采集的两路拾振信号进行标度转换。其次，分别用所提算法计算出两路标度转换后的信号的频率与相位差；利用标定得到的仪表系数、零点值以及密度系数等参数，计算出流量管内液体的质量流量以及密度等参数。最后，将计算出的结果加权平均处理后，发送给上位机或控制系统。

(7) 通信模块

为实现变送器与上位机或控制系统之间的通信，本文设计了三种通信方式，每种通信方式的具体实现方式如下。

1) 利用多个 GPIO 口模拟 SPI 模块通信。利用 DSP 片上 GPIO3-6 模拟串行外设接口 SPI 通信，GPIO3 模拟主机输入从机输出引脚，GPIO4 模拟时钟引脚，GPIO5 模拟片选引脚，GPIO6 模拟主机输出从机输入引脚。通信时，变送器作为从机，控制系统作为主机产生时钟信号与片选信号。

变送器采用检测时钟上升沿中断触发的方式发送数据，数据发送流程如图 5.26 所示。

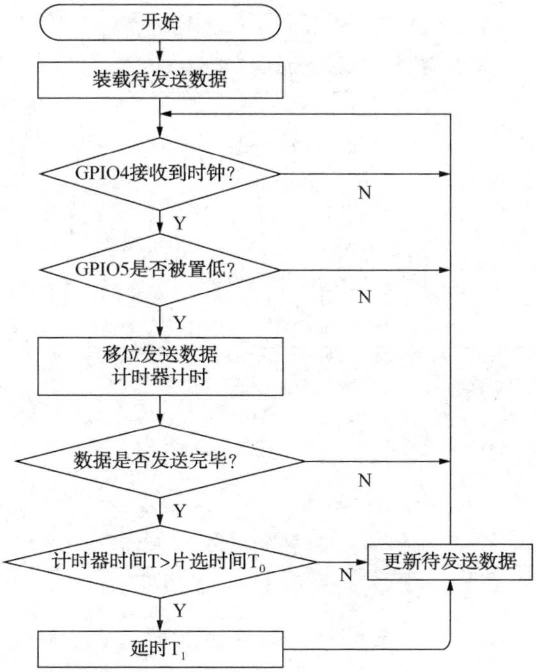

图 5.26　数据发送流程

时钟引脚 GPIO4 每检测到一次时钟上升沿就进入一次中断，同时查询片选引脚 GPIO5 是否被置低，二者都满足要求时，采用移位的方式将待发送数据通过从机输出引脚 GPIO3 发出，发送一组数据共需 16 次中断。

防止移位发送数据出错(如一组数据在两个片选时间内发送)，采用 EPWM 计时器记录一组数据的发送时间，并与片选时间进行比较。当数据发送时间小于片选时间时，发送数据无误，更新待发送数据进入下一发送周期；当数据发送时间大于片选时间时，发送数据出现错误，需延迟一个片选时间后，再更新待发送数据进入下一发送周期。采用这种纠错机制，降低了发送数据的误码率。

采用多个 GPIO 口模拟 SPI 实现了二次仪表与血液透析机之间的通信，但传输效率不高，且受电磁干扰，仍有少量误码产生。

2) 配置 SCIA 模块实现 RS232 串行通信。变送器与上位机之间通信时，上位机使用串口通信软件接收变送器上发送的数据。数据波特率为 38400bps，格式为：八位字长、一位停止位、无奇偶校验位。

常用的串口通信软件只能显示 HEX 或 ASCII 码，无法实时显示液体的质量流量、密度等参数，也不能通过串口修改仪表系数、零点值等参数，不利于科氏流量计的调试工作。针对上述缺点，利用 MATLAB 的图形用户界面 GUI (Graphical User Interface)设计科氏流量计串口调试界面，如图 5.27 所示。

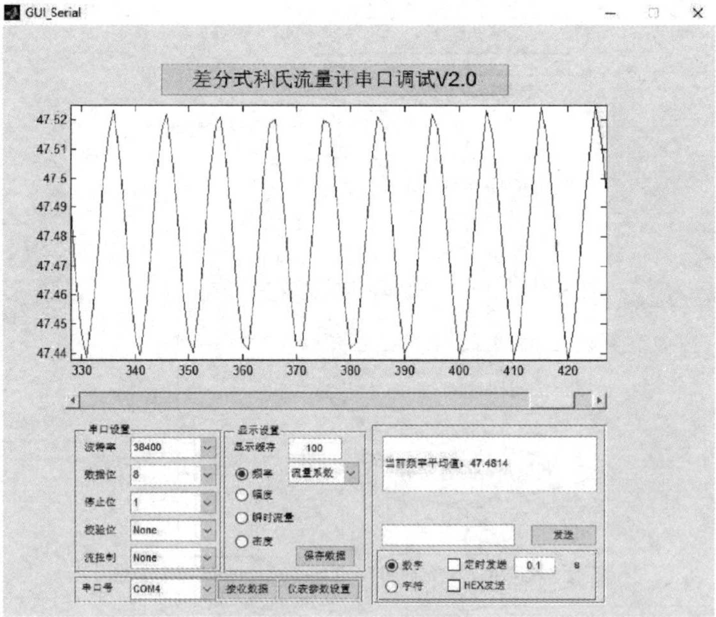

图 5.27　串口调试界面

科氏流量计串口调试界面不仅能够实时接收变送器发送的流量管振动频率、振动幅度、液体瞬时流量以及密度参数；还能实时画出接收数据的波形，计算出数据的平均值，并能以 Excel 的格式保存数据；也能利用仪表参数设置功能对变送器的仪表系数、零点值等参数进行修改，方便在线调试变送器参数。

3）配置 SCIB 模块实现 RS485 串行通信。变送器与控制系统之间采用 Modbus 通信协议进行半双工通信，数据波特率为 460800bps，数据格式为：八位字长、一位停止位。

变送器与控制系统之间采用帧格式传输数据，如表 5.6 所示。

表 5.6　数据传输格式

帧头	ID	功能	通道		数据		LRC	帧尾	
3A	05	03	00	00	00	01	F7	8D	0A

控制系统发送的数据帧格式：帧头 3A，变送器的地址 05，读取变送器寄存器中的值的功能代码 03，通道 00 00，1 个 8bit 数据，并采用 LRC 校验码，帧尾 8D 0A。

Modbus 有 ASCII 模式与 RTU 模式两种通信方式，本书采用 ASCII 模式通信。由于 ASCII 模式的数据字节是 7bit 数据位，因此 D7 位(字节最高位)进行偶校验，即字节中 1 的个数为奇数时，D7 位加 1。

读取变送器数据的格式如表 5.7 所示，帧头与帧尾数据固定，其余均采用 ASCII 模式传输数据。

表 5.7　数据传输格式

帧头	ID		功能		通道				数据				LRC		帧尾	
3A	05		03		00		00		00		01		F7		8D	0A
3A	30	35	30	33	30	30	30	30	30	30	30	B1	C6	B7	8D	0A

当变送器接收到控制系统的数据时，向控制系统回传数据，数据格式如表 5.8 所示：帧头 3A，变送器的地址，读取变送器寄存器中的值的功能代码，回传数据字节数，回传的数据，LRC 校验码，帧尾 8D 0A。

表 5.8　数据传输格式

帧头	ID		功能		字节数		数据				LRC		帧尾	
3A	05		03		02		XX		XX		XX		8D	0A
3A	30	35	30	33	30	B2	xx	xx	xx	xx	xx	xx	8D	0A

采用 ECOM 串口助手 V2.80 调试 RS485 通信模块，变送器发送固定数据 0x3FFF，接收如图 5.28 所示。

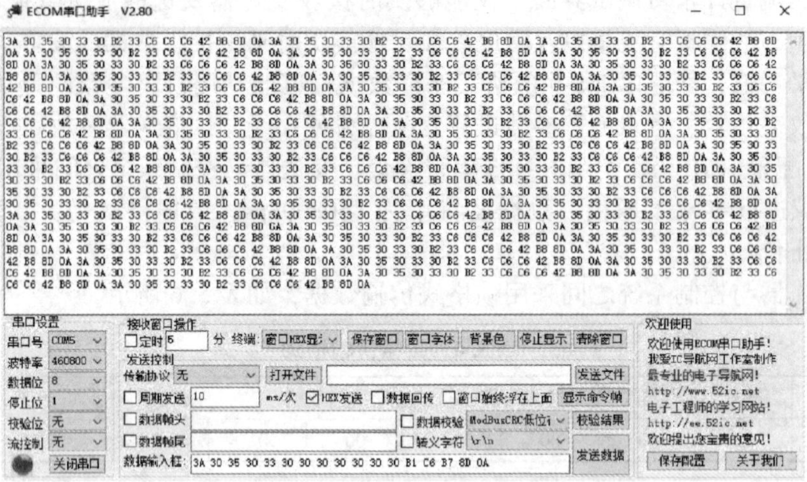

图 5.28　RS 485 通信调试界面

5.3　实测分析

5.3.1　实验环境

(1) 算法应用验证技术路线

为测试本书所提算法性能，开展应用实验：在仿真实验基础上，将所提算法应用于流量测量，分析算法在不同流量条件下的性能表现，验证算法对提高仪表和装置测量精度的实际贡献，技术路线如图 5.29 所示。

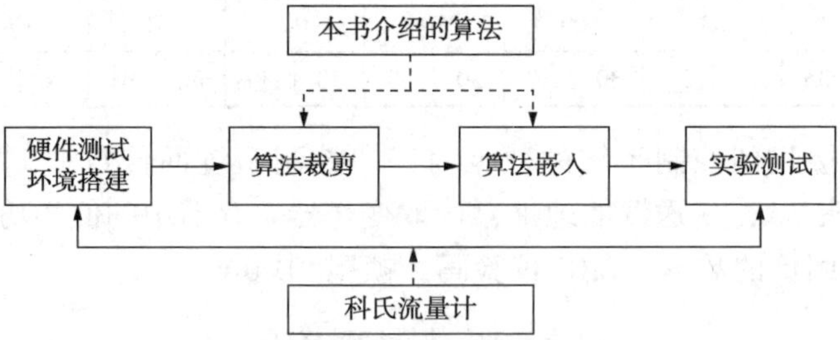

图 5.29　算法应用验证技术路线

首先，搭建应用验证的硬件环境，具体包括科氏流量计流量测量装置、实验环境等。

其次，算法裁剪，根据具体应用需求和硬件环境，对所提算法进行有效裁剪，以满足应用场景的具体需求，提高实时性和针对性。

再次，算法嵌入，根据裁剪后的算法编写具体算法和程序，嵌入硬件芯片。

最后，实验测试，利用科氏流量计，在不同条件下进行所提算法的应用验证实验，验证所提算法对提高仪表与装置性能参数的实际贡献。

（2）实验平台

参与实验验证的科氏流量计实验平台如图 5.30 所示。开展实验时，利用 S7-200 型 PLC 控制球阀来调整流速，TQ-884 型流量计和 F200S 型流量计串联，在相同条件下进行信号采集。

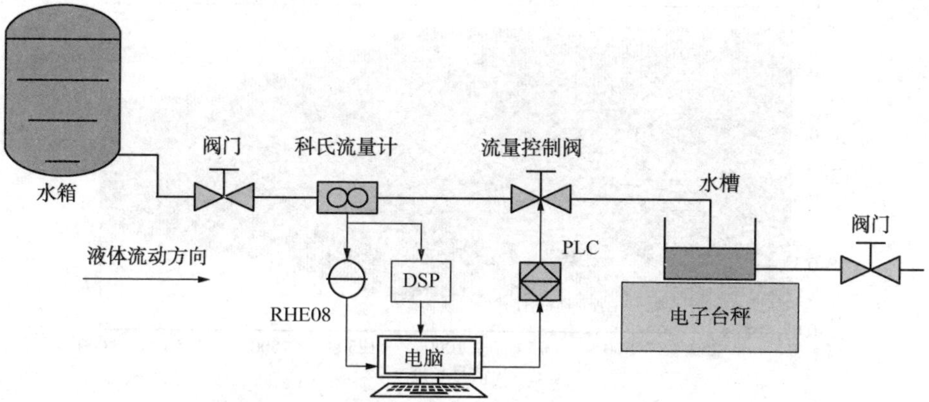

图 5.30　科里奥利质量流量计实验平台结构

针对小流量计量应用需求，课题组自主搭建小流量检测实验平台，如图 5.31 和图 5.32 所示。流量检测范围最小低至 1.12g/min。

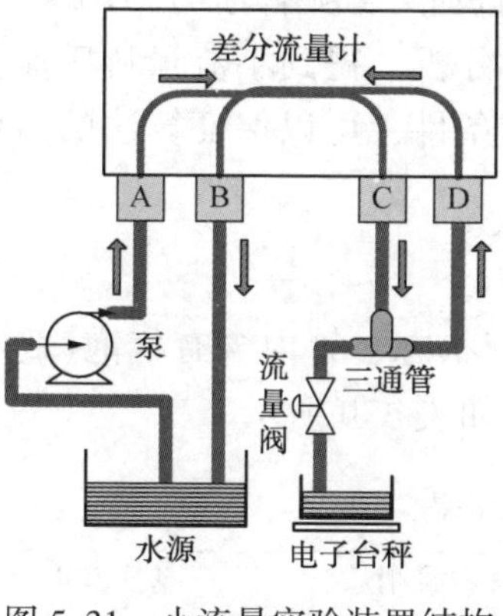

图 5.31　小流量实验装置结构

图 5.32　小流量质量流量检测实验平台

5.3.2　振动频率跟踪测试

（1）信号分析

为检验所提算法的频率跟踪精度。首先，采用模拟驱动方案驱动流量管振动，估计流量管的固有频率。其次，停止驱动，让流量管处于自由衰减状态，利用4.2节所提频谱泄漏校正法计算流量管的固有频率。因此，通过比较所提算法获得的衰减信号频率和流量管的固有频率，即可检验所提算法频率估计的正确性。

实验时，设采样频率为500Hz，采集的小流量科氏流量计信号如图5.33所示。

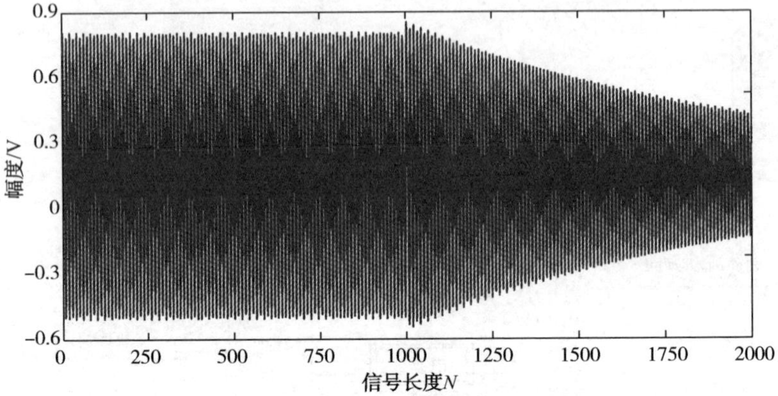

图5.33　小流量科氏流量计信号

在停振的瞬间，流量管发生抖动，其幅值略有增加后，开始衰减。分别利用第2章所提算法和第4章所提算法对采样信号进行分段分析，流量管正常振动时的信号频率为47.5168Hz，流量管处于衰减状态时的信号频率为47.5165Hz，信号衰减因子为0.00094。通过对信号的信噪比进行分析，得到小流量科氏流量计信号的信噪比约为24.84dB，符合所提算法的应用条件，可以保证算法的参数估计精度。

(2) 频率跟踪结果

实验时，以水为介质，分别在流量管处于空管状态、管内含有气泡(简称为“气泡”)以及满管状态条件下进行测量实验，结果如表5.9所示。

表5.9　不同条件下的测量结果

实验条件	固有频率/Hz	估计频率/Hz	估计误差/Hz
空管	47.5947	47.5949	0.0002
气泡	47.5236	47.5233	−0.0003
满管	47.4873	47.4872	−0.0001

可以看出，利用所提算法能够准确地估计出流量管的固有频率，平均绝对估计误差为0.0002Hz。

5.3.3 相位差跟踪及流量测量

(1) 信号分析

实验时，利用水循环系统来进行实验，通过流量泵供水，利用 S7-200 型 PLC 控制球阀来调整水的流速，采用 NI-9234 数据采集卡对科氏流量计振动信号进行采集。采集到信号后，将 5.1 节所提算法、过零检测法和 NFC-DTFT 法进行比较分析。具体实验方案如下：首先，在不同流量条件下进行实测实验，待流量管中液体流速稳定后，利用数据采集卡对科氏流量计信号进行采集，同时记录科氏流量计显示数据和电子台秤数据；其次，分别利用所提算法和其他算法对采样信号进行处理，得到两路信号的相位差估计值，从而计算液体的质量流量；最后，分别对相位差跟踪效果和液体质量流量测量结果进行对比分析。

采集的拾振信号如图 5.34 所示，对其进行频谱分析，其频谱如图 5.35 所示。

可以看出，本实验条件下的科氏流量计信号是单频实平稳信号，与本书中假设的平稳信号模型一致。通过对采样信号进行信噪比分析，得到信号的信噪比约为 26.65dB，满足所提算法的仿真条件。为不损失信号信息，采集时，将采样频率设为 10kHz，信号模拟频率约为 146.5Hz，其数字频率约为 0.03π。经前文分析可知，当信号频率较低且处于中、高信噪比条件时，频谱泄漏严重。因此，利用所提算法对科氏流量计信号进行处理是合适的，有利于抑制频谱泄漏，从而改善科氏流量计的测量精度。

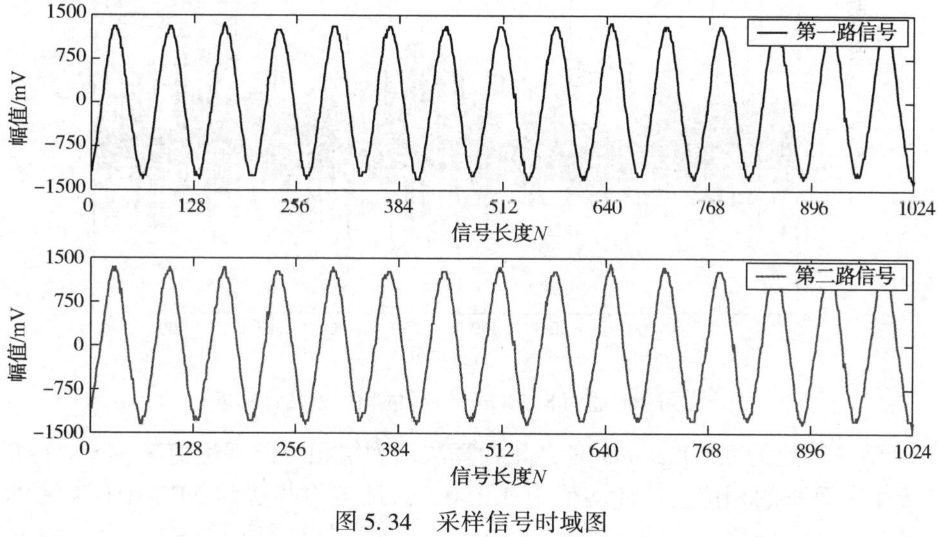

图 5.34 采样信号时域图

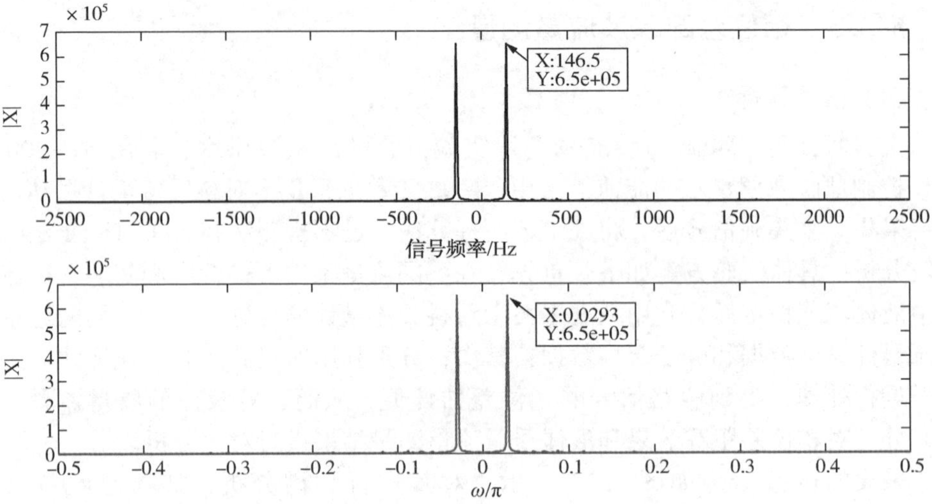

图 5.35 采样信号频谱图

(2) 相位差跟踪结果

在不同质量流量下，利用所提算法和其他算法分别对采集的信号进行相位差估计，以检验算法的相位差跟踪能力。实验时，每 500 个采样点计算一次，然后 20 次计算结果取一次平均。分别在 5.80kg/min 和 12.14kg/min 的流速下进行相位差估计，结果如图 5.36 和图 5.37 所示。

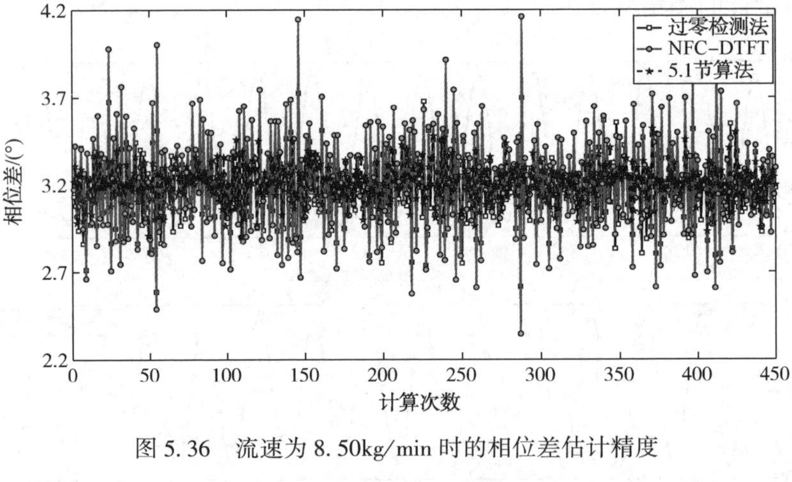

图 5.36 流速为 8.50kg/min 时的相位差估计精度

当液体流速为 8.50kg/min 时，几种算法均围绕相位差理论值 3.2159°上下波动，5.1 节算法的相位差估计均值为 3.1903°，过零检测法和 NFC-DTFT 法的相位差估计均值分别为 3.1629°和 3.2108°，分别存在 -0.0256°、-0.0530°和 -0.0051°的估计误差。当液体流速为 12.14kg/min 时，几种算法均围绕相位差理论值 4.5874°上下波动，5.1 节算法的相位差估计均值为 4.5826°，过零检测法和 NFC-DTFT 法的相位差估计均值分别为 4.5332° 和 4.5825°，分别存在 -0.0048°、-0.0542°和-0.0049°的估计误差。可以看出，在实际应用中跟踪相位差变化时，5.1 节算法的估计均值和 NFC-DTFT 法相当，更接近理论值，优于过零检测法。同时，5.1 节算法的波动最小，优于过零检测法和 NFC-DTFT 法，且 NFC-DTFT 法的波动最大。

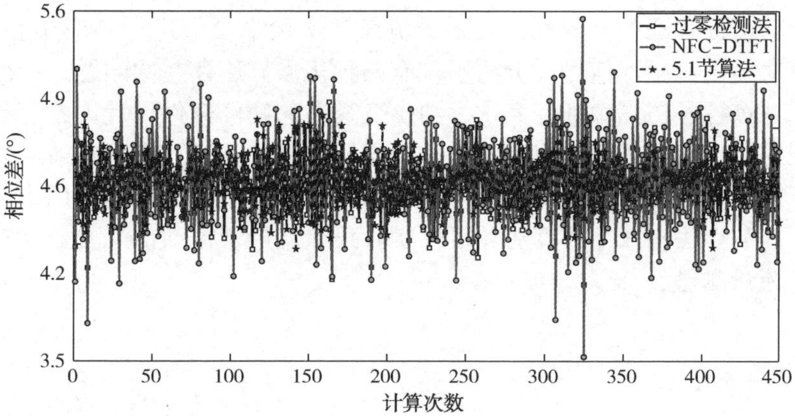

图 5.37 流速为 12.14kg/min 时的相位差估计精度

(3) 质量流量测量结果

由科氏流量计的工作原理可知，液体的质量流量和振动信号间的相位差成正比，通过标定，本实验平台可用式(5.20)来进行转换。

$$m = 2.6596\Delta\hat{\theta} - 0.0582 \tag{5.21}$$

实验时，采集不同流量条件下的科氏流量计信号，利用 5.1 节算法和典型算法对信号相位差估计，将相位差换算成液体的质量流量，并以 RHEONIK 科氏流量计的显示数据为理论值，对测量结果进行对比分析，比较结果如表 5.10 所示。

表 5.10 不同流量条件下的质量流量测量结果

序号	质量流量理论值/(kg/min)	质量流量测量值/(kg/min)			测量误差/(kg/min)		
		过零检测法	NFC-DTFT	5.1 节算法	过零检测法	NFC-DTFT	5.1 节算法
1	4.36	4.19	4.31	4.31	-0.17	-0.05	-0.05
2	5.88	5.75	5.88	5.88	-0.13	0	0
3	8.50	8.35	8.48	8.48	-0.15	-0.02	-0.02
4	10.10	10.00	10.12	10.10	-0.10	0.02	0
5	12.14	12.00	12.13	12.13	-0.14	-0.01	-0.01
6	13.96	13.84	13.95	13.96	-0.12	-0.01	0
7	16.84	16.71	16.84	16.84	-0.13	0	0
各算法的平均绝对误差/(kg/min)					0.13	0.01	0.01

5.1 节算法的平均绝对估计误差为 0.01kg/min，而过零检测法和 NFC-DTFT 法的平均绝对估计误差分别为 0.13kg/min 和 0.01kg/min。5.1 节算法略优于 NFC-DTFT 法，尤其优于过零检测法，与计算验证结果一致。说明 5.1 节所提算法可应用于科氏流量计实际测量。

5.4 本章小结

为检验所提算法的有效性，在科氏流量计实验平台上进行了应用验证实验。首先，针对科氏流量计信号，分析了现有两种优秀算法存在的问题，给出了时频结合法，并进行了仿真验证。其次，给出变送器的硬件软件设计方案。最后，通过频率跟踪、相位差跟踪和流量测量验证了所提算法的实际应用效果。

基于前文的仿真分析和实测实验验证，在科氏流量计的实际应用中，作者推荐使用 4.3 节算法和 5.1 节算法，可以实时跟踪流量管振动信号参数，有利于实现高精度流量测量。

参 考 文 献

[1] 涂亚庆，杨辉跃，张海涛，等．复杂信号频率估计方法及应用[M]．北京：国防工业出版社，2016.

[2] Wang T，Baker R. Coriolis flowmeters：a review of developments over the past 20 years，and an assessment of the state of the art and likely future directions [J]. Flow Measurement and Instrumentation，2014，40：99-123.

[3] Aboutanios E. Generalised DFT-based estimators of the frequency of a complex exponential in noise[C]. International Congress on Image and Signal Processing. IEEE，2010：2998-3002.

[4] 牛鹏辉，涂亚庆，张海涛．基于时变模型的科氏流量计信号处理方法与仿真[J]．系统仿真学报，2008，20(6)：1585-1588.

[5] 王秦平，宣湘，赵若江．2020 年中国计量科学和技术发展研究[C]. 2020 年中国科学和技术发展研究暨科学家讨论会，北京，2004：970-984.

[6] 许秀．科里奥利质量流量计原理及其应用[J]．工业仪表与自动化装置，2005(1)：52-54.

[7] 吴陈．科里奥利质量流量计的工作原理及应用[J]．川化，2004(3)：11-16.

[8] Clark C，Cheesewright R. The influence upon Coriolis mass flow meters of external vibrations at selected frequencies [J]. Flow Measurement and Instrumentation，2003，14：33-42.

[9] Cheesewright R，Clark C，Hou Y Y. The response of Coriolis flowmeters to pulsating flows [J]. Flow Measurement and Instrumentation，2004，15：59-67.

[10] 张海涛，涂亚庆．基于 DTFT 的一种低频振动信号相位差测量新方法[J]．振动工程学报，2007，20(2)：180-184.

[11] 沈廷鳌．相位差测量的相关法和 DTFT 法研究[D]．重庆：中国人民解放军后勤工程学院，2015.

[12] 倪伟，徐科军．基于时变信号模型的科里奥利质量流量计信号处理方法[J]．仪器仪表学报，2005，26(4)：358-364.

[13] 倪伟，徐科军．一种改进的基于时变信号模型的科里奥利质量流量计信号处理方法[C]．第五届全球智能控制与自动化大会，杭州，2004：3787-3790.

[14] 李叶，徐科军，朱志海，等．面向时变的科里奥利质量流量计信号的处理方法研究与实现[J]．仪器仪表学报，2010，31(1)：8-14.

[15] Svete A，Kutin J，Bobovnik G，et al. Theoretical and experimental investigations of flow pulsation effects in Coriolis mass flowmeters [J]. Journal of Sound and Vibration，2015，352：30-45.

[16] Shen Y L，Tu Y Q，Chen L J，et al. Phase difference estimation method based on data extension and Hilbert transform [J]. Measurement Science and Technology，2015，26(9)：095003.

[17] Steiglitz K，McBride L. A technique for identification of linear systems [J]. IEEE Transactions Automatic Control，1965，10(4)：461-464.

[18] Shen Y L，Tu Y Q. Correlation theory-based signal processing method for CMF signals [J]. Measurement Science and Technology，2016，27(6)：065006.

[19] 黄国兴．基于频谱信息的脉冲序列有限新息率采样方法研究 [D]．哈尔滨：哈尔滨工业

大学，2019.

[20] Roy R，Kailath T. ESPRIT-estimation of signal parameters via rotational invariance techniques [C]. Advanced Algorithms and Architectures for Signal Processing I. International Society for Optics and Photonics，1986：83-89.

[21] Scherr S，Ayhan S，Fischbach B，et al. An efficient frequency and phase estimation algorithm with CRB performance for FMCW radar applications [J]. IEEE Transactions on Instrumentation and Measurement，2015，64(7)：1868-1875.

[22] Jackson L，Tufts D，Soong F，et al. Frequency estimation by linear prediction[C]. Acoustics，Speech，and Signal Processing，IEEE International Conference on ICASSP. IEEE，1978：352-356.

[23] Cao Y，Wei G，Chen F J. An exact analysis of modified covariance frequency estimation algorithm based on correlation of single-tone [J]. Signal Processing，2012，92(11)：2785-2790.

[24] 吴其生. 基于自相关序列的信号非圆化及在频率估计算法上的研究与应用[D]. 南京：东南大学，2018.

[25] Pisarenko V F. The retrieval of harmonics from a covariance function [J]. Geophysical Journal of the Royal Astronomical Society，1973，33(3)：347-366.

[26] Händel P，Eriksson A，Wigren T. Performance analysis of a correlation based single tone frequency estimator [J]. Signal Processing，1995，44(2)：223-231.

[27] Rim E K，Hichem B，Roberto L V，et al. Frequency estimation of real-valued single-tone in colored noise using multiple autocorrelation lags [J]. Signal Processing，2010，90(7)：2303-2307.

[28] Xu D J，Yin B，Wang W. A two-stage autocorrelation method for frequency estimation of sinusoidal signal [J]. International Journal of Electronics，2014，101(2)：194-203.

[29] Chan K W，So H C. An exact analysis of Pisarenko′s single-tone frequency estimation algorithm [J]. Signal Processing，2003，83(3)：685-690.

[30] Lui K W K，So H C. Modified Pisarenko harmonic decomposition for single-tone frequency estimation [J]. IEEE Transactions on Signal Processing，2008，56 (7)：3351-3356.

[31] So H C，Chan K W. Reformulation of Pisarenko harmonic decomposition method for single-tone frequency estimation [J]. IEEE Transactions on Signal Processing，2004，52 (4)：1128-1135.

[32] Lui K W K，So H C. Improved variant of Pisarenko harmonic decomposition for single sinusoidal frequency estimation [J]. IEICE Transactions on Fundamentals of Electronics Communications and Computer Sciences，2007，E90-A (11)：2604-2607.

[33] Cao Y，Wei G，Chen F J. A closed-form expanded autocorrelation method for frequency estimation of a sinusoid [J]. Signal Processing，2012，92(4)：885-892.

[34] Cao Y，Wei G. Closed-form real single-tone frequency estimator based on phase compensation of multiple correlation lags [J]. IEICE Transactions on Fundamentals of Electronics，Communications and Computer Sciences，2012，E95-A (1)：395-399.

[35] 沈艳林，涂亚庆，刘鹏，等. 非整周期采样信号频率估计的相频匹配方法[J]. 仪器仪表学报，2015，36(6)：1221-1226.

[36] Lui K W K, So H C. Two-stage autocorrelation approach for accurate single sinusoidal frequency estimation [J]. Signal Processing, 2008, 88(7): 1852-1857.
[37] Shen Y L, Tu Y Q, Chen L J, et al. A phase match based frequency estimation method for sinusoidal signals [J]. Review of Scientific Instruments, 2015, 86(4): 045101.
[38] Tu Y Q, Shen Y L, Zhang H T, et al. Phase and frequency matching-based signal processing method for Coriolis mass flowmeters [J]. Measurement Science Review, 2016, 16(2): 61-66.
[39] Tu Y Q, Shen Y L. Phase correction autocorrelation-based frequency estimation method for sinusoidal signal [J]. Signal Processing, 2017, 130: 183-189.
[40] Besson O, Stoica P. Analysis of MUSIC and ESPRIT frequency estimates for sinusoidal signals with lowpass envelopes [J]. IEEE Transactions on Signal Processing, 1996, 44(9): 2359-2364.
[41] Yuen N, Friedlander B. Asymptotic performance analysis of ESPRIT, higher order ESPRIT, and virtual ESPRIT algorithms [J]. IEEE Transactions on Signal Processing, 1996, 44(10): 2537-2550.
[42] Mahata K. Subspace fitting approaches for frequency estimation using real-valued data[J]. IEEE Transactions on Signal Processing, 2005, 53(8): 3099-3110.
[43] Hamza R, Buckley K. Second-order statistical analysis of totally weighted subspace fitting methods [J]. IEEE Transactions on Signal Processing, 1994, 42(9): 2520-2524.
[44] Stoica P, Arye N. MUSIC, maximum likelihood, and Cramer - Rao bound [J]. IEEE Transactions on Acoustics, Speech and Signal Processing, 1989, 37(5): 720-741.
[45] Roy R, Kailath T. ESPRIT-estimation of signal parmaeters via rotational invarinace techniques [J]. IEEE Trans. Acoust. Speeeh, Signal Processing, 1989(34): 980-960.
[46] Qian F Y, Leung S, Zhu Y S, et al. Damped sinusoidal signals parameter estimation in frequency domain [J]. Signal Processing, 2012, 92(2): 381-391.
[47] 陈鹏，涂亚庆，李明，等．基于迭代插值的实复转换频率估计算法[J]．振动与冲击，2019，38(18)：35-39.
[48] Liang X H, Liu A J, Pan X F, et al. A new and accurate estimator with analytical expression for frequency estimation [J]. IEEE Communications Letters, 2016, 20(1): 105-108.
[49] Rife D, Boorstyn R. Single tone parameter estimation from discrete-time observations [J]. Bell Labs Technical Journal, 1976, 55(9): 591-598.
[50] Aboutanios E. A modified dichotomous search frequency estimator [J]. IEEE Signal Processing Letters, 2004, 11(2): 186-188.
[51] Djurovic I, Simeunovic M, Djukanovic S, et al. A hybrid CPF-HAF estimation of polynomial-phase signals: detailed statistical analysis [J]. IEEE Transactions on Signal Processing, 2012, 60(10): 5010-5023.
[52] Çağatay C. A method for fine resolution frequency estimation from three DFT samples [J]. IEEE Signal Processing Letters, 2011, 18(6): 351-354.
[53] Çağatay C. Analysis and further improvement of fine resolution frequency estimation method from

three DFT samples [J]. IEEE Signal Processing Letters, 2013, 20(9): 913-916.

[54] Orguner U, Çağgatay C. A fine-resolution frequency estimator using an arbitrary number of DFT coefficients [J]. Signal Processing, 2014, 105(12): 17-21.

[55] Çağatay C. Fine resolution frequency estimation from three DFT samples [M]. Elsevier North-Holland, Inc., 2015.

[56] Fang L Y, Duan D L, Yang L Q. A new DFT-based frequency estimator for single-tone complex sinusoidal signals[C]. Military Communications Conference, 2012 - Milcom. IEEE, 2013: 1-6.

[57] Yang C, Wei G. A noniterative frequency estimator with rational combination of three spectrum lines [J]. IEEE Transactions on Signal Processing, 2011, 59(10): 5065-5070.

[58] Chen P, Tu Y Q, Chen B X, et al. A new parameter estimation method for damped real-value sinusoidal signals in noise [J]. Measurement Science and Technology, 2019, 30: 125022.

[59] Fan L, Qi G Q. A new synthetic frequency estimation method of sinusoid based on interpolated FFT[C]. Fifth International Conference on Instrumentation and Measurement, Computer, Communication and Control. IEEE, 2016: 1725-1729.

[60] Fan L, Qi G Q. Frequency estimator of sinusoid based on interpolation of three DFT spectral lines [J]. Signal Processing, 2017, 144: 52-60.

[61] Chen S W, Li D H, Wei X P. Accurate frequency estimation of real sinusoid signal[C]. International Conference on Signal Processing Systems. IEEE, 2010: V3-370-V3-372.

[62] Belega D, Petri D, Dallet D. Amplitude and phase estimation of real-valued sine wave via frequency-domain linear least-squares algorithms [J]. IEEE Transactions on Instrumentation and Measurement, 2018(99): 1-13.

[63] Belega D, Petri D. Effect of noise and harmonics on sine-wave frequency estimation by interpolated DFT algorithms based on few observed cycles [J]. Signal Processing, 2017: S0165168417301925.

[64] Chen P, Tu Y Q, Li M, et al. A new frequency estimation method for real signal in noise [C]. 2019 IEEE 3rd International Conference on Electronic Information Technology and Computer Engineering (EITCE 2019), Xiamen, 2019: 5-9.

[65] Belega D, Petri D. Accuracy analysis of the sine-wave parameters estimation by means of the windowed three-parameter sine-fit algorithm [J]. Digital Signal Processing, 2016, 50: 12-23.

[66] Marple L. Computing the discrete-time "analytic" signal via FFT [J]. IEEE Transactions on Signal Processing, 2002, 47(9): 2600-2603.

[67] Aboutanios E, Mulgrew B. Iterative frequency estimation by interpolation on Fourier coefficients [J]. IEEE Transactions on Signal Processing, 2005, 53(4): 1237-1242.

[68] So H C, Chan Y T. Short-time frequency estimation of a real sinusoid [J]. IEICE Transactions on Fundamentals of Electronics Communications and Computer Sciences, 2005, 88(9): 2455-2459.

[69] Djukanović S. An accurate method for frequency estimation of a real sinusoid [J]. IEEE Signal Processing Letters, 2016, 23(7): 915-918.

[70] Ye S L, Kocherry D L, Aboutanios E. A novel algorithm for the estimation of the parameters of a real sinusoid in noise[C]. Signal Processing Conference. IEEE, 2010: 2271-2275.
[71] Ye S L, Sun J D, Aboutanios E. On the estimation of the parameters of a real sinusoid in noise [J]. IEEE Signal Processing Letters, 2017, 24(99): 638-642.
[72] Ruoff J, Hodapp M, Kück H. Finite element modelling of Coriolis mass flowmeters with arbitrary pipe geometry and unsteady flow conditions[J]. Flow Measurement and Instrumentation, 2014, 37: 119-126.
[73] 张建国，徐科军，方正余，等. 数字信号处理技术在科氏质量流量计中的应用[J]. 仪器仪表学报，2017(9)：2087-2102.
[74] 沈廷鳌，涂亚庆，李明，等. 基于相关原理的相位差测量改进算法及应用[J]. 振动与冲击，2014，33(21)：177-182.
[75] 沈廷鳌，李明，李华南，等. 基于相关和 Hilbert 变换的科氏流量计相位差估计方法[J]. 仪器仪表学报，2017，38(12)：2908-2914.
[76] 沈艳林，周利坤，李明，等. 非半周期采样信号相位差估计的相位校正相关法[J]. 工程科学与技术，2017，49(4)：145-150.
[77] 涂亚庆，沈艳林，沈廷鳌，等. 非整周期采样信号相位差估计的相频匹配方法[J]. 振动与冲击，2017，36(6)：7-10，37.
[78] Yang J R. Measurement of amplitude and phase differences between two RF signals by using signal power detection [J]. IEEE Microwave and Wireless Components Letters, 2014, 24(3): 206-208.
[79] 张海涛，涂亚庆. 计及负频率影响的科里奥利质量流量计信号处理方法[J]. 仪器仪表学报，2007，28(3)：539-544.
[80] Tu Y Q, Zhang H T. Method for CMF signal processing based on the recursive DTFT algorithm with negative frequency contribution [J]. IEEE Transactions on Instrumentation and Measurement, 2008, 57: 2647-2654.
[81] Shen T A, Tu Y Q, Li M, et al. A new phase difference measurement algorithm for extreme frequency signals based on discrete time Fourier transform with negative frequency contribution [J]. Review of Scientific Instruments, 2015, 86(1), 582-587.
[82] Tu Y Q, Shen T A, Zhang H T, et al. Two new sliding DTFT algorithms for phase difference measurement based on a new kind of windows [J]. Measurement Science Review, 2014, 14(6): 350-356.
[83] Mohesn M, Masoud K G, Alireza B. Processing of harmonics and interharmonics using an adaptive notch filter [J]. IEEE Transaction on Power Delvery, 2010, 25(2): 534-542.
[84] George N, Anthony T. Application of adaptive lattice filters for modal parameter tacking of a single flexible link carrying a shifting payload [J]. Mechanical Systems and signal Processing, 2010, 24(5): 1338-1348.
[85] 杨辉跃，涂亚庆，张海涛. 基于 ANF 和 VS-DFE 的科氏流量计频率跟踪方法[J]. 电子测量与仪器学报，2011，25(12)：1072-1077.
[86] 徐科军，倪伟，陈智渊. 基于时变信号模型和格型陷波器的科氏流量计信号处理方法

[J]. 仪器仪表学报，2006，27(6)：596-601.

[87] 张世平，赵永平，张绍卿，等．一种改进的自适应格型陷波算法及其收敛性分析[J]. 电子学报，2004，32(2)：338-341.

[88] 李明，涂亚庆，沈廷鳌，等．时变信号频率跟踪的一种新自适应陷波器方法[J]. 仪器仪表学报，2013，34(7)：1525-1532.

[89] 李明，涂亚庆，沈廷鳌，等．二阶自适应陷波器频率估计方法统计性能分析[J]. 信号处理，2013，29(6)：734-742.

[90] Punchalard R，Lorsawatsiri A，Loetwassana W，et al. Direct frequency estimation based adaptive algorithm for a second-order adaptive FIR notch filter [J]. Signal Processing，2008，88(2)：315-325.

[91] So H C. Adaptive algorithm for direct estimation of sinusoidal frequency [J]. Electronics Letters，2000，36(8)：759-760.

[92] Nehorai A. A minimal parameter adaptive notch filter with constrained poles and zeros [J]. IEEE Transactions on Acoustics，Speech and Signal Processing，1985，33(4)：983- 996.

[93] Cho N I，Choi C H，Lee S U. Adaptive line enhancement by using an IIR lattice notch filter [J]. IEEE Transactions on Acoustics，Speech and Signal Processing，1989，37 (4)：585- 589.

[94] Regalia P A. An improved lattice-based adaptive IIR notchfilter [J]. IEEE Transactions on Signal Processing，1991，39 (9)：2124-2128.

[95] Chen B S，Yang T Y，Lin B H. Adaptive notch filter by direct frequency estimation [J]. Signal Processing，1992，27(2)：161-176.

[96] Gang L. A stable and efficient adaptive notch filter for direct frequency estimation [J]. IEEE Transactions on Signal Processing，1997，45(8)：2001-2009.

[97] Grenier Y. Time-dependent ARMA modeling of nonstationary signals [J]. IEEE Transactions on Acoustics，Speech and Signal Processing，1983，31(4)：899-911.

[98] Alengrin G，Barlaud M，Menez J. Unbiased parameter estimation of nonstationary signals in noise [J]. IEEE Transactions on Acoustics，Speech and Signal Processing，1986，34(5)：1319-1322.

[99] Nehorai A，Starer D. Adaptive pole estimation [J]. IEEE Transactions on Acoustics，Speech and Signal Processing，1990，38(5)：825-838.

[100] Rao D B，Sun Y K. Adaptive notch filtering for the retrieval of sinusoids in noise [J]. IEEE Transactions on Acoustics，Speech and Signal Processing，1984，32(4)：791-802.

[101] Xiao Y，Takeshita Y，Shida K. Steady-state analysis of a plain gradient algorithm for a second-order adaptive IIR notch filter with constrained poles and zeros[J]. IEEE Transactions on Circuits and Systems II：Analog and Digital Signal Processing，2001，48(7)：733-740.

[102] Zhou J，Li G. Plain gradient-based direct frequency estimation using second-order constrained adaptive IIR notch filter [J]. Electronics Letters，2004，40(5)：351-352.

[103] Punchalard R，Lorsawatsiri A，Koseeyaporn J，Wardkein P，Roeksabut A. Adaptive IIR notch filters based on new error criteria[J]. Signal Processing，2008，88(3)：685-703.

[104] Loetwassana W, Punchalard R, Koseeyaporn J, Wardkein P. Unbiased plain gradient algorithm for a second-order adaptive IIR notch filter with constrained poles and zeros [J]. Signal Processing, 2012, 90(8): 2513-2520.

[105] Punchalard R. Mean square error analysis of unbiased modified plain gradient algorithm for second-order adaptive IIR notch filter[J]. Signal Processing, 2012, 92(11): 2815-2820.

[106] Farhand B B. An IIR adaptive line enhancer with controlled bandwidth [J]. IEEE Transactions on Signal Processing, 1997, 45(2): 447-481.

[107] Xiao Y, Tadokoro Y, Kobayashi Y. A new memoryless nonlinear gradient algorithm for a second-order adaptive IIR notch filter and its performance analysis [J]. IEEE Transactions on Circuits and Systems II: Analog and Digital Signal Processing, 1998, 45(4): 462-472.

[108] Xiao Y, Ma L, Khorasani K, et al. Statistical performance of the memoryless nonlinear gradient algorithm for the constrained adaptive IIR notch filter [J]. IEEE Transactions on Circuits and System I: Regular Papers, 2005, 52(8): 1691- 1702.

[109] Punchalard R, Loetwassana W, Koseeyapornt J, et al. Performance analysis of the equation Error adaptive IIR notch filter with constrained poles and zeros [C]. 2006 International Symposium on Communications and Information Technologies, ISCIT, Bangkok, Thailand, 2006: 274-277.

[110] Regalia P A. A complex adaptive notchfilter [J]. IEEE Signal Processing Letters, 2010, 17 (11): 937-940.

[111] Nosan A, Punchalard R. A complex adaptive notch filter using modified gradient algorithm [J]. Signal Processing, 2012, 92(6): 1508-1514.

[112] Rim E K, Sofiane C, Roberto L V, et al. Closed-form real single-tone frequency estimator based on a normalized IIR notch filter [J]. Signal Processing, 2010, 90(6): 1905-1915.

[113] Minh T, Victor D B. Adaptive notch filter with time frequency tracking of continuously changing frequencies[C]. IEEE International Conference on Acoustics, Speech and Signal Processing, 2008. ICASSP, Las Vegas, NV, United states, 2008: 3557-3560.

[114] Cho N I, Lee S U. On the adaptive lattice notch filter for the detection of sinusoids [J]. IEEE Transactions on Circuits and Systems II: Analog and Digital Signal Processing, 1993, 40(7): 405-416.

[115] Regalia P A. An improved lattice-based adaptive IIR notch filter [J]. IEEE Transactions on Signal Processing, 1991, 9(9): 2124-2128.

[116] Cho N I, Choi C H, Lee S U. Adaptive line enhancement by using an IIR lattice notch filter [J]. IEEE Transactions on Acoustics, Speech and Signal Processing, 1989, 37(4): 585- 589.

[117] Kwan T, Martin K. Adaptive detection and enhancement of multiple sinusoids using a cascade IIR filter [J]. IEEE Transactions on Circuits and System, 1989, 36(7): 937-947.

[118] 侯颜平，梁红．二阶自适应 IIR 陷波器复数算法的收敛性分析[J]．系统仿真学报，2008，20(1)：37-39.

[119] Liang J L, Ji B J, Zhang J Y, et al. Recurisve least squares-like algorithms for the adaptive

second-order lattice notch filter [J]. Digital Signal Processing, 2008, 18(3): 291-306.
[120] Liao H E. Two discrete oscillators based adaptive notch filters (OSC ANFs) for noisy sinusoids [J]. IEEE Transactions on Signal Processing, 2005, 53(2): 528-538.
[121] Prudat Y, Vesin J M. Multi-signal extension of adaptive frequency tracking algorithms [J]. Signal Processing, 2009, 89(6): 963-973.
[122] Niedzwiecki M, Kaczmarek P. Generalized adaptive notch filters[C]. Proceedings - IEEE International Conference on Acoustics, Speech, and Signal Processing, Montreal, Que, Canada, 2004, (2): Ⅱ-657-660.
[123] Niedzwiecki M, Kaczmarek P. Tracking analysis of generalized adaptive notch filter [J]. IEEE Transactions on Signal Processing, 2006, 54(1): 304-314.
[124] Niedzwiecki M, Kaczmarek P. Self-optimizing generalized adaptive notch filters comparison of three optimization strategies [J]. Automatica, 2009, 45(1): 68-77.
[125] Duda K and Zielinski T P. Efficacy of the frequency and damping estimation of a real-value sinusoid [J]. IEEE Instrumentation and Measurement Magazine, 2013, 16(2): 48-58.
[126] Zielinski T P and Duda K. Frequency and damping estimation methods - an overview [J]. Metrology and Measurement Systems, 2011, XⅧ: 505-528.
[127] Steiglitz K and Mcbride L. A technique for the identification of linear systems [J]. IEEE Transactions on Automatic Control, 1965, 10(4): 461-464.
[128] Rahman M A and Yu K B. Total least squares approach for frequency estimation using linear prediction [J]. IEEE Transactions on Acoustics Speech and Signal Processing, 2003, 35 (10): 1440-1454.
[129] Laila D S. Nonlinear damping computation and envelope detection using Hilbert transform and its application to power systems wide area monitoring [J]. IEEE Power and Energy Society General Meeting, 2009, 1-7.
[130] Aboutanios E. Estimating the parameters of sinusoids and decaying sinusoids in noise [J]. IEEE Instrumentation and Measurement Magazine, 2011, 14(2): 8-14.
[131] Aboutanios E, Ye S L. Efficient iterative estimation of the parameters of a damped complex exponential in noise [J]. IEEE Signal Processing Letters, 2014, 21(8): 975-979.
[132] Qian F Y, Leung S H, Zhu Y S, et al. Damped sinusoidal signals parameter estimation in frequency domain [J]. Signal Processing, 2012, 92(2): 381-391.
[133] Andria G, Savino M and Trotta A. Windows and interpolation algorithms to improve electrical measurement accuracy [J]. IEEE Transactions Instrumentation and Measurement, 1989, 38 (4): 856-863.
[134] Liao J R, Lo S. Analytical solutions for frequency estimators by interpolation of DFT coefficients [J]. Signal Processing, 2014, 100: 93-100.
[135] Wu R C, Chiang C T. Analysis of the exponential signal by the interpolated DFT algorithm [J]. IEEE Transactions on Instrumentation and Measurement, 2010, 59(12): 3306-3317.
[136] 沈艳林. 频率和相位差估计的相频匹配方法及应用[D]. 重庆：后勤工程学院，2016.
[137] Yao Y X, Pandit S M. Cramer-Rao lower bounds for a damped sinusoidal process[J]. IEEE

Transactions on Signal Processing, 1995, 43(4): 878-885.
[138] Zhang J G, Xu K J. Dong, S, et al. Fang, Z. Y. Mathematical model of time difference for Coriolis flow sensor output signals under gas-liquid two-phase flow[J]. Measurement, 2017, 95: 345-354.
[139] 侯其立. 三种科氏质量流量计数字信号处理方法研究与实现[D]. 合肥: 合肥工业大学, 2011.
[140] 刘翠. 科氏质量流量计数字信号处理方法改进与实现[D]. 合肥: 合肥工业大学, 2013.
[141] 沈子文. 基于过零检测的多声道气体超声波流量计信号处理中关键技术研究[D]. 合肥: 合肥工业大学, 2017.
[142] Johansson A T, White P R. Instantaneous frequency estimation at low signal-to noise ratios using time-varying notch filters [J]. Signal Processing, 2008, 88(5): 1271-1288.
[143] 杨辉跃, 涂亚庆, 张海涛, 等. 一种基于 SVD 和 Hilbert 变换的科氏流量计相位差测量方法[J]. 仪器仪表学报, 2012, 33(9): 2101-2107.
[144] 牛鹏辉, 涂亚庆, 张海涛. 格型陷波器和 DTFT 科氏流量计信号处理方法[J]. 重庆大学学报(自然科学版), 2007, 30(11): 54-58.
[145] 涂亚庆, 苏奋华, 沈廷鳌, 等. 自适应陷波器的科氏流量计信号频率跟踪方法[J]. 重庆大学学报(自然科学版), 2011, 34(10): 147-152.
[146] Yang H Y, Tu Y Q, Zhang H T. A frequency tracking method based on improved adaptive notch filter for coriolis mass flowmeter[C]. 4th International Conference on Measuring Technology and Mechatronics Automation, ICMTMA, Sanya, Hainan, 2012, 128-129: 450-456.
[147] 沈廷鳌, 涂亚庆, 张海涛, 等. 一种改进的自适应格型陷波频率估计算法及其收敛性分析[J]. 振动与冲击, 2013, 32(24): 28-32.
[148] Duda K, Barczentewicz S. Interpolated DFT for $\sin^{\alpha}(x)$ windows [J]. IEEE Transactions on Instrumentation and Measurement, 2014, 63(4): 754-760.
[149] 刘翔宇. 基于 DSP 的科氏流量计变送器设计与实现[D]. 重庆: 后勤工程学院, 2015.